똑똑한 귀농귀촌
행복한 전원주택

귀농 귀촌 집짓기 100가지 좋은 생각

똘똘한 귀농귀촌
행복한 전원주택

초판 인쇄 | 2017년 07월 05일
2 판 발행 | 2020년 01월 02일

저　자 | 김경래

발행인 | 이인구
편집인 | 손정미
디자인 | 나정숙

출　력 | (주)삼보프로세스
종　이 | 영은페이퍼(주)
인　쇄 | (주)웰컴피앤피
제　본 | 라정문화사

펴낸곳 | 한문화사
주　소 | 경기도 고양시 일산서구 강선로9, 1906-2502
전　화 | 070-8269-0860
팩　스 | 031-913-0867
전자우편 | hanok21@naver.com
출판등록번호 | 제410-2010-000002호

ISBN | 978-89-94997-37-7 13540
가격 | 25,000원

이 책은 한문화사가 저작권자와의 계약에 따라 발행한 것이므로
이 책의 내용을 이용하시려면 반드시 저자와 본사의 서면동의를 받아야 합니다.
잘못된 책은 구입처에서 바꾸어 드립니다.

귀농 귀촌 집짓기 100가지 좋은 생각

똑똑한 귀농귀촌
행복한 전원주택

김경래 지음

한문화사

목차

"지금이 기회고 바로 그 때다"

010 책을 내며

RETIRE

016 001 "귀농 귀촌이 아니라 '이도(離都)'다"
018 002 현명하게 늙는 방법 그리고 '귀농 귀촌'
020 003 100세 시대와 전원생활의 준비
022 004 귀농 귀촌과 인생 2모작, 3모작
024 005 '귀농 귀촌'은 '귀농(貴農)' '귀촌(貴村)'이라야
025 006 "살다보면 저절로 됩니다"
026 007 귀농 귀어 귀촌도 '1인 시대'
028 008 귀농 귀촌자 대부분 "도시로 돌아갈 생각 없다"
029 009 귀농 귀촌하는 것만으로 생활비 27% 줄어
030 010 "전원생활, 마음 놓고 해도 됩니다"
032 011 "전원주택도 트랜드가 있다"
034 012 멀티 소형화, 전원주택의 최근 경향
036 013 아파트에서 살고 전원주택에서 놀고…
038 014 지금 시대의 전원주택 개발
040 015 '지금'이 '기회'고 '바로 그 때'
042 016 은퇴 후 주택은 '요양주택'으로…
044 017 노후생활까지 생각한 전원주택 짓기
045 **정리** 전원주택과 전원생활 최근 트랜드
046 018 주말이 있는 삶, 만만한 '세컨드하우스'
048 019 "결국 '수익형 전원주택'으로 간다"
050 **정리** 성공적인 귀농 귀촌을 위한 준비 및 고려사항
054 020 귀농귀촌창업자금 지원받는 방법
056 021 귀농귀촌창업자금 지원에 대한 오해
057 022 생각만 바꾸면 만만해지는 전원주택
058 **정리** 귀농귀촌창업자금 지원 제도

> **" 살다보면 저절로 된다 "**

LIFE

- 062　023　"딱 내 스타일일까?"를 우선 걱정해야
- 064　024　"늦었다 생각하는 지금이 바로 시작할 때"
- 066　[정리] 전원생활 하는 사람들 후회하는 몇 가지
- 068　025　잘 먹고 잘 살 수 있는 전원생활 성공법칙
- 070　026　뭘 하려다 망하는 경우
- 071　027　주제 선명하고 즐겁게 할 일 찾아야
- 072　028　"좋아한다면 머리 쓰지 말고 즐겨라"
- 074　029　"전원생활 성공하려면 프로슈머가 되라"
- 075　030　살면 아무것도 아닌데… 막연한 두려움이 걸림돌
- 076　031　무장해제한 채 시작하는 귀농 귀촌 재미
- 078　032　"너무 멀리 나가지는 않았습니까?"
- 079　033　"홍진(紅塵)도 벽산(碧山)도 다 마음이죠"
- 080　034　사생활과 마을공동체 사이에서 겪는 갈등
- 082　035　전원생활에 큰 힘이 되는 인터넷과 SNS
- 084　036　"뼈를 묻겠다고요?"
- 085　037　마음 속 경계측량 하는 사람들
- 086　038　"이웃 주민과 친해지려고 노력하지 말라"
- 088　[정리] 성공적인 전원생활을 위한 몇 가지 생각
- 092　[땅 찾기 콩트] "사연 없는 땅이 어디 있어!"

> **"좋은 땅은 없고 만들어 진다"**

DEVELOPEMENT

쪽	번호	제목
104	039	목적이 선명해야 좋은 전원주택지 선택
106	040	택리지에서 배우는 살기 좋은 터 잡기
108	041	전원주택지 고르기 '신언서판(身言書判)'
110	042	좋은 전원주택 부지 만들기
111	043	전원주택지, 겨울에 찾아야 하는 이유
112	044	좋아질 수 있는 땅이 좋은 땅
114	045	"전원주택지는 좋아하는 액세서리라야…"
116	046	내 땅 가치 있게 가꾸는 몇 가지 방법
118	047	모자란 땅 보완하는 것이 재테크의 기본
120	048	맹지에 도로 만드는 방법
121	땅 찾기 콩트	"싼 땅은 다 이유가 있어요"
134	049	전원주택지 구할 때 현장답사의 중요성
136	050	전원주택 터에서 중요한 것은 '볕'
138	051	경관 좋은 곳보다 안전한 곳이 좋은 집터
139	정리	좋은 물 알아내는 방법
140	052	서두르면 당하고 망설이면 놓치는 부동산
142	정리	부동산 거래 절차와 대금 지급 방법
144	정리	부동산 매매계약 후 해제할 경우
145	053	기반공사 완료된 '전원주택단지'라야 안전
148	054	개발의 함정, 내 땅은 정말 최고일까?
149	정리	좋은 집터를 찾기 위한 검토 사항
152	정리	내 땅 제대로 알기와 땅 치유하기
154	정리	땅 살 때 확인해야 할 서류 다섯 가지
156	이런 집짓기	5일 만에 집짓기 끝, '모듈러 주택'
160	땅 찾기 콩트	"땅들이 네 앞에서 줄 서 있는 줄 아니?"

> **"계획 없이 건들면 위험하다"**

PLAN

- 172　055　농지의 구입과 이용 및 관리 이해
- 174　056　'영농여건불리농지'의 지정과 이용
- 175　057　농지원부 작성과 농업경영체 등록 방법
- 176　058　농지(임야) 취득세 감면받는 경우
- 178　059　농지 담보로 생활비 지급 '농지연금제도'
- 179　060　농지 임대가 가능한 '농지은행제도'
- 180　061　농지와 산지를 주택지로 바꾸는 '전용허가' 이해
- 182　062　농지전용부담금 면제되는 '농업인주택'
- 184　063　산지의 구입 및 집터로 이용
- 186　064　집 지을 수 있는 땅 '관리지역'의 이해
- 189　065　개발행위허가와 개발을 위한 도로 기준
- 192　066　죽은 자의 지상권리 '분묘기지권'
- 194　067　토지 양도세와 양도세 감면 조건
- 196　068　시간 지나면 효력, '인허가 간주제'
- 197　**정리**　문답으로 풀어본 '농지'의 이해
- 208　**이런 집짓기**　소형 이동식주택 '아치하우스'

> **" 마이너스만
> 잘 해도
> 좋은 집이
> 된다 "**

HOUSE

214	069	성공한 전원주택 실패한 전원주택
215	070	"집과 정신을 함께 지어 봅시다"
216	071	돈을 벌어 주는 집이 아닌 마음을 얻는 집
218	072	'폼' 잡다 얼어 죽는 집?
220	073	마이너스만 잘 해도 '좋은 집'
222	074	"강산은 들일 곳 없으니 둘러놓고 보리라"
224	075	"집을 모시고 살려 지었습니까?"
226	076	"이유 없는 집은 없다"
227	077	"자녀들은 잊으세요"
228	078	"친구도 친척도 믿지 마세요"
229	정리	격언으로 정리한 좋은 전원주택 만들기
232	정리	4자성어로 정리한 좋은 집터의 조건
233	079	"싸고 좋은 집은 없다"
234	080	전원주택 전세살이는 바보짓
236	081	"농촌 빈집 사 수리해 쓴다고요?"
238	082	그림은 참 좋은 '동호인주택'
240	083	"물은 물처럼 흘러야 한다"
241	084	전원주택, 겨울철 난방비가 무서워…
242	085	자연친화형에서 에너지절약형으로 선회 중
245	정리	전원주택의 대지 선정과 건축 계획
260	이런 집짓기	목조주택 건축공정
265	이런 집짓기	개성 있는 천장 디자인
268	이런 집짓기	침실, 안방 (Bedroom, Master Room)
271	이런 집짓기	커튼을 이용한 침실 꾸미기
274	이런 집짓기	주방, 식당 (Kitchen, Dining Room)
278	이런 집짓기	깨끗한 주방을 위한 백스플래쉬(Backsplash)
281	이런 집짓기	다양한 컬러를 사용한 욕실 인테리어
284	이런 집짓기	욕실 (Bath Room)
290	이런 집짓기	다락 (Attic)

293	이런 집짓기	계단 (Stairs)
298	086	집 지을 때 시공업체 선정과 계약 방법
300	087	시중에서 말하는 전원주택 종류들
302	088	'농어촌주택표준설계도'로 집짓기
303	089	주택 부지 얼마 크기가 적당할까?
304	090	소형 전원주택이 잘 나가는 이유는?
306	정리	소형 이동식 주택에 대한 궁금증 몇 가지
308	땅 찾기 콩트	"친구야 같이 살자"
315	이런 집짓기	각 실마다 색감으로 변화 준 목조주택

> "할 일이 없는 것이 아니라 찾을 눈이 없다"

ITEM

322	091	"내가 사는 전원주택은 언젠가 펜션이 된다"
323	092	펜션과 민박 차이 그리고 영업 범위
326	정리	농촌 휴양관광 시설의 종류와 허가기준
328	정리	법률서 정한 주택의 종류
330	정리	1세대 2주택 양도세 비과세 조건
332	정리	귀농주택, 고향주택, 농어촌주택의 차이
334	땅 찾기 콩트	"어디 재택근무할 회사 없나?"
342	093	주말주택처럼 사용하는 '농막'
344	094	"농막을 펜션처럼 영업해도 되나요?"
346	095	다락방의 키 높이 규정
348	096	지붕(처마와 차양 등)의 건축면적 산정기준
349	097	허가 여부 미리 알아보는 '건축허가사전결정제'
350	098	전국 폐교 현황을 한 곳에서 확인
352	099	부동산 취득하면 내는 취득세와 세율
353	100	'농촌주택개량자금' 융자 지원 사업
354	정리	전원주택 만들기 절차에 대한 이해
356	정리	전원주택 계획에서 입주까지 단계별 절차

책을 내며

잘 먹고 잘 사는 귀농 귀촌과 내 몸에 맞는 집짓기 100가지 좋은 생각
햇살 좋은 언덕에 집 짓고 살며 놀며 일하며

집 앞 주천강이 강물소리를 냅니다. 오랜 가뭄에도 마르지 않는 물입니다. 귀촌해 또 한 번의 여름을 맞습니다. 언덕 위의 집에는 오늘따라 햇살이 참 좋습니다. 이사 온 후 볕이 좋아 즐거이 사는 집입니다. 시골에서는 햇볕이 보약이고 하루하루 사는 힘입니다. 올 한해도 그 볕에 꽃을 심고 나무를 가꾸고, 그 볕과 함께 일을 하고 때로는 놀며 나의 전원생활은 나날이 풍요로워집니다. 시골서 살아보니 그렇습니다. 햇볕 같은 것들에 소중함을 느끼고 소나기 몇 줄기에도 저절로 감사하게 됩니다.

도시를 오가며 살았던 시간까지 합치면 귀촌한지도 벌써 18년째 입니다. 전원주택을 짓고 전원생활을 하는 사람들을 만나 사는 이야기를 듣고 글을 쓰고 책을 만드는 일을 오랫동안 했습니다. 그러다 아예 강원도 산촌으로 삶터를 옮겨와 살고 있습니다. 직접 토지를 매입해 택지를 개발하고 집 짓기도 합니다. 처음 이사 올 때는 남의 집을 빌려 살았고 이미 지어진 집을 구입해 고쳐 살아보기도 했습니다.

그런 경험들을 제가 운영하는 홈페이지(www.oksigol.com)와 카카오스토리채널(전원주택과 전원생활)에 정리해 올리고 있습니다. 많은 사람들이 방문해 읽고 좋아합니다. 도움을 받고 있다는 격려의 말씀도 자주 해 줍니다. 감사히 듣습니다. 여기저기 불려 다니며 강의도 많이 합니다. 귀농 귀촌해 전원주택을 짓고 전원생활을 하고 싶은데 무엇을 준비해야 하고, 어떤 땅을 사 집은 어떻게 지

어야 하는지에 대해 알려달라 합니다. 그런 것들이 묶여 글이 됐고 사진이 됐고 책이 됐습니다.

이 책은 제가 운영하는 OK시골학교의 교육용 교재로 2016년도에 냈던 '똑똑한 귀농 귀촌 착한 전원주택'이란 책 내용을 수정 보완해 다시 만든 것입니다. 먼저 낸 책과 내용은 같지만, 출판사인 한문화사에서 많은 도움을 주셔서 좋은 전원주택 사진을 담을 수 있었습니다. 애써주신 한문화사의 이인구 대표님을 비롯한 편집자들께 감사의 말씀을 드립니다.

이 책이 전원주택을 계획하고 귀농 귀촌, 전원생활을 꿈꾸는 사람들에게 도움이 되었으면 하는 바람입니다. 감사합니다.

저자 김경래 드림

제가 직접 땅 사고 집 지어 사는 곳의 모습입니다.
지금의 모습이 되기까지 몇 년의 시간이 걸렸고,
그 과정에서 크고 작은 문제들도 많았지만,
서서히 마을로서의 모습을 갖추어가고 있습니다.
집들은 경량목구조로 하여 지붕선과 색을 통일했습니다.
외관은 원색을 채택해 밝은 느낌을 강조했습니다.

위치: 강원도 횡성군 안흥면 실미송한길 24-73

RETIRE

"지금이 기회고 바로 그 때다"

전원생활이 로망인 사람은 많다. 실제로 귀농 귀촌 인구도 매년 늘고 있다. 하지만 "은퇴하면 경치 좋은 곳에 예쁜 집 짓고 살겠다"고 생각하는 사람들 중 실천에 옮기는 사람은 많지 않다. "은퇴 후, 자식들 결혼시키고, 돈 벌어서, 아파트 팔리면, 완벽하게 준비한 후에…" 등등 나중을 기약하다 나이가 들고 결국 때를 놓친다. 전원생활, 귀농 귀촌을 생각한다면 마음먹은 지금이 바로 기회고 가장 적당한 때다. 생각이 있다면 빨리 움직이는 것이 남는 장사다. 실제로 전원생활 하는 사람들은 일찍 시작하지 못한 것을 많이 후회한다.

001

"귀농 귀촌이 아니라 '이도離都'다"

귀농 귀촌하는 인구가 매년 증가하고 있다. 농림축산식품부가 발표한 자료에 따르면 2015년 기준으로 도시에 살다 농촌으로 삶터를 옮긴 사람은 33만66가구나 된다. 이렇게 도시에 살다 시골로 옮겨가는 것을 귀농 귀촌 귀어라 하는데 귀농은 농사를 지을 목적으로, 귀어는 어업에 종사하기 위해 농촌이나 어촌으로 가는 것을 말한다. 귀촌은 농업이나 어업에 종사할 목적이 아닌 다른 이유로 농촌으로 옮겨가는 것을 말하는데, 일반적으로 은퇴 후 여유 있게 살 목적으로 시골행을 택하는 유형이라 할 수 있다.

귀농이나 귀촌을 직역하면 '농촌으로 돌아간다'는 뜻이다. 고향을 떠났던 사람들이 다시 고향으로 돌아가는 귀향처럼 농촌을 떠났던 사람들이 다시 농사를 지으러 가는 것은 '귀농'이고, 자신이 살던 곳을 찾아가는 것이 '귀촌'이다.

하지만 요즘 농촌으로 가는 사람들은 농사를 지을 목적보다 여유 있는 삶을 즐기기 위해 이동하는 사람이 많다. 또 자신이 살던 곳으로 돌아가는 것이 아니라 새로운 터전을 찾아가는 사람이 더 많다. 전원생활이 목적인 사람들이 연고도 없는 살기 좋은 곳에 새로운 삶터를 만들기 위해 농촌을 찾는다.

60~70년대 우리나라의 산업화가 한창일 때, 농촌에 살던 농민들은 도시의 새로운 삶의 터전과 일자리, 희망 등을 찾아 많은 사람들이 자신이 살던 농촌을 버리고 아무 연고도 없는 도시로 떠났다. 이것을 '이농(離農)'이라 했다. 이농의 사전적 의미는 '농민이 다른 산업에 취업할 기회를 갖기 위해 농촌을 떠나 도시로 이동하는 현상'이다.

이와 비교해 도시에 살던 사람들이 도시서 살기 싫거나 혹은 새로운 삶터나 일자리, 희망 등을 찾아 도시를 떠나는 것은 '이도(離都)'다. 그들이 연고도 없는 곳에 새로운 희망을 찾기 위해 살기 좋은 터전을 마련하는 것은 '이도(離都)'라고 해야 맞다. 자신이 살던 곳으로 다시 돌아가는 것은 '귀농' '귀촌'이 아니라 새로운 삶을 찾아 도시를 떠나는 적극적인 사람들이다.

실제로 지금 농촌에는 '다시 돌아온 사람'보다 '새로운 삶터를 찾아온 낯선 사람들'이 훨씬 더 많다.

교통여건이 좋고 경관이 수려한 곳에는 '다시 돌아온 사람들'이 아니라 '이도'해 온 사람들로 붐비고, 이들로 인해 없던 마을들이 새롭게 만들어지고 있다. 강원도나 충청북도와 같이 수도권과 경계선에 인접한 지역을 둘러보면, 예전 화전민이 살다 버리고 간 땅을 개발해 전원주택을 짓고 사는 사람들이 많다. 예전에 일자리를 찾아 도시로 떠난 후 텅 비었던 마을들이 도시에서 이도해 온 사람들로 새롭게 붐비고 있다.

가난하고 먹고 살기 힘들어 버리고 갔던 땅을 도시생활로 넉넉해진 사람들이 개발해 좋은 집을 짓고 여유롭게 살겠다는 생각을 한다. 귀농 귀촌이 아니라 새로운 삶과 희망을 찾아 농촌으로 오는 사람들, 이도하는 사람들이 지금은 더 많다. 그만큼 적극적인 사람들이고 이런 현상은 앞으로 당분간 계속될 것으로 보인다.

복수초
봄, 2~4월, 노란색

이른 봄 눈 속에서도 노란색 꽃을 피운다. '복을 많이 받고 오래 살라'라는 뜻으로 복수(福壽)초라 한다.

002

현명하게 늙는 방법 그리고 '귀농 귀촌'

"인생은 단계마다 고유의 특징이 있다. 소년은 허약하고 청년은 저돌적이며 장년은 위엄이 있고 노년은 원숙한데, 이런 자질들은 제철이 되어야만 거두어들일 수 있는 자연의 결실과 같다."

로마시대 최고 철학자이며 사상가인 키케로가 한 말이다. 철에 맞는 나잇값을 하고 살라는 뜻인데, 나이 들면서 위엄에서 원숙함으로 가고 있는지를 돌아보게 하는 말이다.

키케로는 그야말로 주옥같은 글들을 남겼다. 그중 하나가 '노년에 관하여'다. "포도주가 오래 됐다고 모두 시어지지 않듯이 늙는다고 하여 모든 사람이 비참해지거나 황량해지는 것이 아니라"며 의미 있게 즐길 수 있는 노년에 대해 설명하고 있다.

"너무 가난한 노년도 견디기 쉬운 일이 아니겠지만, 엄청난 재물을 가졌다 해도 어리석은 사람에게는 짐스러울 수밖에 없다. 노년에 최선의 무기는 학문을 닦고 미덕을 실천하는 것이다. 미덕은 생의 마지막 순간에도 결코 우리를 저버리지 않으며 훌륭하게 살았다는 의식과 훌륭한 일을 많이 했다는 기억은 가장 즐거운 것이 된다."

학문을 닦고 미덕을 실천하며 살았다는 기억이 노년의 가장 큰 즐거움이 될 것이란 말이다. 그러면서 "농사짓고 사는 노년이 가장 현명하며 또 유용한 삶"이라고 그는 말한다.

"농경의 즐거움은 노년이라고 하여 방해받지 않을뿐더러 현인의 삶에 가장 어울리는 것 같다. 그런 즐거움은 대지와 거래를 하는데, 대지는 지불명령을 거부하는 일 없이 자신이 받은 것을 가끔은 적은 이자를 붙여, 대개는 높은 이자를 붙여 되돌려주기 때문이다."

"잘 가꾸어진 농토보다 더 유용하고 보기 좋은 것은 없다. 노인이 된다 하여 그것을 즐기는데 방해가 되는 것이 아니며 오히려 그것을 즐기라고 초대하고 유혹한다. 대체 어느 곳에서 노인들이 햇빛과 화롯불로 몸을 더 잘 데울 수 있고, 그늘과 흐르는 물로 더 건강하게 더위를 식힐 수 있겠는가?"

"우리가 노령에 이르기까지 나이에 구애받지 않고 여러 가지 활동을 할 수 있는데 그중 하나가 농사짓는 일이다."
키케로가 한 말들이다.
귀농 귀촌하는 인구가 매년 증가하고 있다. 40~50대의 귀농 귀촌자가 대부분을 차지하고 있으며 특히 30대 이하와 40대, 50대 등 비교적 젊은 층의 증가폭이 커지고 있다. 이렇듯 귀농 귀촌 인구가 느는 것은 시골서 살겠다는 은퇴 베이비부머들이 많아지고 있기 때문이란 분석이다. 현명하게 늙고 싶은 사람들이 그만큼 많아지는 것일까?

매실나무
봄, 2~4월, 흰색

향이 좋고 꽃 색은 연한 붉은색을 띤 흰색이다. 열매는 6월에 따서 술이나 효소, 장아찌 등 다양한 음식의 재료로 사용한다.

003

100세 시대와 전원생활의 준비

이제 사람들은 100세를 산다. 누구나 100세 살 것을 준비해야 한다. 장수하는 것은 분명 축복이지만 정작 불안해하는 사람도 많다. 오래 살 준비가 돼 있지 않기 때문이다. 앞선 세대에서는 축재의 이유 중 하나가 자식들에게 물려주기 위해서였다. 하지만, 100세 시대에는 재산을 자식에게 물려주고 가겠다는 생각을 할 만큼 여유를 갖기 힘들다. 스스로 연명하는 것도 빠듯하다. 물려주는 것보다 자신들의 노후에 필요한 자금을 모으고 리스크 관리를 해야 한다.

일반적인 라이프 사이클은 20대까지 공부해 그것을 밑천으로 직장을 얻고 사회생활을 하며 60세까지 일한 후 은퇴한다. 그리고 80세까지 산다고 계산해 포트폴리오를 만든다. 이렇게 살아내는 것만도 대부분의 은퇴자들에게는 빠듯한 얘기다.

전원생활도 현명하게 노후를 보내는 방법 중 하나다.
하지만, 경치나 감상하고 좋은 공기, 맑은 물이나 마시며 오래 건강하게 살겠다는 생각에서 벗어나야 한다.

앞으로는 20년을 더 계산에 넣어야 하니 숨은 더욱 차다. 은퇴하고도 직장생활 했던 것보다 오래 살아야 하는 것이 현실이다. 은퇴란 말 자체가 무색하다. 80세까지는 끊임없이 배우고 일을 해야 한다. 노후에 할 수 있는 건강한 일자리를 준비해야 한다. 이것이 가장 알뜰한 노후준비고 당면한 과제다.

직장생활을 통해 얻은 연금이나 퇴직금 등도 구조적으로 60세에 은퇴해 80세까지 사는 것에 맞추어져 있다. 여유 자금이 준비돼 있지 않다면 노후의 현금 유동성에 문제가 생길 수밖에 없다. 그래서 노후에 현금을 만질 수 있는 부업거리가 필요하다.

노후를 어디서 무엇을 하며 보낼 것인가도 중요하다. 어디서 사느냐에 따라 필요한 노후자금 규모가 달라지기 때문이다. 시골에서 사는 전원생활도 현명한 노후의 선택 중 하나다. 하지만, 경치나 감상하고 좋은 공기, 맑은 물이나 마시며 오래 건강하게 살겠다는 틀에서 벗어나야 한다. 폼 잡고 오래 사는 것만이 답이 될 수 없기 때문이다. 무엇을 하며 전원생활을 할 것인가에 대해 고민하면서 수익형 전원주택에 소득형 전원생활, 직업형 전원생활 등에 관심을 가질 때다.

팬지
봄, 2~5월,
노란색·자주색 등

흰색, 노란색, 자주색 삼색의 꽃이 있어 삼색제비꽃이라고도 하는데 여러 형태의 혼합색 꽃이 많다. 키가 작지만 꽃은 크고 화려하다.

004

귀농 귀촌과 인생 2모작, 3모작

현대인들에게 인생 2모작과 3모작이 일반화되고 있다. 시골로 간 사람들, 전원생활 하는 사람들 중에는 이런 삶을 사는 사람들이 많다.

도시서 은행 지점장으로 직장생활을 마친 사람이 시골로 내려와 펜션 사장으로 변신했다. 다시 몇 년 뒤에는 펜션의 규모를 키워 소규모 리조트로 발전시켰다.

도시생활을 접은 후 귀농해 배과수원을 하며 야생화를 기르기 시작한 대기업 출신도 있다. 몇 년 지난 다음에는 과수원은 접고 야생화농장을 꾸렸다. 그 경험을 바탕으로 지금은 야생화식물원을 준비 중이다.

외국인회사에서 직장생활 하다 그만두고 땅값이 싼 곳의 넓은 땅을 사 전원생활을 시작했다. 자신이 필요한 땅만 남겨두고 나머지는 개발해 한 필지씩 집을 지어 주변 사람들에게 매매했다. 시골서 부동산개발사업자로 변신한 것이다. 그렇게 모은 자금으로 지금은 소규모 레저단지를 만들고 있다.

잘 다니던 회사가 부도났다. 귀농해 사슴목장을 시작했다. 목장이 자리를 잡아가면서 돈도 모였다. 나이가 들면서 힘에 부치는 목장을 정리하고 도로변에 한우판매점을 열었다.

도시생활은 팍팍해 지고 있다. 다니는 직장이 평생직장으로 믿음이 없어진지 이미 오래다. 어느 순간 최근의 경제상황은 직장생활을 점점 힘들게 하고 있다. 도시 자영업자들은 더욱 심각하다. 고령화 시대. 평균 수명은 늘고 있다. 정년퇴직은 했지만 무위도식할 수는 없다. 꼭 돈벌이가 목적이 아니라도 할 일을 찾게 된다. 무엇인가 새롭게 시작할 의욕은 있는데 만만치도 마땅치도 않다. 오라는 곳도 없다. 새로 시작하려면 투자비가 많이 들어 엄두가 나지 않는다.

퇴직금으로 애먼 곳에 투자했다. 모두 날리는 경우도 본다. 오피스텔이나 상가 한두 개 분양받아 두고 월세라도 받겠다는 생각을 한다. 리스크가 크지 않은 가장 안전한 노후대책이라 여긴다. 그런 준비도 안되어 있다면 할 일 없이 등산을 가거나 여차하면 공원으로 출근할 걱정을 해야 한다.

농촌에서 2모작을 시작한 사람들은 그런 모습을 보면서 답답해 한다. 건강하게 2모작을 할 수 있는 곳이 농촌이고 시골이다. 능력에 따라서는 한 자리에서 큰 어려움 없이 3모작, 4모작도 할 수 있다.

도시에서 1모작을 끝냈다면 2모작은 시골에서 시작해보길 권한다. 도시 보다 훨씬 삶의 질을 높여 살 수 있는 기회일 수도 있다.

서흥구절초
가을, 9~11월, 분홍색

황해도 서흥지역에서 처음으로 발견된 구절초로 다른 종류와 혼식하면 효과적으로 경관 조성을 할 수 있다.

005

'귀농 귀촌'은 '귀농貴農' '귀촌貴村'이라야

귀농 귀촌 정보가 흘러넘치고 있다. 중앙부처와 지자체에서 귀농 귀촌 정책을 만들어 돌리고 무슨 센터를 설립해 상담하고 있다. 교육에 관한 책자, 박람회, 인터넷 홈페이지, SNS 등 어딜 가나 귀농 귀촌 정보들을 쉽게 접할 수 있다.

그런데 알면 알수록 오리무중이다. 몰랐던 것을 생각해야 하고 따져봐야 할 것도 차츰 많고 까다로워진다. 단순히 옮겨가는 것이 아니다 보니 어떤 땅을 사서 무엇을 하고, 집은 어떻게 짓고 등등 하나같이 법과 제도, 규제의 틀에 갇혀 있다.

거기에 옮기만 가면 다양한 지원을 해주고, 대문에 현수막 걸고 양탄자를 깔아놓고 반겨줄 것처럼 정부나 지자체들이 요란을 떨지만, 막상 지원이나 혜택을 받아볼라치면 묻고 따지는 것이 너무 많다. 그 비위 다 맞추다 보면 어느 순간 갑을 관계가 돼 자존심도 상한다. 결국 마음고생만 하다 "안하고 말지!"가 된다. 어떻게든 틈새를 찾고 지원받아 시작해보면 그게 또 생각처럼 만만치가 않다. 몸 고생 마음 고생하다 결국 빚만 남게 된다.

그래서 '귀농(歸農) 귀촌(歸村)'은 '귀농(貴農) 귀촌(貴村)'이라야 한다. 지원받고 혜택받을 생각을 하기 전에 스스로 귀(貴)한 사람이라야 성공하기 쉽다. 이미 내가 귀한 사람, 경제적인 여유가 있는 사람, 그래서 나와 내 가족을 귀하게 여기기에 충분한 사람, 내 땅을 귀(貴)하게 여기고 내 가족의 먹거리를 귀(貴)하게 여기는 사람이라야 한다. 다시 말해 부귀(富貴)한 사람들, 금전적으로나 심적으로 여유가 있는 부(富)하고 귀(貴)한 사람이 귀농(歸農)하여 소득과는 관계없이 취미 비슷하게 농사를 지으면 된다.

아니라면 남들이 하지 않는 희귀(稀貴)한 아이템을 찾고 남들이 모르는 농업기술을 익혀 귀(貴)한 농사를 지으면 된다. 그것도 아니라면 귀(貴)한 나와 내 가족을 위해 공기 좋고 물 좋은 곳에 사는 사람이라면 그것만으로도 큰 어려움 없이 전원생활을 할 수 있을 것이다.

그래서 귀농(歸農)은 귀농(貴農)이라야 한다.

"살다보면 저절로 됩니다"

어떤 이가 병원서 암으로 얼마 못 산다는 시한부 판정을 받았다. 그래서 남은 시간이라도 시골서 살겠다는 생각을 하고 건강에 좋다는 황토집을 찾아 나섰다. 하지만 맞춤한 집이 없고 비싸기도해 직접 짓기로 마음먹고 황토집 짓기를 시작했다.

몸이 안 좋다 보니 힘에 부쳤지만 그래도 천천히 직접 황토집을 지어 나갔다. 그런데 놀랍게도 집을 짓는 과정에서 몸이 좋아지고 암도 치료됐다. 병원에서도 놀랐다고 한다.

이런 사람들을 의외로 많이 만난다. 건강이 안 좋은 사람이 시골로 옮겨와 산과 들로 쏘다니며 몸에 좋다는 약초를 캐 먹었는데, 어느 순간 자신도 모르게 좋아졌다는 사람도 있다.

그는 "약초를 먹어 좋아진 것이 아니라 산으로 들로 약초를 캐러 다니는 것이 몸을 건강하게 만든 것 같다"고 말한다.

황토집을 지어 사는 것이 몸에 좋은 것이 아니라, 황토집을 직접 지으려고 시골서 몸을 움직이다 보니 건강이 좋아졌다는 얘기다.

시골서는 뭘 하겠다 하여 된 것보다, 하다 보니 좋아진 것, 무엇인가가 된 것들이 더 많다. 건강이 좋아지는 것처럼 이웃 사람들과의 관계도 그렇고 내 땅과 내 집도 그냥 하루하루 열심히 살다보면 좋아지고 결국 무엇인가 돼 있다. 그것이 상품이 돼 팔리는 경우도 있고 새로운 일, 새 직장이 되기도 한다. 뭐가 되겠다고 심각하게 계획하고 재고 고민하고 너무 많이 생각하지 않아도 된다. 시골에서는 살다보면 저절로 되는 것들이 많다.

007

귀농 귀어 귀촌도 '1인 시대'

2015년에 귀농 가구는 1만1천959가구이며, 귀촌 31만7천409가구, 귀어 991가구 등으로 귀촌 가구가 월등히 많았다. 이 중 1인 귀농어 · 귀촌인 가구가 60~70% 이상으로 나타났다.

귀농어 · 귀촌인의 1인 가구 비율이 높은 것은 전체 인구구성비에서 1인 가구 비중이 높아지고 있는 것도 이유겠지만, 그보다 도시를 완전히 정리하고 떠나는 가족형 귀농어 · 귀촌보다 도시를 일부 남겨놓은 '멀티해비테이션' 인구가 늘고 있는 것으로 풀이된다.

성별로 살펴보면 귀농가구주는 남자가 69.4%를 차지했는데 전년 대비 0.4%p 감소했고 여자는 0.4%p 증가한 수치다. 귀촌인은 남자가 52.5%로 전년 대비 남자 비중이 1.4%p 증가했고, 귀어가구주는 남자가 68.1%를 차지 5.5%p 증가했다.

2015년 1인 귀농어·귀촌인 가구가 60~70% 이상으로 나타났다.
도시를 완전히 정리하고 떠나는 가족형 귀농어 귀촌보다 도시를 일부 남겨놓은 '멀티해비테이션' 인구가 늘고 있는 것으로 풀이된다.

2016년 6월 30일 농림축산식품부 발표 '2015 귀농어·귀촌인 통계'에 따르면, 2015년 귀농가구는 1만1천959가구로 전년 대비 1천201가구 증가(11.2%)했다. 시도별로는 경북(2천221가구), 전남(1천869가구), 경남(1천612가구) 순이었다. 귀농가구주는 50대가 40.3%로 가장 많았으며, 50~60대가 64.7%를 차지했다. 귀농가구원수별 분석에서는 1인가구가 7천176가구(60.0%)로 가장 많았으며, 1~2인 귀농가구가 83.8%를 차지했다.

2015년 귀촌가구는 31만7천409가구로 전년 대비 1만8천52가구 증가(6.0%)했다. 시도별로는 경기(8만1천465가구), 경남(3만7천541가구), 경북(3만5천363가구) 순이었다. 귀촌가구주는 30대가 26.2%로 가장 많았으며, 40대 19.9%, 50대 18.8% 순으로 나타났다. 귀촌가구원수별 분석에서는 1인 귀촌가구가 전체의 70.3%인 22만3천192가구로 가장 많았으며, 1~2인 귀촌가구가 88.2%를 차지했다.

2015년 귀어가구는 991가구로 전년대비 74가구 증가(8.1%)했다. 시도별로는 전남(343가구), 충남(340가구), 경남(91가구) 순이었고 귀어가구주는 50대가 36.6%로 가장 많았으며, 40~50대가 60.7%를 차지했다. 귀어가구원수별 분석에서는 1인 귀어가구가 전체의 70.4%인 698가구로 가장 많았으며, 1~2인 귀어가구가 89.5%를 차지했다.

목련
봄, 3~4월, 흰색·자주색

이른 봄에 흰색 혹은 자주색 꽃이 탐스럽게 피고 향기도 강하다. 추위와 공해 등에 강해 도심지 공원이나 주택의 정원, 마당 등에 많이 심는다.

008

귀농 귀촌자 대부분 "도시로 돌아갈 생각 없다"

한국농촌경제연구원에서 귀농 귀촌한 2천33가구를 대상으로 "현재 거주하고 있는 지역에 계속 거주할 의향이 있느냐?"고 질문한 결과, 귀농 가구의 94.5%와 귀촌 가구의 92.1%가 "계속 거주할 것"이라고 응답했다.

다른 농촌 지역으로 이주할 계획이 있다는 가구는 귀농 2.8%와 귀촌 2.6%였고, 도시로 재이주할 계획이 있다고 응답한 비율은 각각 2.8%와 5.4%였다.

다른 농촌 지역으로 이주하려는 이유에 대해서는, 귀농 가구의 경우 '작목 변경 등 기후나 토양 등 더 나은 농사 환경을 위해서'(39.7%)라는 이유와 '기존 지역 주민들과의 갈등을 피하기 위해서'(26.0%)라는 이유가 많았다. 귀촌 가구의 경우에는 43.4%가 '의료, 교통 등 생활환경이 더 편리한 곳으로 가기 위해서'라고 응답했다.

도시로 재이주할 계획이 있는 이유로는 귀농 가구와 귀촌 가구 모두 '생활하기에 소득이 부족해서'가 가장 높은 비율을 차지했다. 귀농 가구 집단에서는 그 외에도 '농업 노동에 적응하기 힘들어서'라는 응답이 많았고, 귀촌 가구의 경우에는 다른 농촌 지역으로 이주를 희망하는 이유와 마찬가지로 '의료, 교통 등 생활환경이 불편해서'라는 응답 비율이 37.3%로 높았다.

이상은 한국농촌경제연구원에서 2015년 7월 18일부터 9월 13일까지 농촌의 귀농 및 귀촌 가구를 직접 방문해 응답조사를 실시한 결과다. 조사 대상은 귀농 가구 1천27가구, 귀촌 가구 1천6가구의 가구원이었다. 조사에 참여한 귀농 가구 중에 가구주 연령이 50대인 경우가 표본의 42.7%로 가장 많았다. 다음은 60대(31.0%), 40대(14.9%), 70대 이상(6.1%), 30대 이하(5.3%) 등의 순이었다. 2인 가구가 가장 높은 비중을 차지했다(49.8%). 다음으로 1인 가구(18.3%), 4인 이상 가구(16.6%), 3인 가구(15.4%)의 순이었다.

귀농 귀촌하는 것만으로 생활비 27% 줄어

서울 등 대도시를 떠나 귀농 귀촌하는 것만으로도 생활비가 27% 정도 줄어든다는 연구결과가 있다. 우리투자증권 '100세시대연구소'가 2014년 8월 발간한 '은퇴 후 귀농 귀촌에 따른 생활비 절감효과'란 보고서에 따르면 그렇다. 통계청 조사를 분석해 "농어촌 거주자의 월평균 생활비는 188만원이며 도시 거주자 238만원보다 27% 적다"며 "거주 지역과 개인의 생활방식에 따라 최대 40%까지 줄일 수 있다"고 분석했다.

귀농 귀촌을 계획하며 준비자금으로 1억~2억원 정도를 생각하는 사람이 전체 29.3%로 가장 많은 것으로 조사됐다. 다음이 1억원 미만(25.6%)이었고 5천만원(20.7%)이 뒤를 이었다. 귀농의 실제 초기투자비는 농지구입 6천602만원, 주택구입 4천71만원, 시설·농기계구입 4천130만원, 기타사업 1천970만원으로 최소 1억6천233만원 정도가 필요하다고 분석했다. 귀농 귀촌 예비자들의 생각과 실제 투자해야 할 비용은 차이가 크다.

농림축산식품부에서는 귀농 귀촌을 희망하는 사람들에게 토지와 주택구입, 농업창업을 위해 3억5천만원까지 저리로 융자해주고 있는데, 이런 귀농 귀촌 지원프로그램을 활용할 수도 있다.

보고서에서는 서울을 떠나 살아도 생활비를 15% 가량 줄일 수 있다는 재미있는 분석도 있다. 서울은 주택가격이 매우 비싸다. 농어촌 지역은 도시보다 주택가격이 많이 저렴하다. 귀농 귀촌을 위해 도시에 있는 기존 주택을 팔면 남은 돈을 노후자금으로 활용할 수 있다. 특히 서울처럼 주거비 부담이 큰 곳의 집을 팔고 귀농 귀촌하면 저렴하게 주택 마련이 가능하고 여유자금도 생긴다.

서울을 떠나면 기타 생활비도 줄어든다. 안전행정부 지방물가정보 공개서비스에 따르면 서울은 쌀을 포함한 식료품과 외식비, 교통비 등 많은 부분이 전국 최고가를 기록하고 있다.

은퇴 후에는 농어촌지역에서 사는 것이 경제적이며 여유 있고 현명하게 사는 방법이다. 특별히 무슨 일을 하겠다는 것이 아니더라도 도시를 벗어나는 것만으로도 대박이다.

010

"전원생활, 마음 놓고 해도 됩니다"

예전에 도시를 떠나 시골서 전원생활하며 살겠다는 사람들을 만나면 한 번 더 생각해보고 신중한 결정을 내리라고 조언했다. 준비도 많이 하라고도 했다. 전원생활 예비자들을 대상으로 한 강의에서도 주로 하는 말이 이러한 '주의할 점'들이었다.

실제로 도시에서 살다 시골로 가서 전원생활을 실천하는 것은 생각보다 어렵다. 그러다 보니 자연 바짝 긴장하고 준비도 많이 한다. 막연히 목가적인 생각만으로 전원생활을 시작했다 실패하는 경우가 많다. 게다가 전원생활이 무슨 희망가라도 되는 듯 우쭐해 시작하는 경우도 있고, 주변 사람들에게 뭔가 보여주기 위해 겉멋만 부렸다 실패하기도 한다. 전원생활은 도시생활에 염증을 느낀 사람들에게 안락한 탈출구가 아니다. 은퇴자들의 행복하고 안정적인 노후생활의 최선책도 아니다. 생활 그 자체다. 그래서 무조건 부추길 수도 없다. 준비를 많이 하고 마음가짐도 단단히 해야 한다고 말한다.

예전에는 그런 말을 주로 했는데 최근에는 그런 당부를 하지 않아도 될 정도로 환경이 좋아지고 있다. 전원생활 인구가 늘면서 교통 좋고 경치 좋은 곳이라면 어디에서나 도시를 떠나온 사람들을 만날 수 있고, 전원주택들로 채워지고 있다. 사람이 살지 않던 산동네가 새로운 마을로 바뀌고 있다. 어딜 가나 이런 사람들을 만날 수 있어 초보 시골살이는 두렵지 않다. 주변의 비슷한 나이에 같은 생각을 하는 그들과 의지해 살 수 있고 즐겁게 어울려 살 수도 있다.

도시를 떠나 살겠다는 은퇴자들은 많고 귀농 귀촌 인구도 늘고 있다. 도로사정이 좋아지고 인터넷 등 통신 환경이 발달하면서 이런 사람들이 모여 사는 마을은 더욱 늘어날 것이다.

전원생활 하는 사람들이 많아지면서 초보 전원생활자들은 어려움 없이 정착할 수 있고 살면서도 큰 힘이 된다. 서로 정보를 교환하며 의지해 살 수 있다. 결국, 이런 환경이 실패하지 않는 전원생활, 후회 없는 전원생활의 기반이 돼 예전처럼 전원생활이 어렵고 두렵지만은 않다.

정책이나 지방 행정에서도 관심이 많다. 과거 전원생활이라 하면 좋아하는 개인들이 알아서 준비하고 능력껏 사는 것이었다. 도움을 받을 수 있는 곳이라야 땅을 사기 위해 만나는 부동산중개업소

전원생활 인구가 늘면서, 교통 편하면서 경치 좋은 어디에서나 도시를 떠나온 사람들을 만날 수 있고, 전원주택들로 채워지고 있다.
귀촌한 사람들이 모여 사는 전원마을 풍경으로 각자가 지은 집이지만 주택의 컨셉을 통일해 마을의 가치를 높였다.

나 집을 짓기 위해 만나는 건축업체 정도가 전부였다. 하지만 지금은 다르다.
정부는 귀농창업자금 및 주택자금 융자지원, 주말농장제도나 전원마을조성사업 및 신규마을조성 사업 등의 시행, 농어촌주택의 양도세 비과세 혜택 등 다양한 정책들을 내놓고 있다. 지자체들은 자신들의 맞춤형 귀농 귀촌 정보를 제공하며 전원생활 예비자들을 불러들이고 있다. 두려움을 버리고 눈높이만 맞춘다면 전원생활은 더욱 가까이에 있다.

011

"전원주택도 트랜드가 있다"

전원주택은 과시형에서 투자형으로 지금은 실수요로 변해왔다. 별장이 곧 전원주택일 때가 있었는데 이때는 남들에게 폼 잡고 보여주기가 목적인 경우도 많았다. 경치 좋은 강변이나 산속에 화려하게 큰 집을 짓고 높은 담에 큰 대문을 달았다.

부동산 투기가 성행할 때는 투자용으로 전원주택을 찾는 사람들이 많았다. 부동산 투자 붐에 편승해 싼 땅을 사서 전원주택을 지어 팔면 이익이 났다.

하지만 지금은 투자용으로 전원주택을 구입하는 사람은 없다. 모두 전원생활 실수요자들이다. 특히 베이비붐 세대의 은퇴가 늘면서 전원주택을 찾는 사람들은 직접 살고 이용하기 위해서다. 이런 수요자들의 성향과 생각이 바뀌면서 나타나는 트랜드가 있다.

첫째는 소형화다. 전원생활을 위해 찾고 마련하는 땅이나 전원주택이 작아지고 있는데 그 속도가 매우 빠르다. 부동산 투자를 생각한다면 넓은 면적을 싸게 매입한 후 시간을 두고 개발해 파는 것이 하나의 방법일 수 있겠지만, 이런 특별한 목적이 아니라면 대부분 작게 시작하려 한다. 그래서 소형 이동식주택, 농막 등의 상품이 인기를 끈다.

둘째는 참여화다. 택지를 구입하고 집 짓는 일을 직접 참여해 하려는 사람들이 늘고 있다. 은퇴 후 소일거리가 되고 재테크의 방법도 될 수 있기 때문이다. 스스로 한 것에 대한 성취감과 전원생활을 통한 이익까지 얻을 수 있다는 점에서 참여는 매우 바람직하다. DIY 형태의 전원주택과 전원생활 용품들이 인기 있는 이유다.

셋째는 주말화인데 주말과 휴일에만 사용하는 전원주택을 만드는 사람들이 많다. 이런 사람들은 대부분 부담 없이 작게 시작하려 한다. 어느 정도 자신이 붙었을 때 옮겨가겠다는 생각이다. 아니면 아예 주말주택으로 사용할 생각을 한다. 그래서 주말농장, 주말주택, 세컨드하우스 등의 말들이 유행하고 있다.

넷째는 집단화다. 경치 좋은 곳을 찾아 산이나 계곡 속으로 나만의 경관을 찾아 흩어졌던 전원주택들이 한군데로 모이고 있다. 혼자 동떨어져 자리를 잡으면 땅을 개발해 집을 지을 때부터 생활하는 것 모두 불편하다. 마을을 형성하고 더불어 살면 비용도 줄일 수 있고 생활도 안전하다.

다섯째는 청년화인데 전원주택은 은퇴한 사람들만의 관심사가 아니다. 젊은 층의 관심이 커지고 있다. 주 5일 근무제 등 직장인들의 자유 시간이 늘고, 인터넷을 기반으로 한 재택근무가 가능해지면서 젊은 직장인들로부터 전원주택 인기는 앞으로 점점 늘 것으로 보인다.

여섯째는 여성화라 할 수 있다. 생활편의시설과 문화시설의 부족, 방범에 대한 우려, 이웃과의 단절 등으로 전원주택에서 사는 것을 두렵게 느꼈던 여성들이 지금은 많이 적극적으로 변했다. 전원생활 인구가 증가하면서 시골에 살아도 새로운 친구를 쉽게 만들 수 있고 비슷한 환경의 이웃도 많이 만날 수 있다. 교통 및 통신의 발달이 여성들의 생활불편을 많이 해소해 주었다.

앞으로 교통과 인터넷의 발달, 주거편의시설이 더 좋아지면 전원생활의 여성화는 더욱 가속될 것으로 보인다.

살구나무
봄, 4월, 붉은색

중국 원산으로 꽃은 4월에 연한 홍색으로 핀다. 열매는 7월에 노란색이거나 붉은빛을 띤 노란색으로 익는다.

012

멀티 소형화, 전원주택의 최근 경향

귀농은 농사를 지을 목적으로 시골행을 선택하는 것이다. 하지만, 귀촌은 은퇴 후 경치 좋은 곳에 집을 짓고 유유자적 살러 가는 유형처럼 대부분 농사와는 별개의 일을 찾는다.

이런 사람들의 최근 경향은 '멀티화'로 정리할 수 있다. 예전 귀농 귀촌하는 사람들은 경치 좋은 곳으로 가족들이 아예 이주해 살겠다는 사람들이 많았지만, 최근엔 그렇게 단순하지 않다. 도시와 농촌을 오가며 살겠다는 사람들이 늘고 있다. 도시를 버리는 것이 아니라 도시를 남겨놓고 시골행을 준비한다. 살아보고 마음에 들면 농촌으로 옮겨갈 수도 있고 애초부터 아예 이중생활을 작정해 계획을 세우기도 한다. 이런 주거형태를 가리켜 '멀티해비테이션'이라 한다. 멀티(Multi)는 복수, 여러 개란 뜻이며 여기에 주거의 해비테이션(Habitation)이란 말을 합친 합성어로 여러 개의 집을 옮겨 다니며 사는 주거유형이다. 특히 은퇴자들을 중심으로 농촌과 도시를 오가며 '멀티화'를 계획하는 사람들이 최근 부쩍 늘고 있다.

이런 이유로 요즘 귀농 귀촌자들이 찾는 집과 터는 매우 작다. 굳이 클 이유가 없다. 꼭 멀티화 추세 때문이 아니더라도 은퇴 후 귀촌해 살겠다는 사람들은 큰 집과 땅을 찾지 않는다. 투자도 많이 해야 하고 관리도 힘들기 때문이다. 나중에 팔기 또한 어렵다. 주변에서 보면 대지 500~660㎡, 주택 76~116㎡ 정도가 인기다. 투자금액도 지역마다 다르고 토지와 주택을 포함해 1억5천만~2억원 정도 챙겨서 움직이는 사람들이 많다. 살다가 집이 작다 싶으면 그때 가서 추가로 더 지어도 된다.

농촌주택 조건에 들면 1가구 2주택이 돼도 양도세 비과세 혜택도 받을 수 있다는 이유로 규모를 줄이는 사람도 많다. 양도세 비과세 혜택을 받을 수 있는 농촌주택은 수도권 이외의 읍면단위 지역에 있으면서 대지면적 660㎡ 미만, 기준시가 2억원 이하인 집이다.

이런 전원주택의 소형화는 최근 더욱 극심해 지고 있으며 상품도 다양하다. 좁은 공간에 있을 건 다 있는 극소형 콤팩트 하우스도 있다. 맘에 드는 집을 골라 주문하면 트럭에 실어 배달도 해 준다. 화장실과 주방을 갖춘 바닥면적 20~30㎡ 내외인 주택을 1천600만~2천500만원 안팎에 살 수 있다. 하나는 작지만 여러 채를 연결하면 넓은 집을 만들 수도 있고 다락방을 넣으면 복층집도 된다.

요즘엔 소형 전원주택이 인기를 끌고 있다. 좁은 공간에 있을 건 다 있는 극소형 콤팩트 하우스도 있다.
맘에 드는 집을 골라 주문하면 트럭에 실어 배달도 해 준다. 모양도 다양하고 가격도 천차만별이다.
사진은 게스트하우스로 사용하는 아치 형태의 이동식주택이다.

물망초
봄~여름, 5~8월, 하늘색

유럽이 원산지인 다년초로 애인에게 꽃을 전하며 'Forget me not(나를 잊지 마세요)'이란 말을 남기고 죽은 청년의 전설로 '물망초'가 됐다.

아파트에서 살고 전원주택에서 놀고…

베이비붐 세대들에게 아파트는 희망이었다. 아파트 한 채 장만하는 것이 직장을 다니는 이유이자 돈을 버는 목적이었다. 가족들이 두 다리 뻗고 잘 수 있는 편안한 내 집 한 칸 마련하겠다는 생각으로 관심을 가졌던 아파트는 부동산 개발 붐과 더불어 돈버는 수단이 됐다. 아파트 분양 하나 잘 받으면 복권 당첨이나 마찬가지였다.

그렇게 살았던 사람들이 이제 쉴 때가 됐다. 은퇴했거나 은퇴를 준비하고 있다. 대부분 앞으로 어떻게 살 것인가를 고민한다. 그들의 후배들도 도시 아파트에서 열심히 살고 있다. 선배들처럼 절박하게 아파트를 마련하려고, 그것으로 재산을 늘려가겠다는 생각은 크지 않지만, 더 좋은 아파트를 찾기는 마찬가지다. 좋은 아파트는 열심히 사는 삶의 터전이며 성공의 상징이다. 그것들을 이루기 위

사는 집이 아닌 쉬고 노는 집으로 생각하는 '휴양형 전원주택'이 점점 늘고 있다.
도시의 아파트에 살면서 일하고 시골 전원주택에서 휴식을 취하는 집, 다른 변수들은 모두 빼고 잘 놀 수 있는 집,
내가 편히 쉴 수 있는 전원주택에 도전하는 것도 괜찮을 것이다.

해 하나같이 바쁘다. 그렇지 않으면 낙오되고 뒤처지고 조금만 게으름 피우면 실직하기 십상이다. 정신없이 도시생활을 하던 사람들이나 하는 사람들은 쉬고 싶어 한다. 도시를 떠나 공기 좋고 물 맑은 곳에서 편안하게 휴식 취할 생각을 한다.

편안히 놀 수 있는 곳, 쉴 수 있는 곳을 찾던 은퇴자 중에는 전원주택이 안식처가 되는 경우가 많다. 이들에게 전원주택은 열심히 사는 집이 아니라 노는 집이자 편히 쉬는 집이다. 그래서 주말농장이나 주말주택 등에 도시민들의 관심이 쏠리면서 소형 세컨드하우스가 뜨고 있다. 작정하고 놀기 위해 전원주택을 찾는 사람도 많다. 전원주택을 계획한다면 노는 집으로 출발하는 것도 좋다.

물론 열심히 살기 위해 전원주택을 찾는 사람들도 있다. 펜션도 하고 카페도 열고 식당도 한다. 농장도 한다. 하지만, 전원주택에서 무작정 편히 쉬고 싶은 사람들이 점점 많아지고 있다.

그런데 생각만큼 쉽지 않다. 편히 쉬고 싶어 하면서도 그동안 아파트 만들기에 익숙하다 보니 아파트 구입하는 것처럼 한다. 얼마나 오를 것인가를 생각하고, 크고 화려한 집을 고집한다. 역세권을 따지고 주변 편의시설, 문화시설, 학군을 따지듯 도시생활의 편리함을 대입한다. 내가 편하게 사는 것보다 주변 다른 사람들을 의식하고 그들과 관계된 여러 가지 변수를 우선한다. 그러다보니 전원주택 만들기가 어려워지고 그렇게 만들어 살려고 하니 적당치 않다. 결국, 노는 재미가 없어지면 지겨워지고 힘들어진다. 짐이 돼 버린다.

"아파트에서는 열심히 살고 전원주택에서는 열심히 놀자!"라는 생각으로 전원주택 만들기에 도전해 보면 어떨까? 다른 변수들은 모두 빼고 내가 잘 놀 수 있는 집, 내가 편히 쉴 수 있는 집만 생각해 전원주택에 도전하는 것도 괜찮을 것 같다.

지금 시대의 전원주택 개발

전원주택단지는 일반적으로 개발사업자가 토지 인허가 및 기반공사 후 분할 매매한다. 건축은 땅을 매입한 사람이 알아서 하게 된다. 개발사업자 입장에서는 인허가 및 기반공사만 하므로 투자비를 줄이면서 리스크를 최소화할 수 있다.

아예 공사도 안 하고 인허가만 받거나, 인허가도 안 받고 분할만 해 판매하는 경우도 있고, 심하면 분할도 안 되는 것을 공동지분형태로 분양하는 경우도 있다.

지분형태로 분양받았을 때는 나중에 집 짓는 허가를 못 받는 등 사고가 잦기 때문에 인허가를 마치고 공사가 돼 있는 토지를 매입하는 것이 안전하다. 자신의 취향대로 집을 지을 수 있다. 그래서 지어놓은 집보다 토지만 사는 것을 선호한다. 남들과 다른, 튀는, 색다른 나만의 '언덕 위에 하얀 집'을 스스로 짓고 싶기 때문이다. 디자인이나 자재 등을 고를 때 어떻게든 새롭고 아름다운 것, 좋은 것, 친환경적인 것을 고집하는 이유다.

하지만 요즘엔 달라지고 있는 것 같다. 크고 화려한 전원주택에 대한 환상보다 실속 있는 집, 살기 편한 집, 경제적인 집짓기를 선택하는 사람들이 많고, 그런 사람들에게 맞는 집을 아예 지어 매매하는 사례도 늘고 있다. 토지 330~495㎡(100~150평) 정도에 주택은 66~99㎡(20~30평) 크기로 지어 1억 7천만원~2억5천만원 선에서 매매하는 전원주택 짓기가 주변에서 눈에 많이 띈다.

단지의 규모도 예전처럼 20세대 이상 대규모가 아니라, 작은 땅에 두 채나 세 채 정도 허가를 받아 짓고 팔리면 또 허가를 받아 짓는 식이다.

집도 화려한 디자인의 고급 자재를 사용하기 보다는 단층에 방 2개와 거실, 화장실, 주방, 다용도실이 있는 일반적인 평면이다. 건축비를 줄이기 위해 구조는 경량철골에 벽체는 샌드위치패널을 사용하고 외부는 벽돌이나 스터코 등으로 마감한다. 지붕은 아스팔트싱글이다. 이렇게 하면 건축비를 많이 줄일 수 있고 단출한 가족의 살림집으로 사용하는 데 문제가 없다.

돈 많이 쓰면 화려하고 멋진 집, 보기 좋은 집, 비싼 집은 얼마든지 지을 수 있다. 그게 꼭 잘 지은 집은 아니다. 살기 좋은 집이 되는 것도 아니다. 남들에게 보여주는 집, 폼 잡는 전원주택들이 이젠

전원주택은 크고 화려하며 디자인도 독특한 나만의 집을 고집하는 경향이 있다.
하지만, 요즘 전원주택은 실속있는 집, 살기 편한 집, 경제적인 집으로 바뀌고 있다.

촌스럽게 느껴진다. 그렇게 투자하겠다고 나서는 사람들도 없다.
땅을 사서 인허가와 토목공사, 건축 등을 직접 하려니 막막하고, 자칫 잘못하면 수업료도 많이 내야 하므로, 부담되지 않는 선에서 완성된 집을 사고 싶어 하는 사람들이 늘고 있다. 이런 수요에 맞는 집을 지어 매매하는 소규모 '시골 땅 개발업자'들도 많아질 것으로 보인다.

'지금'이 '기회'고 '바로 그 때'

애들 시집 장가 다 보내고 좀 더 나이 들면 시골 가 살아야지, 돈 벌어 폼 나게 고향 가 집 짓고 살아야지 등, 나중을 기약하는 사람들이 많다. 그 나중이 언제가 될지 모르지만 말이다.

나중에, 나중에, 나중에, 그 나중에 경치 좋은 곳에 멋진 집 짓고 유유자적 살겠다고 생각하지만 그걸 이루기는 쉽지 않다.

출세한 변호사가 있다. 공부도 많이 하고 돈도 많이 번다. 현재의 품위를 유지하려니 일상이 바쁘다. 늘 공부를 해야 하고, 새로운 모임에도 참석해야 하고 비지니스 골프도 쳐야 하고, 그러다 보니 가족과 보내는 시간보다 고객들 만나는 시간이 더 많다. 그러면서도 뒤쳐질까봐 불안하다. 피곤한 몸과 마음을 위한 재충전이 필요했다. 바쁜 시간을 쪼개 가족들과 남태평양의 작은 섬으로 일주일 여행을 떠났다. 변호사는 섬에서 휴가를 보내며 원주민들과도 친해졌다. 해변의 나무그늘에서 그들과 맥주를 마시며 어울렸다. 원주민들은 잠깐 바다에 나가 고기를 잡고 나면 바닷가 그늘에서 가족이나 친구들과 어울려 맥주를 마시며 떠들고 노는 것이 일과였다. 좀 더 친해지자 원주민 중 하나가 자신의 집으로 변호사를 초대했다. 집을 방문했을 때 원주민의 가난하고 볼품없는 살림살이를 보고 '하루에 얼마를 버는지? 한달 수익이 얼마나 되는지?'가 궁금해 물었다. 당연히 시원치 않았다. 자신의 수익에 천분의 1도 안 되는 수준이었다. 한심했다. 변호사는 도움을 줄 생각으로 돈벌이 강의를 시작했다.

"당신이 지금 하루에 한 시간씩 일하던 것을 두 배 세 배로 늘이면 수익이 그만큼 늘어납니다. 그것을 은행에 넣어 두면 이자가 붙어 큰돈이 되고, 그 돈으로 관광객들을 상대를 장사를 하면 더 많은 돈을 벌 수 있습니다. 그렇게 번 돈을 주식에 투자하든가 부동산에 투자를 하면 대박도 납니다. 번 돈으로 바닷가에 호텔을 지으면 더 큰 돈을 벌 겁니다. 내일부터라도 당장 지금보다 좀 더 일찍 바다에 나가세요. 남들이 안 가는 곳에 가면 더 많은 고기를 잡을 수 있을 겁니다. 그러면 그만큼 빨리 목표를 이룰 수 있을 겁니다."

그러자 원주민은 "호텔 사장이 되려면 몇 년이나 걸리겠냐?"고 물었다. 변호사는 아무리 생각해봐도, 빨라야 20년은 족히 걸릴 것 같았다. "20년이 아니라 100년이 걸리더라도 목표를 가지고 살아야 한다"고 타일렀다.

그러자 또 원주민은 "그렇게 돈을 많이 번 다음에는 뭘 하느냐?"고 물었다. 변호사는 한심하다는 투로 대답했다.

"돈을 많이 벌어 이곳 바닷가 경치 좋은 곳에 집을 짓는 겁니다. 가족들과 함께 바다에 나가 수영도 하고 고기도 잡고 파티도 하는 거죠. 백사장에서 친구들과 어울려 맥주를 마시며 즐겁게 사는 거죠."

원주민은 변호사를 빤히 쳐다보며 대꾸했다.

"난 지금 그렇게 살고 있는데요."

정말 전원생활을 계획하고 있다면 지금 시작하라. 시골에 내려와 사는 사람들이 가장 후회하는 것 중 하나가 "어차피 내려올 거였으면 하루라도 빨리 내려올 걸"이다. '지금'이 '기회'고 '바로 그 때'다.

뻐꾹채
봄~여름, 5~8월, 홍자색

들이나 산지에서 흔히 볼 수 있는 야생화로 키가 30~70cm 정도 된다. 꽃봉오리에 붙은 바늘잎이 뻐꾸기의 가슴 깃털을 닮아 '뻐꾹채'라 한다.

은퇴 후 주택은 '요양주택'으로…

"나이 들어 간병이 필요할 시기에 어디서 거주하길 원하는가?"라고 물어보면 사람들의 답은 대부분 "내 집에서 지내고 싶다"일 게다.

실제로 은퇴자들을 대상으로 설문조사를 해보면 70%가 넘는 사람들이 치매, 중풍에 걸리더라도 내 집에서 지내고 싶어 하고, 30% 정도만 요양시설에서 간병을 받겠다고 한다. 자식들 집에서 간병을 받겠다는 사람은 5%도 안 된다.

다들 자기 집에서 노후를 보내고 싶어 하지만, 간병이 필요할 때 의지할 곳은 요양병원 시설밖에 없는 것이 현실이다. 자기 집에서 간병을 받는 것은 여러 가지로 쉽지 않다.

그래서 은퇴 후 전원주택을 계획한다면 설계 및 건축할 때 '요양주택'의 개념을 염두에 두는 것이 좋을 것이다.

최근 지어지는 집 중에 문턱을 없애고 계단에 안전 손잡이를 설치하는 것과 같은 초보적인 개념도 입이 이루어진 경우를 간혹 본다. 하지만, 필요할 때 간병인 등 전문가의 도움을 받기 쉽도록 적극적으로 공간계획을 하는 집은 거의 없다.

앞으로 시니어산업으로 '요양주택' 시장이 커질 것이란 전문가들의 의견도 있다. 은퇴 후 주택은 '요양주택'으로 계획하는 것도 좋을 것으로 본다.

남경도
봄, 4월, 붉은색 · 흰색

복숭아나무의 변종으로 꽃복숭아라고 불리는데 북미가 원산지다. 꽃은 봄에 매화처럼 아름답게 피는데 붉은색이다. 복숭아와 달리 열매는 작고 식용하지 않는다.

은퇴 후 전원주택을 계획한다면 설계 및 건축할 때 '요양주택'의 개념을 염두에 두는 것이 좋다.

팥꽃나무
봄, 3~5월, 자주색

척박한 곳에서 잘 자라는 나무로 꽃이 팥꽃과 비슷하게 생겼다고 해서 팥꽃나무라고 한다. 서해안에서는 조기꽃나무라고도 한다.

노후생활까지 생각한 전원주택 짓기

'60대는 60%, 70대는 70%, 80대는 80%를 집에서 보낸다'는 말이 있다. 나이가 들수록 집은 중요해진다. 그래서 노후준비 절반은 집에 대한 고민이고 주거계획이 큰 비중을 차지한다. 막상 노후에 살 집을 계획한다면 기준이 없어 막연하다. 그래서 중요한 것들을 놓치고, 누구나 할 것 없이 경치 좋은 곳에, '그냥 좋은 집'만 계획해 짓게 된다.

하지만, 노후생활용 전원주택을 계획한다면 몇 가지 고민이 필요하다.

첫째로 날씨가 쾌적하고 온화한 곳이 좋다. 경치가 아무리 좋아도 날씨가 받쳐주지 않는다면 노후생활은 불편할 것이다. 덥거나 습한 곳보다 선선하고 쾌적한 곳이 건강에 좋다.

둘째는 사람들과 어울려 자신의 취미생활을 할 수 있는 곳이나, 취미가 아니라도 이웃과 어울려 살수 있는 곳이면 좋다. 주변에 같은 취미로 어울릴 수 있는 사람들이 있거나, 꼭 취미가 같지 않더라도 마을회관 등 사람들과 어울릴 수 있는 곳이 좋다.

셋째는 거주비용에 대한 부담이 없는 경제적인 집이라야 한다. 세금을 많이 내거나 유지관리에 비용이 많이 드는 집은 수익 없이 살아야 하는 노후에 큰 부담이 된다.

넷째는 안전이다. 가까이 파출소가 있어 치안이나 방범 등에 문제가 없는 곳이면 좋다. 거주 공간도 안전해야 한다. 예를 들어 불편하지 않도록 계단이나 문턱을 없애고 계단이 있다면 안전 손잡이를 계획하는 것이 좋을 것이다. 또 긴급 상황이 발생했을 때 이용할 수 있는 병원이나 의원이 주변에 있으면 좋다.

다섯째는 생활편의시설이다. 필요할 때 자장면이나 치킨이라도 시켜 먹을 수 있는 곳이면 좋고 그런 곳이라면 편의점이나 은행, 관공서 등을 이용하기 편하다.

여섯째는 교통이다. 가족이나 친지, 친구 등을 만나고 싶을 때 이동하기 편해야 한다. 운전이 불편하다면 대중교통을 이용할 수 있는 곳이면 좋다.

(정리)

전원주택과 전원생활 최근 트랜드

전원생활을 위해 전원주택을 찾는 사람들의 최근 경향을 정리해 본다.

■ **소형화**
전원생활을 위해 찾는 땅이나 집이 작아지고 있다. 작은 전원주택, 특히 소형 이동식 전원주택과 같은 콤팩트 하우스들이 인기를 끌고 있다. 작은 집을 여러 개 붙여 큰 집 하나를 만드는 모듈러 주택도 관심을 끈다.

■ **참여화**
직접 참여하고 체험하는 소비형태가 는다고 하는데 전원주택도 마찬가지다. 토지를 구입하고 집을 짓는 것을 직접 하고 싶어 하는 사람들이 많다. DIY 형태의 집짓기에 관심이 커지고 있으며 관련 자재나 공구, 용품들이 인기를 끌고 있다.

■ **집단화**
경치 좋은 곳을 찾아 홀로 산속이나 계곡 속으로 흩어졌던 전원주택들이 한 군데로 모이고 있다. 혼자 있으면 땅을 개발해 집을 지을 때부터 생활하는 것 모두 불편하다. 개발비와 생활비도 많이 든다. 일 년에 몇 번 사용하는 별장이라면 몰라도 정착해 생활하는 경우는 특히 힘들다. 생활기반을 갖춘 곳, 이웃이 있는 곳으로 모이는 집단화가 눈에 띈다.

■ **수익화**
귀농 귀촌 후 수익을 낼 수 있는 전원생활을 원한다. 이런 사람들에게 인기 있는 상품이 펜션인데 이미 포화상태. 식당이나 농장을 운영하거나 농산물 가공을 하는 경우도 있다. 최근 주거공간과 영업공간을 동시에 해결할 수 있는 전원주택 형태에 대한 고민을 많이 하며 임대형 전원주택도 눈에 띈다.

■ **청년화**
전원생활은 은퇴한 사람들의 관심사가 아니다. 은퇴 후 시작하면 늦다. 요즘엔 젊은 직장인들도 귀농 귀촌에 관심이 많고 실제로 움직이는 사람도 많다.

■ **여성화**
생활환경이 불편하고 문화시설의 부족, 방범에 대한 우려 등으로 전원생활을 두렵게 느꼈던 여성들이 많이 변했다. 교통과 인터넷의 발달과 농촌생활환경의 변화 등으로 여성들의 시골 생활도 심심하거나 불편하지 않다. 전원생활에 빠져드는 여성들이 많고 전원생활의 여성화는 더욱 가속될 것으로 보인다.

주말이 있는 삶, 만만한 '세컨드하우스'

앞서 말했지만 '도시서 살고 시골서 쉬겠다는 생각'으로 주말이나 휴일에 도시와 시골을 오가며 사는 사람들이 늘고 있다. 서울 수도권과 지방의 대도시에 사는 사람들, 여유 있는 은퇴자들에게나 맞는 라이프스타일로 여기지만 요즘은 꼭 그렇지 않다. 40~50대의 평범한 직장인들이나 지방 중소도시서 사는 사람들도 시골을 찾아 주말을 즐기는 경우가 많다. 이들은 도시를 영원히 떠나 농촌에 정착해 살겠다는 것보다 도시와 농촌을 오가며 사는 이중생활을 하는 것이다.

전원생활을 하고 싶지만 도시를 떠날 입장이 못 된다. 은퇴할 나이도 아니고 가족들의 반대도 만만치 않다. 시골서 살 자신도 없고 두렵기도 하다. 그동안 내쳐 살던 도시를 떠나는 것이 이래저래 부담스럽다. 그래서 반쪽 전원생활을 시작해 즐기다 은퇴하거나 시골 생활에 익숙해지면 그때 도시를 정리하고 시골 생활로 옮겨 탈 생각을 한다.

도시와 농촌을 오가며 이중생활을 하는 사람들이 농촌에 짓는 전원주택을 세컨드하우스라 하는데, 이런 세컨드하우스는 만만해야 한다. 너무 무리하지 않는 것이 좋다. 다랑논 한 뙈기, 컨테이너 박스 하나도 좋은 집과 정원이 될 수 있다.

전원주택에 관심 있는 사람 중에는 크고 좋아야 한다는 고정관념을 갖는 이들이 많다. 또 처음부터 완벽한 것을 원하고 찾는다. 하지만, 시골에서는 처음부터 완벽한 것은 없다. 그러려면 큰 비용을 투자해야 하고 재미도 없다. 전원생활의 재미는 좋고 완벽한 것을 즐기는 것보다 좋고 완벽하게 만들어 가는 과정에 있다. 세컨드하우스용 전원주택이라면 더욱 그렇다. 크고 좋은 집보다는 어떻게 얼마나 자주 이용할 것인가가 우선되어야 한다.

일 년에 몇 번 이용하지 않을 주말주택을 큰 땅에 크고 좋게 지어놓고 후회하는 사람들이 의외로 많다. 상주하지 않기 때문에 가볍고 부담 없어야 마음이 놓이고, 관리도 쉽고 관리비도 적게 든다. 전원생활은 좋은 집을 이용하는 것이 아니라 주변의 환경을 잘 활용해야 행복하다. 그것을 맘껏 즐기는 것이 주말 전원생활의 묘미다. 좋은 땅과 화려한 집에 집착하지 않고 눈높이를 낮추어 팍팍한 도심의 삶에서도 마음의 여유만 갖는다면, 주말이 있는 삶, '세컨드하우스'는 훨씬 가까이에 있다.

일 년에 몇 번 이용하지 않는 주말주택을 넓은 땅에 크고 좋게 지어놓고 후회하는 사람들이 의외로 많다.
상시 거주용이 아닌 집은 가볍고 부담이 없어야 관리도 쉽고 관리비도 적게 든다. 사진은 황토블럭으로 집 주인이 손수 지은 황토방이다.

불두화
여름, 5~6월,
연초록색 · 흰색

꽃의 모양이 부처의 머리처럼 곱슬곱슬하고 4월 초파일을 전후해 꽃이 만발하므로 불두화라고 부른다.

019

"결국 '수익형 전원주택'으로 간다"

큰 집 지어 후회하는 사람들이 많다는 얘기를 여러 번 했다. 실제로 전원주택을 찾는 사람들에게서 요즘 가장 많이 듣는 얘기 중 하나가 "집 크면 뭐해! 관리하기만 힘들지!"다. 집 크게 지으라면 사기꾼 소리까지 듣는다. 물론 목적이 분명하고 필요하다면 크게 지어야 한다. 경제적으로 여유가 있어 품 나게 살고 싶다면 크고 웅장하며 화려하게 지을 수도 있다. 하지만, 집이 커야 멋진 전원주택, 전원생활이 되는 것이 아니다.

또한, 전원주택은 도시생활을 청산한 후 짓는 집도 아니다. 도시에 그대로 살면서 주말이나 휴일에 시골 생활을 하는 사람들이 늘면서 잠깐씩 다녀오는 주말형, 별장형 전원주택이 많아지고 있다.

이런 사람들이 늘고 있는 가운데 또 생각해보아야 할 것이 있다. 앞으로는 '수익형 전원생활'에 관심을 두는 사람들이 많아질 것이고, 결국 그런 흐름이 대세가 될 것이란 점이다. 생활비가 넉넉하다면 시골에 주말형이나 별장형과 같은 구조의 집을 짓고 유유자적 사는 것이 큰 부담이 되지 않겠지만, 그렇지 않은 사람들은 먹고사는 문제를 걱정해야 한다. 은퇴는 빨라지고 수명은 점점 늘고 있다. 직장에서 퇴직하고도 30여 년을 살아야 하는데, 그 시간을 도시서 보내든 시골서 살든 수입이 있어야 한다. 은퇴자들에게 가장 큰 화두다.

수익 없이 살 수 있는 은퇴자들은 별로 없다. 은퇴자가 늘고 귀촌자가 많아지면 수익형 전원주택에 관심을 두는 사람들도 점점 늘 것이다.

이 같은 사실은 이미 펜션에서 증명됐다. 시골서 살며 민박집을 운영해 수익을 내는 것이 결국 펜션이다. 지금이야 시들해졌지만 불과 몇 년 전만 해도 전원생활 하는 사람들에게 펜션은 인기 창업 아이템이었다. 전원주택을 짓고 살며 수익을 낼 수 있기 때문이다. 캠핑장도 마찬가지다. 시골에서 돈 되는 일을 찾다 생각해낸 것들이다. 앞으로 이런 고민을 하는 사람들이 점점 늘 것이고 창업형 전원생활이 이슈화될 것이다. 요즘 귀농 귀촌을 말할 때도 '창업'이란 말을 붙여 사용한다.

도시생활을 청산하고 시골서 전원생활을 하며 살겠다면 앞으로 수익형 전원주택에 관심을 가져야 한다. 전원주택을 짓고 펜션을 하든 아니면 전원카페를 운영하든, 농장을 하든 캠핑장을 하든 전원생활을 하면서 돈벌이가 되는 무엇인가를 찾아야 한다. 그래야 시골로 이주한 은퇴자들의 노후가 윤택해질 것이다. 결국엔 전원주택도 수익형으로 갈 수밖에 없다. 하지만 만만치 않다. 그래서 엄두를 못 내는 사람들이 대부분이다.

이런 고민을 하는 사람들에게 최근 전원주택 시장에 나타난 추천할만한 수익 모델 하나는 바로 '임대형 전원주택'이다. 펜션처럼 단기 임대하는 형태는 이미 큰 시장이 됐다. 하지만, 월 단위나 연 단위로 임대하는 전원주택 시장은 아직 없다. 작업이나 힐링 혹은 요양을 위해 전원주택을 장기 임대하려는 수요는 점점 늘고 있는데 체계적이지 못하다. 개인들끼리 알음알음 전원주택 임대가 행해지고 있는데 도심의 원룸이나 아파트 임대와 비교해 수익률이 매우 높다. 땅을 사서 한다면 투자를 많이 해야 하므로 수익률이 낮지만 놀리는 땅이 있다면 시도해볼 만 하다.

수익형 전원주택과 전원생활에서 주의할 점은, 무리하지 않는 경제적인 투자가 돼야 하고 노동에 대한 부담이 없어야 한다는 점이다. 젊었을 때야 어느 정도의 노동은 부담되지 않지만, 나이 들면 힘에 부칠 수 있다. 노동 강도가 적고 생활비라도 벌 수 있는 수익형 전원주택, 수익형 전원생활은 귀촌하는 은퇴자 누구나의 꿈이다.

자두나무
봄, 4월, 흰색

오얏나무라고도 하는데 마당이나 울 등에 많이 심는다. 높이가 10m에 달하며 열매는 원형 또는 구형으로 자연생은 지름 2.2cm, 재배종은 7cm 크기다.

성공적인 귀농 귀촌을 위한 준비 및 고려사항

귀농 귀촌을 하기 위해서는 계획부터 실행까지 많은 결정을 내려야 한다. 이주 단계별로 고려할 사항들도 많다. 귀농 귀촌하는 과정은 △마음의 결심 △가족의 동의 △자금 계획 △할 수 있는 일의 선택 △기술의 습득 △정착지의 결정 △농지 및 주택의 마련 △운영 및 생활 등의 순서를 거치게 된다. 물론 개인의 사정과 주변의 상황에 따라 순서가 바뀔 수 있고 생략이 되는 과정도 있을 것이다.

스스로 농촌에서 사는 것이 즐거울 것인가를 생각해 보고, 그 삶이 즐겁겠다는 생각이 들었을 때 옮겨야 후회하지 않는다. 단순하게 농촌을 동경하고 좋아하는 것 정도만 갖고 시작하면 실패하게 된다.

■ 가족의 동의

가족의 동의는 중요하다. 귀농 귀촌해 사는 남자들 중 많은 사람이 이주할 때 가장 힘들었던 것을 꼽으라면 아내를 설득하는 것이었다고 말한다. 그만큼 가족의 동의를 얻기가 쉽지 않다. 가족들과 함께 하는 귀농 귀촌이라야 성공할 수 있다.

특히 귀농의 경우에는 배우자에 대한 동의는 필수다. 귀농의 정신적인 동료이며 농업의 노동력을 해결할 수도 있기 때문이다.

젊은 사람들은 물론이고 은퇴 후 귀촌의 경우에도 자식들에 대한 부담을 갖는 경우도 많다. 자식들과 가까이 살겠다는 생각으로 터를 잡을 때도 자식들이 잘 올 수 있는 곳, 집을 짓더라도 자식들이 편히 쉬었다 갈 수 있게 방을 만들고 집을 키운다. 이렇게 계획한 사람들의 경우 후회를 많이 한다. 자녀들이 자주 찾지 않기 때문에 계획이 엉망이 되고 큰 방이 비어있게 된다. 아무리 가까이에 자리를 잡고 자녀들이 오기 좋게 만들어도 바쁜 자녀들은 쉽게 올 수 없다는 것을 명심하고 계획을 세우는 것이 좋다.

■ 자금 계획

자금계획을 세울 때는 좀 여유가 있어야 한다. 빠듯한 예산으로 귀농이나 귀촌을 하면 실패하기 쉽다. 농업시설을 하고 기술을 익히는 과정에서 예상했던 비용을 초과하는 경우가 많다. 이때 자금이 모자라면 그동안 진행했던 것들도 수포로 돌아갈 수 있다.

특히 땅을 사고 집을 짓는 과정에서는 예상하지 못했던 비용이 많이 발생한다. 토지 인허가 및 공사하는 과정에서는 시행착오를 겪게 되고 변수도 많다.

■ 일의 선택

귀농 귀촌한 후 할 수 있는 일을 정하는 것은 진행단계에서 가장 중요하게 결정해야 할 것 중 하나다. 당장 수익이 필요하지 않은 귀촌일 경우라도 반드시 할 수 있는 일이 있어야 한다.

귀농이라면 어떤 농사를 지어야 할 것인가, 즉 어떤 작목을 선택할 것인지를 정해야 한다. 작목은 가족의 노동력과 자본능력, 기술수준 등에 따라 결정해야 한다. 어떤 농업을 하느냐에 따라 준비해야 할 토지의 규모가 다르고 거기에 맞는 농기계도 필요하다. 또 작목의 종류에 따라 고도의 기술을 필요로 하는 경우도 많다. 자본회수 기간도 길 수 있고 짧을 수도 있으므로 자신의 경제상황과 노동력에 따라 현명한 결정을 내려야 한다.

작목을 선택할 때는 지역별 특산품들을 고려해보는 것도 좋다. 특산물의 주산지가 어딘지를 파악해보면 귀농지역을 선택하는 데 도움이 된다. 각 도에는 농업기술원이 있고 시군에는 농업기술센터가 있어 작목을 선택하는 데 도움을 받을 수 있다. 또한, 작물의 재배적지와 관련한 정보 등을 손쉽게 확인할 수 있다.

■ 영농기술의 습득

작목을 선택했다면 농업기술을 익혀야 한다. 다른 일을 할 계획이라면 그 일에 관한 전문적인 지식을 갖추어야 성공적인 귀농 귀촌이 된다. 작목 선택 후 재배기술을 익혔다면 가공기술, 홍보 마케팅 등에 대한 기술과 노하우도 필요하다. 영농기술은 다양한 귀농프로그램을 통해 교육을 받을 수 있고 선진 농가를 견학하거나 체험, 연수할 수도 있다. 농림수산식품부는 농어촌지역에 정착한 귀농인에게 현재의 재배 작목 등의 심층 연수 또는 이주 초기의 관심 있는 분야의 작목 재배기술 등을 실제 선도 농업인(농업법인) 또는 성공 귀농인으로부터 영농분야 등에 대한 기술습득, 정착 과정 상담 멘토 등을 지원하고 있다.

■ 정착지 결정

할 일, 작목을 결정해 기술을 익혔다면 어디로 갈 것인가를 선택해야 한다. 정착지는 우선 자신이 선호하는 지역이 있거나 정해진 지역이 있다면 문제가 없겠지만, 정해진 지역이 없다면 무엇을 할 것인가를 정한 후 정착지를 결정해야 한다. 이미 정착지가 정해져 있다면 그곳에서 할 수 있는 일, 작목을 찾는 것은 그다음이다.

귀촌이라면 선택의 폭이 좀 더 넓겠지만, 귀농의 경우에는 자신이 선택한 작목에 맞는 지역을 찾기가 쉽지는 않다. 지역에 따라 농업의 선택이 많이 다르기 때문이다. 예를 들면 시설원예와 같은 것은 도시근교가 적당할 것이며 벼농사, 채소, 밭농사는 평야지역을 선택하는 것이 유리하다. 과수, 약초, 축산을 한다면 당연히 준산간지역을 선택해야 좋다.

정착하기 위해서는 농업에 필요한 농지뿐만 아니라 생활할 주택도 필요하다. 인허가에 대한 부분도 알아보아야 하고 얼마나 생활하기 편한 곳인지도 생각해야 한다. 교통여건, 생활여건, 이웃 등이 중요한 검토사항이다.

■ 농지 및 주택 마련

귀농 귀촌을 결정하고 갈 곳이 정해졌다면 농지를 구하고 주택을 마련해야 한다. 농지는 영농형태에 따라 규모나 토질, 물 사용 여건 등을 고려해 구입해야 한다. 농업용으로 구입할 때는 '국토의 계획과 이용에 관한 법률'에서 정한 '농림지역' 농지법상의 '농업진흥지역'의 농지를 선택하는 것이 좋다. 경지정리 등이 잘 돼 있어 농사짓는 환경이 좋으면서도 가격은 저렴하다.

만약 주택 용도나 아니면 펜션이나 전원카페, 식당, 숙박시설 등 다른 용도로 사용하고자 토지를 구입할 때는 '국토의 계획과 이용에 관한 법률'에서 정한 '관리지역'이라야 한다. 다른 지역의 경우에는 개발행위를 통한 시설물의 건축이 까다롭거나 불가능하기 때문이다.

주택을 마련하는 방법은 다양하다. 농촌 빈집을 구입해 수리해 사용할 수도 있고, 땅을 구입해 신축하는 방법도 있다. 자금 여유가 없으면 임대해 사용하는 방법도 있다. 주택에 무리하게 투자하여 후회하는 경우가 많으므로 과도한 욕심을 부리는 것은 금물이다. 귀농 귀촌해 사는 사람 중 많은 수가 주택의 규모를 키워 후회하는 경우가 많다. 관리하기 편한 경제적인 집이 가장 좋은 집이다.

땅을 사고 집을 짓는 과정은 인허가에서부터 공사에 이르기까지 매우 많은 과정을 거치게 되므로 빠듯한 예산보다 여유자금을 갖고 시작하는 것이 좋다.

농촌 빈집을 구입해 간단히 수리만 하고 사용할 생각으로 관심을 두는 경우가 많다. 하지만 간단히 수리해 사용할 수 있는 빈집이 많지 않다. 실제 수리를 하려고 하면 생각보다 돈이 많이 든다. 또 시골에 빈집이 있다 하더라도 그 땅이 대지가 아닌 경우도 많다. 구입을 하거나 이용할 계획이라면 대지인지를 확인해 보아야 한다.

땅만 구입하면 빈집은 당연히 따라올 것으로 생각하는 사람들도 있는데 땅주인과 집주인이 다른 땅도 많다. 이 경우 토지를 매입했어도 주택은 별도로 다시 매입해야 한다. 그래서 건축물대장을 꼭 확인해 보아야 한다.

■ **전원생활의 실천**

모든 준비를 끝내고 이주를 했다면 전원생활을 하게 된다. 여유자금을 갖고 있다면 기다릴 수 있겠지만 그렇지 않다면 당장 수익이 필요하다. 하지만, 농촌생활에서 바로 수익 내는 구조를 만들기란 쉽지 않다. 농사를 지어도 적게는 6개월에서부터 몇 년을 투자해야 수익을 낼 수 있다. 시간을 끌 수 있는 꼼꼼한 자금계획이 필요하다.

이런 이유로 귀농 귀촌의 성공을 위해서는 좋은 아이템과 기술, 여유자금, 시간이 필요하다.

돌단풍
봄, 4~5월, 흰색

잎모양이 5~7개로 깊게 갈라져 단풍잎과 비슷하고 바위틈에서 자라 '돌단풍'이라고 한다.

펜션처럼 단기 임대하는 형태가 아닌 월 단위나 연 단위로 임대하는 전원주택 시장은 아직 없다.
작업이나 힐링 혹은 요양을 위해 전원주택을 장기 임대하려는 수요는 점점 늘고 있는데 아직 체계적이지 못하다.
사진은 장기 임대형 전원주택의 모습이다.

귀농귀촌창업자금 지원받는 방법

귀농하여 농사를 짓거나 귀촌 후 펜션이나 카페를 계획하고 있어도 귀농 귀촌 창업자금 지원이 가능하다. 퇴직을 2년 남겨둔 은퇴 예정자들도 정부로부터 귀농귀촌창업 및 주택마련자금을 지원받아 귀농 귀촌을 준비할 수 있다. 또 개인 사업을 하는 사람, 근로자도 지원을 받을 수 있다.

다만 사업신청일 기준으로 공무원, 교사, 공기업, 정부와 지자체 출연기관, 농수축협 등에 재직할 경우 대상에서 제외된다.

정부에서는 '귀농창업 및 주택구입자금 지원사업'을 운영하고 있는데 농협이나 수협을 통한 대출형태로 지원한다. 지원을 받으려면 우선 농어촌지역으로 전입한 날을 기준으로 1년 이상 농어촌 이외의 지역에서 거주했어야 한다. 단 도농복합시의 도시지역에서 농어촌지역으로 이주해 영농에 종사하는 경우에는 지원 대상이 된다.

농어촌지역으로 이주한 후 다른 농어촌지역으로 다시 이주한 경우는 이전 지역의 거주기간 및 지역에 대한 제한이 없다. 제대군인 등 근무지가 농어촌지역이지만 농어업 외 다른 분야에 종사한 경우에도 제한을 두지 않는다.

자금 지원을 받으려면 농림수산식품부, 농촌진흥청과 지자체 등이 주관하거나 지정한 곳의 교육을 3주 이상(또는 100시간 이상) 이수해야 한다. 민간단체 등에서 받은 일반 농업교육도 인정하며 사이버교육, 농촌재능기부와 농촌봉사활동 실적도 50% 인정받는다.

귀농 후 실제 영농 기간이 3개월 이상인 사람이나 농수산계 학교 출신자, 후계농어업인으로 선정되었던 사람, 농수산업인턴 이수자(3월 이상)는 교육을 이수한 것으로 인정한다.

대출한도는 농어업 창업자금의 경우 세대 당 3억원까지 가능하다. 농어가주택 구입 및 신축 자금의 경우에는 세대 당 5천만원까지다.

대출은 담보와 개인신용, 농업신용보증기금(농신보) 보증 등의 방법으로 이루어지기 때문에 실제 대출액은 신청자의 여건에 따라 한도 내에서 조정된다. 단 농신보 보증지원을 받기 위해서는 농업에 종사하며 농협조합원 자격을 갖추고 있어야 한다.

귀농 귀촌에서 우선 결정해야 할 내용 중 중요한 것은 '어디로 갈 것인가?'다.
특히 귀농인 경우에는 특산물들의 주산지가 어딘지를 파악하여 귀농지역을 선택하는 것이 좋다.
각 도의 농업기술원이나 시군 농업기술센터를 통하면 작목을 선택할 때 도움을 받을 수 있다.

배우자나 본인 또는 배우자의 직계존비속과 형제자매의 소유농지는 원칙적으로 지원 불가능하지만, 형제자매로 세대가 분리되어 있고 동거하지 않을 때는 지원이 가능하다. 경매나 공매에 의한 농지, 축사 등의 구입자금도 지원받을 수 있다.
대출기간은 5년 거치 10년 분할상환이며 금리는 농업창업 연 2% 조건이다. 자금신청은 귀농지역 주소지 관할 읍면사무소나 농업기술센터에서 가능하다.

귀농귀촌창업자금 지원에 대한 오해

앞서 말했듯이 귀농 귀촌자 중 65세 이하이며 영농교육 100시간 이상 이수 등 몇 가지 자격 조건을 갖추면 정부의 '귀농 창업 및 주택자금' 지원을 받을 수 있다. 농업 창업자금 3억원, 주택 구입신축자금 5천만원 등 총 3억5천만원이다.

이와 관련해 '공짜로 주는 돈'이라 생각하는 경우가 간혹 있는데 결론부터 얘기하면 대출이다. 대출 조건은 금리가 연리 2%, 5년 거치 10년 원금균등 분할상환이다.

대출 방법은 담보대출, 신용대출 등 두 가지가 있는데 담보대출인 경우가 대부분이다. 담보대출을 실행하려면 당연히 담보물(부동산)이 있어야 한다.

토지와 집을 사면서 필요한 자금을 100% 전액 정책자금 대출로 해결할 생각을 하는 경우도 있는데 그건 현실적으로 불가능하다.

'귀농 창업 및 주택자금' 지원은 은행에 일반담보대출 받는 것과 똑같다. 시중 가격 3억짜리 물건을 담보로 은행에서 3억 대출받기 힘들다. 담보물을 감정평가한 금액에서 부동산 종류에 따라 또 몇 %가 될지 대출가능금액이 정해진다. 일반적으로 시골 토지는 아주 잘 나올 경우 시중 매매가격의 50% 정도를 대출받을 수 있다. 물론 물건과 개인 신용에 따라 차이가 크다.

3억 대출받으려면 5억 이상 되는 부동산을 담보물로 제공해야 가능한 것이 현실이다. 본인 자산 없이 정책자금지원만으로 귀농 귀촌하는 것은 어렵다는 얘기다.

수련
여름~가을, 5~9월,
흰색, 진분홍 등

물에 사는 연꽃으로 3~4일간 정오경에 피었다 저녁때 오그라들기 때문에 잠자는 꽃이라는 뜻으로 수련이다.

생각만 바꾸면 만만해지는 전원주택

수도권 등 대도시 인근은 말할 것도 없다. 고속도로에서 가깝고 자연경관이 좋은 중소도시 주변들도 어김없이 전원주택들로 빽빽하다. 사람이 없을 것 같은 곳에서도 도시서 살다 온 사람들, 시골과는 전혀 어울리지 않는 사람들이 뿌리내려 살고 있다. 특별한 생각이나 취향을 가진 별난 사람들이 아니다.

이렇게 경치 좋은 곳으로 찾아들어 전원주택을 짓는 사람들의 유형을 시대별로 정리할 수 있다.

경제가 급성장하던 부흥기에는 과시형인 경우가 많았다. 남들에게 폼 한번 잡아보겠다는 생각으로 전원주택을 짓고 별장처럼 쓰는 사람들이 대부분이었다. 다음은 부동산 붐과 함께 나타난 투자단계였다. 시골의 땅값이 쌌을 때 농지와 임야를 전원주택지로 투자하고, 또 큰 땅을 구입해 인허가를 받고 공사한 후에 전원주택을 지어 팔면 이익이 되기도 했다.

하지만, 90년대 말 외환위기를 겪고 부동산 투자 붐이 예전 같지 않으면서 전원주택을 대하는 생각도 많이 변했다. 남들에게 보여주기 위한 과시형 전원주택이나 투자목적으로 지었던 전원주택들은 시장에서 사라졌다. 대신 그 자리를 채우는 것은 실수요자들이다. 행복한 노후를 위해, 가족들의 건강을 위해, 혹은 도시의 주거생활비를 줄여보겠다는 생각으로 전원주택을 짓고 전원생활을 하는 사람들이 급격히 늘었다. 이들은 남들에게 과시할 생각이 없다. 전원주택을 지어 집값이 오르면 팔겠다는 생각으로 시작하는 것은 더더욱 아니다. 물론 살면서 땅값도 오르고 집값도 올라 재테크가 되면 좋겠다는 생각은 하지만, 단순한 희망사항일 뿐 그보다 얼마나 편히 살 수 있는가가 우선이다. 과시할 생각도 투자도 뒷전으로 한 실수요자들은 내 몸피에 맞는 것을 찾는다. 내가 필요한 정도만 준비한다. 그래서 요즘 전원주택들은 땅도 집도 작아진다. 작아도 충분하고 넉넉하다고 생각하기 때문이다. 큰 것보다 위험부담도 적고 환금성도 좋다. 게다가 세금도 적고 관리비 부담도 없다.

작고 만만하게 투자해 즐기다 좀 더 자신이 붙으면 제대로 된 전원주택을 지을 수도 있다. 아직도 전원주택을 많이 투자해야 하는 집, 부유한 사람들의 집으로 여긴다면 이제 생각을 바꿔야 한다. 생각을 바꾸면 전원주택은 훨씬 더 가까이에 있고 그만큼 쉽고 만만해진다.

(정리)

귀농귀촌창업자금 지원 제도

정부에서 운영하는 '귀농귀촌창업자금 지원 제도'에 대해 자세히 알아본다.

■ **지원 자격**
- 농촌 외의 지역에서 농업 외의 산업분야에 종사한(하는) 사람이 농업으로 전업하거나, 이와 관련된 농식품 가공·제조·유통업 및 농촌비즈니스를 겸업하기 위해 농촌으로 이주하는 사람(예정인 포함)
- '귀농 농업창업 계획서' 제출일 기준 만 65세 이하(주택 구입 및 신축 자금은 연령기준 없음)

■ **지원 대상**
- 농업창업 : 영농기반, 농식품 제조가공시설 신축(수리) 또는 구입에 필요한 자금으로 농지 및 임야, 축사 구입, 음식점과 농어촌 관광휴양시설 등 농촌비즈니스 분야 창업, 경매 또는 공매에 의한 농지나 축사 등 구매자금으로 활용 가능(단, 배우자, 본인 또는 배우자의 직계존비속 및 형제자매 소유의 농지, 하우스, 축사 등의 구입은 불가하며, 형제자매인 경우 세대가 분리돼 동거하지 않는 경우는 시장·군수·구청장 등이 정상적인 매매로 승인하면 지원 가능)
- 주택 구입·신축 : 연면적(단일건물 층별 바닥면적 합계) 150㎡ 이하인 주택 구입 및 신축(대지 구입 포함)에 필요한 자금으로 다가구주택, 연립주택, 다세대주택, 공동주택 등 모두 가능(읍·면 지역의 경우 상업지역 및 공업지역 제외)

■ **이주 기한**
- 세대주(단독세대 가능)가 가족과 함께 농촌으로 이주해 실제 거주하고 농업에 종사하며 5년이 경과하지 않은 경우
- 농촌 지역으로 2년 이내에 이주할 계획인 개인사업자 또는 퇴직예정자(사업 대상자로 선정된 후, 퇴직 전 또는 사업자등록 이전·말소 전이라도 주소지 이전 확인 후에 대출 가능하며, 추후 시·군에 퇴직증명 또는 사업자등록 이전·말소 사실을 통보해야 함)
- 농촌 외의 지역에서 귀농 준비를 위해 농지원부, 농가경영체를 등록 후 기간이 2년 이하인 사람

■ **거주 기간**
- 농촌지역 전입일 기준 1년 이상 농촌 외의 지역에서 거주한 사람
- 가족관계등록부상 동일 가족 내에서 독립세대를 구성해 농촌으로 이주한 경우 이주 세대주가 농촌 외의 지역에서 1년 이상 거주해야 함(농촌 지역으로 이주한 후 다른 농촌 지역으로 이주한 경우는 이주전 지역의 거주기간을 제한하지 않음)
- 직업군인, 새터민은 근무지(거주지)가 농촌지역인 경우, 거주기간을 제한하지 않고 제대 만 5년까지 인정

■ **교육이수 실적**
- 농림축산식품부, 농촌진흥청, 산림청 및 지자체가 주관 또는 위탁하는 귀농·영농 교육 및 일반

농업 교육을 100시간 이상 이수해야 하며, 100시간 중에는 지자체가 실시하는 교육을 최소 8시간 이상 필수 이수해야 함
- 사이버교육, 농촌재능나눔, 농촌봉사활동, 농산업 도농협력 일자리사업 참여시간의 50%를 최대 40시간까지 교육시간으로 인정함
- 귀농자 중 농업인 인정 규모로 실제 영농 종사 기간이 3개월 이상인 영농 경험자(증빙 자료 제출), 농과계 학교 졸업자, 후계농업인, 농산업인턴 이수자(100시간 이상)는 교육 이수한 것으로 인정

■ **지원 형태**
- 대출지원 금액 : 농업 창업자금은 세대당 3억원 이내, 주택 구입·신축 자금은 세대당 5천만원 이내까지 가능하며 개인 신용도 및 담보능력 평가 후 결정
- 대출금리 및 상환 : 연 2%로 5년 거치 10년 원금 균등 분할상환

■ **업무처리 절차**
창업계획서 제출(신청자→지자체) ⇨ 창업계획 심사(지자체) ⇨ 주소이전(귀농인) ⇨ 확인서(계획) 발급(지자체→신청인) ⇨ 농협은행에 확인서 제출(귀농인→농협) ⇨ 신용조회 및 융자(농협은행→귀농인, 사용처) ⇨ 창업자금 실행 통보(농협, 귀농인→지자체) ⇨ 퇴직 또는 사업자등록증 이전말소 실행(2년 이내, 귀농인) ⇨ 퇴직 또는 사업자등록 이전·말소 조치 발생 시 결과 통보(1개월 내, 귀농인→지자체)

박태기나무
봄, 4월, 분홍색

잎보다 분홍색의 꽃이 먼저 피며 꽃봉오리 모양이 밥풀과 닮아 '밥티기'란 말에서 유래되었다.

LIFE

"살다보면 저절로 된다"

시골 가서 텃세가 심한 이웃과 어울리는 것도 걱정이다. 도시에 사는 자식들이나 친구들이 쉽게 찾아오지 못해 혼자 심심한 것은 아닐까, 산에서 호랑이라도 내려오는 것은 아닌지, 도둑이라도 들면 어떻게 하나, 병원이 멀어 급한 일이라도 생기면 어쩌지 등 모든 것이 걱정거리다. 전원생활은 하고 싶은데 이러저러한 걱정 때문에 쉽게 자신이 생기지 않는다. 그래서 실패하지 않기 위해 완벽한 준비를 하다 보니 시간만 간다. 하지만 너무 걱정하지 않아도 된다. 살다보면 저절로 되는 것들이 많다. 시골서는 시간이 약이다.

023

"딱 내 스타일일까?"를 우선 걱정해야

시골 가서 살고는 싶은데 걱정이 많다.

"산속에서 혼자 심심하게 사는 것은 아닐까? 산적이라도 쳐들어오면 어쩌나? 호랑이가 내려오는 것은 아닐까? 자녀들은 혹은 친구들은 자주 올까? 아프면 병원이 멀어 위험할 텐데, 시장 다니기도 힘들고, 교통도 불편하고, 벌레들도 많고, 또 시골 사람들 만만치 않다는데 왕따 당하면 어떻게 하지?"

하지만, 막상 살아보면 이런 걱정들은 '괜한 걱정'이었다는 것을 알게 된다. 정작 걱정해야 하는 것은 이런 것들이 아니다. 먼저 걱정해야 할 것은 "내 스타일일까?"다. 시골서 사는 것이 '딱 내 스타일!'이라야 하고 체질에 맞아야 한다. '강남 스타일'이 시골서 살면 분명 힘들 것이다. '시골이 딱 내 스타일'이고 '내가 시골 스타일'인지 그것부터 먼저 고민해 보는 것이 전원생활 준비를 위한 첫 번째 단계다.

시골 가 살려면 '좋은 땅에 좋은 집'이 있어야 한다. 가장 먼저 생각하는 것이다. 신문 잡지에 실린 아름다운 전원주택들, 그런 집에 살고 싶어서 공을 많이 들인다. 살아보면 그도 얼마 못 간다. 좋은 땅 찾아 멋진 집 짓는 것보다 더 중요한 것, 먼저 고민해야 할 것은 따로 있다. '재미있게 할 수 있는 일'을 찾는 것이다.

3년이고 5년이고 10년이고 전원생활을 하며 재미있게 할 수 있는 일을 먼저 찾아내야 한다. 특히 은퇴 후 전원생활을 준비하는 남자들에게는 더욱 그렇다.

은퇴를 앞둔 대부분의 남편은 시골 가서 살 계획을 하며 용기백배해 서둔다. 도시에서 보다 훨씬 멋있게 살 수 있을 것이란 생각으로 마뜩잖아하는 아내를 달래기도 하고 윽박지르기도 하며 시골행을 감행한다.

이렇게 남편들은 자신만만하고 아내들은 마지못해 시작한 전원생활도 3~5년만 지나서는 역전되는 경우가 많다. 처음 몇 해는 남편들이 신난다. 집을 짓고 정원을 가꾸며 텃밭도 일군다. 마을 사람들을 사귀면서 재미를 붙이는 시간이다. 남편들이 신나 있을 때 아내들은 새로운 환경에 적응하려 힘들어한다.

하지만 몇 년 살고 나면 남편들은 싫증을 느낀다. 집 짓고 정원 가꾸는 것이 끝나면 할 일이 없어진다. 텃밭 일구는 일도 더는 재미가 없다. 남편들은 이때부터 새로운 이벤트가 필요한데 마땅치 않으면 갑갑해 한다. 딱히 할 수 있는 일을 만들어 두지 않은 남자들에게 이때가 고비다.

이쯤 되면 여자들이 재미를 붙이기 시작한다. 남편을 따라 마지못해 내려온 시골서 살다 보니 재미있는 것들이 하나둘 생겨난다. 마당에 야생화를 키우고 텃밭에 채소를 기르는 것, 그것들을 요리해 음식을 만들고 식탁을 꾸미는 것도 아내들에게는 큰 재미다. 근처 재래시장에 들러 시장을 보는 것도 재미고, 면사무소 2층에서 여는 문화강좌를 챙겨 들으며 새로운 것들을 배워보는 재미도 쏠쏠하다.

귀농 귀촌해 전원생활을 계획한다면 5년 후 내가 무엇을 하며 살고 있을까, 어떻게 살고 있을까를 생각하며 준비해야 한다. 또 5년은 살아봐야 제대로 된 전원생활 재미도 느낄 수 있다. 재미없고 불편한 것들도 시간이 지나면 재미난 전원생활 소재로 바뀔 수도 있다.

전원생활을 서둘렀던 남편들이 집 짓고 정원 만들기로 3~4년을 보낸 후, 할 일이 없어 방황하게 되는 것도 그다음 재미있게 할 수 있는 일이 없기 때문이다. 5년 후 무엇을 하며 살 것인가를 준비하지 않고 시작하는 전원생활은 실패할 수 있다.

지금 전원생활을 꿈꾸고 있다면 막연하게 두려워하는 것들부터 잊어야 한다. 진정으로 두려워할 것은 스스로 '시골체질'이고, 시골생활이 '딱 내 스타일인가?'다. 그것이 전원생활을 준비하는 마음가짐의 첫 단계다.

024

"늦었다 생각하는 지금이 바로 시작할 때"

베이비붐 세대 은퇴에 대한 사회적인 관심이 부쩍 커졌다. 언론에는 관련 기사들이 넘쳐나고 각종 금융기관이나 연구기관들은 다양한 지표들을 내고 있다. 이런 내용 중 많은 비중을 차지하는 것이 노후자금 준비에 관한 것이다. 노후자금을 제대로 준비하지 못한 채 은퇴해야 하므로 불안해하는 베이비부머가 많다고 걱정한다.

우리나라에서 베이비붐 세대는 1955년~1963년까지 9년에 걸쳐 태어난 사람들을 말한다. 현대경제연구원 자료에 따르면 그 수가 베이비부머 은퇴 원년인 2010년 추계로 712만 명이나 된다. 이들 중 532만 명 정도가 취업자이며, 이 중 자영업자나 무급종사자를 제외한 임금근로자는 311만 명으로 추정한다. 이들은 2010년부터 2018년에 걸쳐 은퇴하게 되는데 매년 17만 3천명이나 되는 수치다.

이들 대부분은 자녀들 뒷바라지에 힘이 부쳤고 게다가 월급으로는 오르는 집값을 따라잡는 것도 벅찼다. 퇴직금은 중간에 몇 번 정산한 상황이라 뭉칫돈 만들기도 힘들다. 은퇴 시점에서 되돌아보면 남아있는 것은 고작 살고 있는 아파트 한 채와 몇 푼의 연금이다. 직장생활을 제대로 했다면 연금이라도 넉넉하겠지만 대부분은 그것도 빠듯하다. 결국, 노후자금이라고는 아파트 한 채가 고작인데 그것도 요즘엔 더욱 도움이 안 된다. 아파트값 본전이 생각나 이러지도 저러지도 못하는 사람들도 많다.

하지만, 은퇴 후 귀농 귀촌해 전원생활을 하며 살겠다는 결심을 했다면 고민을 하고 있는 지금이 바로 기회다. 전원생활을 마음에 담았다면 서둘러야 한다. 혹 서둘러 금전적인 손해를 보더라도 그만큼 전원생활을 통해 얻는 것이 많다.

좀 더 좋은 땅을 고를 기회의 폭도 넓고 빨리 시작한 만큼 정착도 빠르다. 정원에 나무를 하나 심어도 시작이 빨랐으니 그만큼 더 자라 꽃도 빨리 보게 되고 텃밭에 작물도 먼저 여물어 수확이 빠르다. 남들이 우물쭈물하는 사이에 나의 전원생활은 자리를 잡는다.

귀농 귀촌해 사는 사람 중에도 "어차피 올 거였으면…"하고 도시의 미련으로 허비한 시간을 아까워하는 사람들이 실제 많다.

좋은 땅 찾아 멋진 집짓는 것보다 더 중요한 것, 먼저 고민해야 할 것은 '재미있게 할 수 있는 일'을 찾는 것이다. 전원생활을 하며 재미있게 할 수 있는 일을 먼저 찾아내야 한다. 은퇴 후 전원생활을 준비하는 사람들 중에는 유유자적 살겠다는 생각을 하는 데, 반드시 빠져 할 수 있는 일이 있어야 한다.

수수꽃다리
봄, 4~5월,
주색 · 흰색 등

한국 특산종으로 미스김라일락이라 불린다. 북부지방의 석회암 지대에서 잘 자라며 향기가 좋아 정원용으로 많이 심는다.

(정리)

전원생활 하는 사람들
후회하는 몇 가지

전원생활을 오래 한 사람들과 얘기하다 보면 후회하는 경우를 많이 본다. 그 내용을 정리해 본다.

■ "왜 집을 크게 지었나?"
집 크게 지은 사람들은 살면서 후회를 많이 한다. 방 두 칸도 필요 없고 딱 한 칸이면 된다고 말하는 사람들도 많다. 또 전원주택 짓고 잔디 있는 마당에 텃밭 농사가 로망이었던 사람들은 마당에 잔디를 깔고 텃밭 크게 시작하지만 살면서 후회하는 경우가 많다. 관리도 안 되고 풀과의 전쟁을 치르다 지친다.

■ "한 해라도 빨리 시작할 걸…"
어차피 시골서 살 거였으면 하루라도 빨리 시작했어야 했는데 그러지 못한 걸 후회하는 사람들이 많다. 정원에 나무 하나를 심어도 시작이 빨랐으니 그만큼 더 자라 꽃을 피우고 텃밭에 작물도 먼저 여물게 된다. 은퇴 후에 준비하면 늦다. 도시의 미련 때문에 우물쭈물하다 시간낭비만 한 것에 대해 많이 후회한다. 전원생활에 관심이 없다면 모르지만, 전원생활에 마음을 정했다면 하루라도 빨리 시작하는 것이 답이다.

■ "10년간 뭐 했나?"
좋은 경치, 맑은 공기, 좋은 시골 인심만 믿고 살다 후회하는 사람들이 많다. 전원생활은 새로운 창업이고 인생 2모작이 돼야 한다. 전원생활을 유유자적 꽃구경하듯 한 사람들은 10년 후 생일상 받고 펑펑 운다. 그동안 뭐했나를 생각하다 일흔 생일상 앞에서 통곡한다. 하는 일 없이 허비한 시간이 아깝기 때문이다. 전원생활은 창업하듯 시작해야 후회하지 않는다.

하루라도 빨리 시작하지 못한 것이나 전원주택 짓고 특별한 일 없이 시간만 허비한 것 등에 대해 후회하는 사람들이 많다.
귀농 귀촌하겠다는 마음의 결정을 내렸다면 하루라도 빨리 시작하는 것이 좋다.

매발톱꽃
봄, 4~7월, 자갈색

꽃잎 뒤쪽에 '꽃뿔'이라는 꿀주머니가 매의 발톱처럼 안으로 굽은 모양이어서 이름이 붙었다.

025
잘 먹고 잘 살 수 있는 전원생활 성공법칙

성공적인 전원생활이란 결국 '재미있게 잘 먹고 잘사는 삶'이다. 자신이 하고 싶은 일을 하며 삶의 질을 높여 여유 있게 살려 전원생활을 선택하는 사람들이 대부분이다. 살면서 자신이 사는 집이나 땅 등 부동산값이 올라 재테크가 될 수 있다면 더욱 좋다.

이런 전원생활을 위해 가장 중요한 요소는 '무엇을 할 것인가?'다. 경치 좋은 땅, 잘 지은 전원주택도 중요하지만, 그것보다 중요한 것은 그곳에, 그 집에 살며 '무엇을 할 것인가?'다. 전원생활을 계획하고 처음 시골로 가는 사람들이 생각할 때 할 일은 많다.

도시에서 바삐 살았으니 좀 조용하게 살고 싶다는 것, 조용히 사는 것도 아주 중요한 일이다. 늦잠도 실컷 자고, 주변 아름다운 곳을 찾아 여행도 다니고, 분위기 있는 식당에서 맛난 음식을 찾아 먹

"시골에 살며 생활비 정도의 수익을 얻을 수 없을까?"를 고민하는 사람들이 많다.
농사짓는 일, 식당이나 카페를 하는 일, 펜션 운영 등 "무엇을 할 것인가?" 많이 고민한다.
찾아보면 좋은 아이템이 많다. 시골은 블루오션 시장이고 성공적인 창업이 가능하다.

는 것만 계획해도 바쁘다. 게다가 집 앞을 흐르는 강물 소리도 듣고, 집 뒷산에 걸린 구름도 보아야 한다. 봄이면 나비를 보는 것도, 여름엔 계곡에 발 담그고 친구들과 소주 파티를 하는 것도 일이다. 가을 단풍은 언제 볼 것이며, 겨울엔 벽난로에 장작을 피우는 것도 즐거이 할 일이다. 생각해보면 할 수 있는 일들은 많다. 하지만, 시골에서 살다보면 그런 것들은 금방 바닥난다. 막연하게 생각했던 행복, 바쁜 일상은 며칠 못 가 싫증난다. 그래서 푹 빠져 할 수 있는 일이 필요하다.

전원생활에서 할 일은 크게 두 가지다. 하나는 심심풀이 소일거리로 할 수 있는 취미 정도의 일이다. 도시에서 했던 일이 돈을 벌기 위한 것이었다면 돈을 쓰면서라도 빠져 할 수 있는 일이 있어야 하는 것이 전원생활이다. 전원생활에서 시작했던 취미로 전문가가 되어 결국, 수익으로 이어져 큰 성공을 거두게 된 경우도 많이 있다.

또 하나는 수익을 목적으로 하는 일이다. "시골에 살며 생활비 정도의 수익을 얻을 수 없을까?"를 고민하는 사람들이 많다. 농사짓는 일, 식당이나 카페, 펜션 운영 등 "무엇을 할 것인가?"를 두고 많이 고민한다. 아이템만 잘 잡는다면 시골에서도 성공적인 창업이 가능하다. 수익목적이든 아니든 시골에서 할 수 있는 일을 만드는 데, 가장 중요한 요소는 '즐겁게 할 수 있는 일이라야 한다'는 것이다. 재미있게 할 수 있는 일이라야 전원생활의 질을 높일 수 있고, 결국 삶의 질도 높일 수 있다.

자작나무
봄, 4~5월, 노란색

팔만대장경을 만든 나무로 하얀 나무껍질이 아름다워 숲속의 귀족이란 별명이 붙어 있다.

뭘 하려다 망하는 경우

"전 이장 OOO은 들어라. 이장 일을 보면서 횡령한 공금 OOO원을 빨리 반납하길 바란다."
어느 시골 마을에서는 명절 때만 되면 이런 방송을 한다. 물론 오래전에 들은 얘기고 지금도 그러지는 않을 것이다.

외지에 나갔던 마을 사람들이 명절을 맞아 고향으로 돌아왔을 때, 마을 이장 일을 맡았던 사람의 부도덕함을 알리기 위해 과거의 부정사실을 마을 사람들이 다 들을 수 있도록 방송을 하는 것이다. 그 이장이 마을 돈 얼마를 횡령했는지는 모르지만 명절은 곤욕을 치르는 날이다.

시골마을은 크고 작은 일들로 늘 시끄럽다. 콩 한 쪽도 나눠 먹을 정도로 살갑다가도 서로 등지기도 한다. 그러다 또 언제 그랬냐며 어울리고…, 옆집의 숟가락 숫자까지 알고 살다보면 사소한 갈등은 더 많을 수 있다. 정에 겨워서일 게다.

예전 시골에서는 개싸움이 애들 싸움 되고, 애들 싸움이 어른 싸움 되는, 그야말로 감정싸움이었다. 하지만 요즘은 이권에 개입된 싸움이 잦고 갈등도 크고 골도 깊다. 예전의 토라지고 삐지는 수준의 싸움을 넘어 고소·고발도 많이 한다.

이런 갈등은 무슨 사업, 무슨 개발로 마을에 자금이 지원되면서 증폭되는 것 같다. 정부에서 시골마을에 지원하는 사업비는 종류도 많고 액수도 크다. 전국적으로 몇 백억씩 지원된 마을과 사업들도 수두룩하다.

그렇게 들어온 공돈(?)을 놓고 주민들 간 갈등이 생긴다. 자기들 유리한 곳에 사용하고 싶어서 당파가 생기고 조직이 만들어진다. 그놈에 돈 때문이다.

전원생활을 시작하는 사람들 중에는 이렇게 마을에 무슨 사업비로 공돈(?)이 들어온 것을 보고 '한 칼' 거들려고 덤볐다 '한칼에 가는 경우'가 많다. 마을을 위해 "한 몸 바쳐 제대로 희생을 해 볼 자신이 있다"면 마음 다잡고 다부지게 덤벼 '지지고 볶아보는 것'도 보람 있겠지만, 그런 주변머리가 안 되는데 그 주변을 기웃거리면 사람 참 우습게 된다.

시골에 살아보면 '뭘 하려다 망하는 경우'가 많다. 마을 일도 그렇다. 초보일 때는 더욱 그렇다.

주제 선명하고 즐겁게 할 일 찾아야

귀농은 농사를 짓기 위해 농촌으로 가는 것이지만 실제로 최근에는 농사짓겠다는 생각으로 농촌으로 가는 사람들보다 다른 목적으로 찾는 사람들이 더 많다. 그래서 농사를 짓기 위해 간다는 의미의 '귀농'보다 농촌으로 간다는 뜻의 '귀촌'이 시대에 맞는다. 경제적인 여유가 있어 유유자적 전원생활하며 살겠다는 사람들이야 좀 수월하게 시골생활에 접근할 수 있겠지만, 시골서 수익 낼 수 있는 일을 해야 하는 귀농 귀촌이라면 고민할 것들이 많다.

귀촌해 창업할 경우 성공을 위한 필수요건은 주제, 시간, 즐거움 세 가지다. 농촌에서 성공적으로 살기 위해서는 우선 선명한 주제의 할 일을 찾아야 한다. 허브농장을 하거나 야생화를 기르는 것, 된장을 만드는 것과 같이 주제가 선명한 일이 있어야 한다. 펜션을 하더라도 주제(테마)가 뚜렷한 펜션이 유리하다.

주제가 정해졌다면 시간이 필요하다. 농촌에서 창업해 성공하기 위한 필수요건 중 또 하나 중요한 것은 시간을 끌 수 있는 뒷심이다. 모든 창업이 그렇겠지만 특히 시골에서는 급하게 이뤄지는 것은 없다. 2년이고 3년이고 꾸준히 하다 보면 좋아지고 결실을 얻을 수 있는 것이 시골 일이다.

그다음 생각해볼 것이 즐거운 생활이 될 것인가에 대한 고민이다. 인생 2모작으로 시작하는 입장에서 즐겁지 않은 일을 하는 것은 고통이다. 특히 시골생활이 즐겁지 않다면 노후생활 자체가 문제가 되기 때문에 재미있게 일할 수 있는 주제를 선택해야 한다.

이 세 가지 즉, 주제, 시간, 즐거움을 갖고 농촌에서 살며 성공한 사람들이 실제로 많다.

전국적으로 유명한 농장들을 찾아 주인과 이야기를 나누어 보면 알 수 있다. 모두 선명한 주제가 있고 자신의 일을 즐거워하며 충분한 시간을 보낸 사람들이다. 이것은 창업에서뿐 아니라 시골생활을 하며 좋은 땅을 만들어 부가가치를 높이는 기본원칙이다. 이렇게 만들어지는 과정이 바로 행복한 귀촌생활이며 삶의 질을 높이는 방법이기도 하다.

"좋아한다면 머리 쓰지 말고 즐겨라"

최근 전원생활, 귀농 귀촌 등과 관련한 강의가 많다. 전원생활을 위해 어떤 땅을 사고 집을 어찌 지으며 어떻게 살아야 잘 살 수 있는지에 대해 얘기해 달라고 한다. 전원생활도 누군가의 삶이다. 그런 삶에 정답을 줄 수는 없다. 땅을 사고 집을 짓는 것은 제도적, 법률적인, 공학적 지식이 기반 돼야 하고 특히 집터를 잡고 살림집을 짓는 것은 매우 인문적이다.

조선의 선비 이중환은 전국을 20년간 유랑하고 좋은 터를 잡고 사는 얘기 '택리지'를 썼다. 그래도 누구에게나 그게 답은 아니다.

마찬가지로 지금 시대의 성공적인 전원생활에 대해서 누구에게 맞는 답은 없다. 잘 살 수 있는 방법을 얘기하려면 각 개인의 인성과 철학적 사고가 필요하다. 먼저 산 사람들의 사례도 이들에게 도움이 된다. 이런 얘기에서 '어디에 터 잡고 사는 것'보다 '무엇을 하고 살 것인가'가 중요하며, '재미있게 할 수 있는 일을 찾는 것'이 가장 중요하다. 아마 장황한 귀농 귀촌 정보의 결론도 바로 그 얘기일 듯싶다.

"경치 좋은 곳에 인심좋은 사람들과 어울려 살려 왔다"는 사람들의 전원생활은 위험하다. 막연하고 삶에 줄거리가 없기 때문이다. 경치도 하루 이틀이고 인심도 내 하기 나름이다. 할 일 없다 보니 말동무나 찾다 지친다. 그래서 전원생활은 빠져서 할 수 있는 나만의 일이 필요하고 그것이 내 삶의 중심, 줄거리가 돼야 성공적이다.

"시골에서는 할 일이 없다"고 말하는 사람들이 많다. 맞다. 도시와 비교했을 때 할 수 있는 일은 턱없이 부족하고 불편한 것 투성이다. 하지만 불편한 것도 자원이 되고 나만의 주제가 된다. 비포장길 따라 2㎞를 올라간 산동네, 전기도 들어오지 않는 강원도 정선 오지로 이사해 그 불편함을 자원으로 민박을 운영해 성공한 사람도 있다. 일이 없는 것이 아니라 찾을 눈이 없다. 시골에서 할 수 있는 일은 농사만이 아니다. 눈높이를 낮추면 수익을 낼 수 있는 일은 많다.

일할 때는 조바심을 내지 말아야 한다. 땅 구해 집 짓는 것만도 6개월은 잡아야 한다. 농사도 일 년 후라야 결실을 본다. 목표를 가지고 기다려야 거둘 것들이 생긴다. 그래서 시골서 살려면 시간이 필

귀농 귀촌 후 선택한 일은 재미가 있어야 한다. 재미있게 할 수 있는 일이라야 또 오래 할 수 있다.
시골에서 하는 일은 오래 즐거이 하다보면 뭐가 되는 경우가 많다. 스스로 한 것들이 수익이 되고 그만큼의 부가가치가 생긴다.

요하다. 일은 스스로 재미있게 할 수 있어야 한다. 스스로 한 만큼 부가가치가 생긴다. 그러려면 하는 일이 즐거워야 한다. 논어에 '知之者 不如 好之者, 好之者 不如 樂之者'란 말이 있다. '아는 것이 좋아하는 것만 못하고 좋아하는 것이 즐기는 것만 못하다'는 얘기다.
머릿속에서 아무리 좋은 일이라 생각하고, 그 일을 좋아한다 해도, 스스로 즐겁게 하는 것만 못하다. 일이 즐거워야 행복한 전원생활이 된다.

"전원생활 성공하려면 프로슈머가 되라"

2016년 6월 사망한 미래학자 앨빈토플러는 오래전에 '제3의 물결'이란 책에서 '프로슈머'란 신조어를 썼다. 대부분의 사람들이 물건을 생산하는 이유는 팔기 위해서다. 하지만, 자신이 사용하거나 만족하기 위해 물건을 만들고 서비스를 하는 사람들도 있다. 이들을 '프로슈머(Prosumer)'라 했다. 스스로 생산(Producer)하면서 동시에 소비(Consumer)하는 사람을 뜻하며, 이런 행위를 '프로슈밍(Prosuming)'이라 했다.

주부가 김치를 담가 먹는다면 프로슈머다. 보상을 바라지 않고 가족들에게 담가 준다. 바쁜 친구에게도 나누어 주고 홀로 사는 이웃 할머니에게 기부도 한다. 다양한 프로슈밍 형태다.

앨빈토플러는 '부의 미래'란 책을 통해 "향후 경제활동 인구에서 프로슈머들이 폭발적으로 늘 것"을 강조했다. 실제로 최근 들어 프로슈머들이 급격히 늘면서 관련 산업도 크게 성장하고 있다. 미국과 캐나다, 멕시코 등지에 1천800개의 점포를 보유하고 있는 홈디포는 미국 최대의 DIY용 주택자재와 공구를 파는 회사다. 직접 집을 가꾸는 애호가들에게 인기다. 세계적으로 스스로 물건을 만드는 방법을 소개하고 직접 꽃을 기르고, 정원을 만드는 방송이 인기를 끌고 있다.

많은 인터넷사이트와 가게들이 프로슈머들을 위한 정보와 제품을 판매한다. 자신의 집을 가꾸는 것에서부터 집을 짓는 것, 요트를 만드는 일, 심지어 자동차와 비행기를 만드는 프로슈머들도 있다. 이들은 자신이 좋아하는 일을 하면서 삶의 가치를 찾고 부동산의 가치도 올린다. 프로슈밍으로 집의 지붕을 갈고, 외벽의 페인트를 칠하고, 방을 하나 더 들이고, 정원에 나무를 심는 일을 한다면 부동산의 가치는 더욱 상승한다. 내가 좋아서 하는 일이니 삶의 질도 높아진다.

전원생활을 하며 삶의 질을 높이고 부동산 가치를 올리며 더 나아가 경제활동을 원한다면 프로슈머가 되는 것이 좋다. 재미있게 프로슈밍할 수 있는 일을 찾는다면 전원생활은 성공적이다. 그것을 통해 결국엔 이익도 얻게 된다. 실제로 유명한 허브농장이나 매실농원, 식물원 등 모두 프로슈머들의 작품인 경우가 많다. 프로슈머들이 담근 된장과 김치가 인기 상품으로 팔리기도 한다.

030

살면 아무것도 아닌데… 막연한 두려움이 걸림돌

도시를 떠나 시골서 전원생활하며 유유자적 사는 것은 꿈꾸기는 좋지만, 막상 실행하려면 생각할 것들이 많다. 실제 살아보지 않은 전원생활에 대한 막연한 두려움이 많기 때문에 더 고민하게 된다. 하지만 살아보면 아무것도 아닌 것을 두고 고민하는 경우가 많다.

혼자 우두커니 심심하게 살 것으로 생각하지만, 실제 전원생활에 빠져서 살다보면 심심할 틈이 없을 정도로 바쁘다. 좋은 이웃도 만나고 주변에 전원생활 하는 사람들과 교류할 수도 있다. 도시에 있는 친구나 친인척들이 수시로 찾아와 주말이면 숯불바비큐 하는 것도 지겨울 정도가 된다.

호화로운 문화센터는 없지만, 옆집에 사는 화가에게 그림을 배우는 것은 도시에서 와는 차원 다른 문화생활이며, 농업기술센터에서 들꽃 기르기를 배우고 천연염색을 배우는 것도 아주 좋은 문화생활이 된다. 된장을 직접 담그고 산야초로 효소를 만드는 것 또한 좋은 취미생활이다.

여름날 현관문을 활짝 열어놓고 잠자리에 들어도 걱정이 안 되고 거리낌이 없을 정도로 시골생활에 익숙해지면, 아플 새 없이 재미있는 일들이 생긴다. 텃밭의 상추농사도 즐겁고 철마다 정원 화단에 꽃을 심는 것도, 창가에 유실수 한 그루 키우는 것도 큰 재미다. 빠져 살다보면 어느새 하찮게 보았던 풀이 나물로, 귀중한 먹거리로 변하고 약초도 된다.

이렇게 전원생활에 적응해 살게 되면 도시에서 했던 생각들이 '걱정도 팔자'였다는 것을 알게 된다. 전원생활을 앞에 두고 두렵게 생각하는 것들은 대부분 '사서 걱정을 한 것들'이다. 막연한 두려움을 털면 전원생활은 더욱 가까워진다. 두려운 것만 생각하다 보니 사람들은 시작하기 전에 완벽한 준비를 하려 든다. 땅도 딱 맞아 떨어져야 하고 집도 그럴듯하게 지어야 한다. 거기에 생활도 하나에서 열까지 모두 갖춘 후 출발하려 한다. 물론 준비를 많이 하는 것은 좋다. 하지만 완벽한 것은 애초부터 없다. 모자란 것을 보완하고 가꾸어 가는 것이 전원생활의 맛이고 멋이며 전원생활 그 자체다. 전원생활이 의미 있는 것은 가꾸는 것이 있기 때문이다. 가꾸어 이룩하는 과정에서 삶의 질이 높아지고 부가가치도 생긴다. 어떤 부분에서는 좀 모자라게 시작해야 전원생활은 재미가 있다.

무장해제한 채 시작하는 귀농 귀촌 재미

귀농 귀촌하는 사람들은 완벽하게 준비해서 시작하려 한다. 땅 사고 집 짓는 것에 통달해 전문가 이상의 지식을 갖춘다. 잘 못 되면 경제적 타격이 크므로 당연히 사전준비가 필요하다.

여기서 그치지 않고 텃밭 농사짓는 것 하나도 완벽히 준비한다. 채소 가꾸기와 관련된 책이란 책은 다 독파하고 교육도 쫓아다닌다. 이론적으로는 전문가 못지않다. 그 과정을 견디지 못해 포기하는 사람도 많다. 너무 준비할 것들이 많기 때문이다.

하지만 텃밭 농사가 목적이 아니라 가족들이 먹을 채소를 심어 가꾸고 남으면 친한 이웃에게 선심이라도 쓸 정도의 텃밭 농사라면, 너무 완벽하게 준비하지 않아도 된다. 오히려 모르고, 준비하지 않은 채, 무장해제를 하고 시작하는 것이 더 좋을 때도 있다.

그러한 텃밭 가꾸기는 나 홀로 하면 재미가 없다. 친구도 참여시키고 옆집에 사는 농부 아저씨나 아주머니한테 잔소리도 듣고 배워가며 해야 재미가 있다. 이웃과 친해지는 방법이기도 하다.

어떻게 해야 할지 몰라 헤매다 보면 옆집 아저씨가 슬그머니 간섭한다. 감자를 심으라고도 하고 배추는 어떻게 심고 상추는 어떤 씨앗을 사야 맛있다며 하나씩 가르쳐 준다. 이웃의 끈질긴 간섭과 학습에 못 따라가고 게으름을 피우다 보면 인심 좋은 이웃은 답답한 마음에 자기 집 쟁기질할 때 내 것도 해준다. 고맙다고 소주 한잔 대접하며 가까이 다가갈 기회를 얻는다. 신이 난 이웃은 그다음 것도 챙겨준다. 자연스럽게 이웃과 친해진다.

완전무장을 한 채 혼자 알아서 열심히 하다보면 이웃이 끼어들 틈이 없다. 주변에서만 맴돈다. 내가 많이 준비했으니 옆집 아저씨의 농사법이 오히려 못마땅하다. 책에서 본 내용과 많이 다르기 때문에 가르치려 든다. 이웃들은 절대 그런 말 듣길 좋아하지 않는다. 내가 완전무장하고 있으면 이웃 사람들과 마음의 담이 생긴다. 혼자 열심히 하다 지치기 쉽다.

귀농 귀촌은 사전에 철저한 준비가 필요하다. 땅을 사고 집을 짓고 무엇을 하며 살 것인가에 대한 고민이 필요하다. 하지만, 텃밭 농사와 같이 부담 없는 부분은 덜 준비한 채 시작해도 좋다. 빈틈이 오히려 이웃과 어울릴 수 있는 기회가 되고 전원생활의 큰 재미를 선사할 수도 있다.

귀농 귀촌은 완벽한 준비를 한 후 시작해야 좋은 결실을 얻을 수 있다. 하지만 모르고, 준비하지 않은 채, 무장해제를 하고 시작하는 것이 더 좋을 때도 있다. 그것이 이웃과 쉽게 친해질 수 있는 기회가 되고 나도 모르는 사이에 더 큰 결실을 가져다 주기도 한다.

함박꽃나무
봄~여름, 5~7월, 흰색

'산에서 피는 목련'이라는 뜻으로 산목련이라고도 한다. 수술대와 꽃밥은 붉은색이다.

"너무 멀리 나가지는 않았습니까?"

러시아 이야기다. 젓가락 꽂을 만큼의 땅도 없는 가난한 농부가 살았다. 지나가던 나그네가 해 뜨기 전에 출발해 해가 질 때 돌아오기만 하면 밟았던 땅을 모두 주는 왕국에 관한 이야기를 해줬다. 농부는 부푼 마음으로 왕국을 찾아갔다. 넓은 땅을 차지하기 위해 이른 새벽에 출발, 앞만 보고 달렸다. 땅 욕심만 내다보니 돌아올 시간 계산을 놓쳤다. 돌아갈 생각을 했을 때 이미 해는 지고 있었다. 빨리 돌아가야 땅을 얻을 수 있는데 발걸음이 바빠졌다. 지친 농부는 돌아오다 죽고 말았다.

일흔이 넘은 분이 있다. 강변을 따라 바위산이 풍경화처럼 펼쳐져 있는 그림 같은 땅을 사 전원주택을 지었다. 자신의 땅이 최고라 생각하며 지금까지 살았다. 그 땅을 더 좋게 만들기 위해 옆에 땅들도 나오기 무섭게 구입해 터를 넓혔다. 투자하다 보니 생활비는 늘 빠듯했다. 나이가 들면서 땅을 가꾸고 관리하는 것도 힘에 부칠 지경이 됐다.

아깝지만 땅을 팔아보려고 하는데 쉽지 않다. 본전을 생각하니 헐값에 팔 수는 없고 욕심을 내다보니 임자 만나기가 어렵다. 그 와중에 좀 더 많은 이익을 남길 궁리로 개발을 시작, 또 투자하게 됐고 신경 쓸 일만 늘었다. 시간은 가고 남은 생은 얼마 남지 않았다며 한탄을 하지만 멈추지 못한다.

이 사람도 러시아 농부처럼 땅 욕심 때문에 너무 멀리 갔다 돌아갈 시간을 놓쳤다. 전원생활의 여유로움을 즐겨보기도 전에 해는 이미 떨어지고 있다. 눈앞에는 밟기만 하면 내 땅이 되는 광활한 대지가 아직도 펼쳐져 있으니 욕심 때문에 돌아갈 수 없다. 전원생활을 하는 사람들 중에는 너무 멀리 나갔다 돌아갈 시간을 놓치고 고민하는 경우를 종종 본다. 돌아갈 시간을 계산에 넣지 못하고, 아직도 전진만 하는 사람들도 많다. 중도에 지쳐 영영 돌아오지 못하거나 돌아왔더라도 휴식은 취해보지도 못한 채 인생을 마감할까 염려되는 사람들이다. 어느 인생이든 돌아갈 시간을 생각해야 하고 살아야 한다. 해질 때까지 돌아갈 수 있어야 땅을 얻을 수 있다. 해 질 때도 늦다. 땅을 얻을 수는 있지만 그렇게 얻은 땅을 기쁘게 사용할 수 있는 시간은 너무 짧다. 해가 넉넉할 때 돌아가야 그 땅을 제대로 즐길 수 있다. 그래야 땅을 얻기 위해 해도 뜨지 않은 컴컴한 새벽에 출발해 발이 부르트도록 걸었던 시간을 추억할 여유도 가질 수 있다.

033

"홍진紅塵도 벽산碧山도 다 마음이죠"

마음 고요히 살고 싶어 전원생활이나 귀농 귀촌을 생각하는 사람이 많다. 시골 가면 조용히 편안하게 살 수 있겠다는 생각에서다. 하지만, 시골에 간다고 편안하고 조용히 살아지는 것은 아니다.

'비익조(比翼鳥)'와 '연리지(連理枝)'란 말이 있다. 날개가 하나뿐인 새 두 마리가 몸뚱이를 붙여 함께 나는 것이 '비익조'고, 뿌리는 두 개인 나무가 몸뚱이 하나로 합쳐진 것이 '연리지'다. 죽어서도 떨어지지 말자는 지극한 사랑을 의미한다. 중국 시인 백거이가 현종과 양귀비의 비련을 읊은 '장한가'에서 유래했다.

연리지의 시인 백거이 시 중에 '중은(中隱)'이란 것이 있다. 내용은 이렇다.

'대은(大隱, 큰 은자)'은 조정과 저잣거리에서도 초연히 사는 것이고, '소은(小隱, 작은 은자)'은 산속에 들어가는 것이다. 조정과 저잣거리는 너무 시끄럽고, 산속은 너무 조용하고 한가로워 답답하다. 그래서 자신은 저잣거리도 산속도 아닌 한가로운 관직에 머물러 사는데 이게 '중은(中隱)'이란 것이다.

백거이의 속뜻은 중은의 삶이 좋아 예찬한 것이 아니다. 조정에 들어 높은 벼슬을 하며 출세한 것도 아니고, 그렇다고 과감하게 현실을 털고 산속에 들어가 은거하지 못하는 자신의 현실에 대한 변명이다.

어찌됐든 백거이는 '큰 은자(대은)'는 복잡하고 시끄러운 저잣거리에 살면서도 산속처럼 마음 고요히 살고, 산속에 들어가야 맘 고요히 살 수 있는 것은 '작은 은자(소은)'란 얘기다.

마음이 고요하면 '시끄러운 먼지 구덩이(紅塵, 홍진)'에 살아도 그것이 바로 '푸른 산 속(碧山, 벽산)'이다. 마음이 고요하지 않다면 푸른 산 속에 살아도 마음은 티끌세상이다.

홍진도 벽산도 다 맘먹기에 달렸다.

034

사생활과 마을공동체 사이에서 겪는 갈등

멀쩡하던 남자들도 예비군복 입고 모이면 '이상해(?)' 진다. 거칠어지고 쓸데없이 질척거린다. 이유가 넥타이를 푼 자유로움 때문일 거란 생각도 하고, 군 생활에 대한 향수로 숨었던 남자의 야성이 드러나기 때문이 아닐까도 생각한다. 그런 측면들도 조금씩은 있을 것이다.

그런데 찬찬히 생각해보면 그게 아니다. 익명성이 예비군들을 변하게 한다는 생각이다. 누가 누군지 모르는 인터넷 공간에서 용감해지고, 부도덕해지고, 염치없는 말도 쉽게 할 수 있는 것과 비슷하다. 똑같은 옷을 입고 있으니 구분이 쉽지 않다. 내가 숨을 수 있고 결국엔 나도 내팽개친다. 심리학적인 접근이다.

이웃과 가깝고 친하게 지내야 귀농 귀촌에 성공할 수 있다고 생각하는 사람들이 의외로 많다.
전원생활에서는 자신의 프라이버시도 지키고 이웃과도 교류할 수 있는 적당함이 필요하다.
이것이 자유롭지 않아 불편하게 사는 사람들이 많다.

도시 인심이 시골보다 거칠고 몰염치하다. 범죄도 잦다. 시골보다 익명성이 보장되기 때문이다. 내가 누군지 모른다. 아파트 앞집에 사는 사람과도 통성명이 없다. 엘리베이터에서 만나면 쑥스럽게 목인사 정도 나누는 사이다. 뭐 하는 사람인지 어딜 다녀오는지 그 집에 누가 다녀가는지 모른다. 아는 것이 오히려 이상하다. 하지만 시골은 다 아는 열린 곳이다. 내가 한 일을 누군가는 알고 있다. 조금만 잘 못 해도 나쁜 아니라 누구 집 자식으로 조상까지 욕을 먹는다. 공동체에서 따돌림 당하고 마을에서 쫓겨나기도 한다. 프라이버시가 쉽게 보장되지 않는다.

전원주택 짓고 시골로 이사 온 사람 중 이렇게 사생활이 보장되지 않는 환경에 대해 어려워하는 경우가 많다. 대수롭지 않게 문을 벌컥 열고 안방까지 들어오는 이웃과도 눈높이를 맞추기 힘들다. 시골서 이웃은 안방까지 공유하고 살 정도로 살갑다. 하지만, 도시서 살다 간 사람에게 그곳은 극도로 예민한 프라이버시 공간이다. 내 마당에 누가 들어서는 것도 신경 쓰여 울타리를 하고 대문을 걸어 잠근다. 그래야 좋은 것이든 나쁜 것이든 비밀이 보장된다.

시골도 예전 같지는 않다. 자동차가 사람들을 변하게 하였다. 걸어 다닐 때는 길을 가다 만나는 사람이 있으면 인사도 나누고 같이 걷기도 했다. 지나다 이웃에 들러 물 한잔 얻어 마시며 자연스럽게 서로를 알게 되었다. 하지만 자동차는 다르다. 혼자 내 집 마당까지 쏜살같이 갈 수 있다. 차에 누가 타고 있고 누가 왔는지 갔는지 모른다. 이런 시골서도 익명성이 보장되고 비밀이 보장된다. 비밀이 있는 곳에 문제도 있다. 사람들이 몰염치해 지고 부도덕해진다. 사회적으로 또 역사적으로 보면 익명의 공간, 비밀의 정원에서 부도덕한 일이 많이 벌어졌다.

전원생활에서 프라이버시도 지키고 이웃과도 교류할 수 있는 적당함이 필요하다. 이것이 자유롭지 않아 불편하게 사는 사람들이 많다.

035

전원생활에 큰 힘이 되는 인터넷과 SNS

인터넷과 SNS 등은 가장 도시적인 문명이다. 하지만, 이것들이 절실히 필요하고 그 혜택을 가장 짭짤하게 보는 곳은 도시가 아닌 시골이다. 특히 도시에 살다 전원생활을 목적으로 귀농 귀촌한 사람들에게는 더욱 그렇다. 인터넷이 없다면 시골에서 일하는 것이 무척 힘들 것이다.

예를 들어, 시골에 살면서 글을 쓰고 사진을 찍어 그 자료들로 책을 만드는 일을 하는 데 인터넷이 없다면 어땠을까? 자료를 들고 직접 출판 인쇄소를 찾아가든가, 우편으로 원고를 보내 편집하고 그것을 다시 팩스나 우편으로 받아 교정해서 또 보내고 받고, 이런 번거로운 과정을 몇 번씩 반복해야만 했을 것이다.

하지만, 지금은 모든 작업이 디지털화되고 인터넷이란 인프라가 구축되어 있어, 시골 전원주택 안방에서도 책 만드는 일이 도시에서 하는 것처럼 매우 쉬워졌다. 시·공간적인 거리감이 없어진 것이다. 자료들을 정리해 웹으로 전송하면 세계 어디서든 상대편은 바로 웹에서 자료를 내려받아 그것을 수정하여 다시 웹에 올리고 하면서 모든 일을 실시간으로 처리할 수 있다.

메일도 번거로워 사이버공간에 올려만 놓으면 상대편은 시도 때도 없이 내려받아 사용한다. 아이디와 비밀번호만 공유하면 책 몇 권 크기의 자료는 순식간에 보내고 받는다. 게다가 인터넷 홈페이지나 SNS를 통해 산골 구석구석까지 중개할 수도 있고, 좀 더 쉽게는 인터넷상에 블로그나 카페를 열어 나를 실시간으로 알릴 수도 있다.

전원생활을 하는 사람, 특히 시골에서 펜션을 운영하거나 소소하게 농산물 등 물건을 만들어 팔려고 하는 사람들도 인터넷이나 SNS 기반이 없었다면 자신을 알리고 물건을 홍보하는 것이 무척 어려웠을 것이다. 펜션 방 몇 개 팔자고 여기저기 돈 들여 광고할 수도 없으니 그저 누가 찾아줄 때만 기다릴 수 밖에 없었을 것이다. 하지만, 인터넷과 SNS를 통하면 전원생활 하는 자신의 모습을 쉽게 알릴 수 있다. 홈페이지, 블로그, 카페를 개설하거나 밴드, 페이스북, 카카오스토리 등에 올려놓고 장사를 할 수도 있다. 이뿐만이 아니다. 생활에 필요한 물건도 외출할 필요없이 다양한 인터넷 쇼핑몰에 들어가 구입하면 하루 이틀이면 택배로 집까지 배달해 준다. 그래서 시골서 생활하는 사람 시골에서 성공적으로 살려면 도시와 소통을 잘 해야 한다. 요즘엔 도시와 소통할 수 있는 방법들이 많다.
특히 인터넷과 SNS는 도시와의 격차를 많이 해소해 주고 있다. 가장 도시적인 물건이 농촌에서는 가장 유용하다.
스마트폰은 가장 유용한 농기계다.

들에게 인터넷과 SNS는 필수다. 시골서 심심치 않게 생활하려면, 혹 무슨 일이라도 꾸미려면 이런 것들을 잘 활용할 줄 알아야 한다. 전원생활에서 꼭 필요한 것이 바로 인터넷과 SNS다.
스마트폰이 생기면서 SNS를 통한 교류는 더욱 활발해졌다. PC 기반에서 손안으로 컴퓨터가 옮겨오면서 카톡과 카카오스토리, 페이스북, 인스타그램과 같은 SNS가 시골서 일하는 자신을 알리는데 큰 몫을 하고 있다. 도시에서 사는 사람보다 시골에서 사는 사람들에게 스마트폰이 더 필요하고, 귀농한 사람들에게 스마트폰은 어느 농기계보다도 더 중요한 농기계다.

"뼈를 묻겠다고요?"

마음만 있지 전원생활을 쉽게 결정하지 못하는 이유 중 하나가 "뼈를 묻겠다"는 생각 때문이다.

전원주택을 계획하는 사람들 대부분은 도시 아파트에 살면서 여기저기 숱한 이사를 했다. 한 뼘이라도 평수를 넓히기 위해 20평에서 30평, 40평으로 옮겨 살았고, 값이 더 오를 것 같아 이 동네에서 저 동네로 바삐 돌아다녔다. 그런데 전원주택을 지으면서는 뼈를 묻겠다는 각오를 한다. 더는 옮겨 살지 않겠다는 생각을 하고 준비한다. 집 뒤에는 죽으면 묻힐 자리까지 잡고 시작하는 사람도 있다. 그러다 보니 자리 잡기 힘들고 완벽함을 추구하게 된다. 뼈를 묻겠다는 생각으로 자리를 잡다 보면 이것저것 고민할 것들이 더욱 많아진다.

하지만, 뼈를 묻겠다는 각오로 시작한 전원생활 터 잡기, 집짓기였지만 실제 살아보면 그것이 쉽지 않다. 이런저런 이유로 옮겨야 할 상황이 생긴다.

살다보면 애초 생각했던 것처럼 편안히 살 수 있는 환경이 아닐 수도 있고, 주변이 개발되면서 어쩔 수 없이 옮겨야 하는 예도 있다. 또 급한 사정으로 팔고 떠나야 할 상황도 있고, 잘못된 계획으로 인해 변경해야 하는 경우도 많다. 아무리 좋은 자리에 뼈를 묻겠다는 생각으로 터를 잡아도 이런저런 변수로 옮겨갈 이유가 생긴다.

전원주택을 지어 살 자리를 잡았다 옮겨가는 것을 부담스럽게 여기지만 생각을 바꾸면 좀 더 여유로워진다. 도시 아파트에서는 큰 어려움 없이 상황에 따라 잘 옮겨 살았다. 전원주택이라고 해서 그렇게 못할 이유는 없다.

물론 한 자리에서 십 년이고 백 년, 대대손손 살 수 있는 집이면 좋겠지만, 개인적인 신상이나 주변의 여러 가지 변화로 인해 한자리에 뼈를 묻을 때까지 살 수 없게 되는 경우도 많이 생긴다는 점을 명심해야 한다.

뼈를 묻겠다는 생각으로 전원주택지를 준비하기보다 다양한 변수들에 대처하는 융통성을 갖는다면 좀 더 가볍게 전원생활을 시작할 수 있다.

037

마음 속 경계측량 하는 사람들

전원생활을 처음 시작하는 사람들이 힘들어 하는 것 중 하나가 원주민들과의 갈등이다. 얘기를 들어보면 딱히 어느 쪽 편을 들기도 힘들다. 물론 누구의 문제일 수도 있겠지만 나름의 사정이 있고 이유는 다 있다.

이런 갈등은 서로에 대한 이해 부족, 생각의 차이에서 비롯되는 경우가 많다. 좀 거창하게 얘기하면 도시문화와 시골문화의 갈등이라고도 할 수 있다. 시골에서는 대충 뭉개고 넘어가는 것들도 도시서 온 사람은 미심쩍어 따지고 그래서 앞뒤가 딱 맞아야 직성이 풀린다.

도시 사람들이 많이 들어와 사는 어느 마을 이장의 얘기다. 그는 고향을 떠나본 적이 없다. 어느 때부터 도시 사람들이 하나씩 들어와 전원주택을 짓고 살기 시작했다. 지금은 도시서 이주해온 사람들이 원주민들 수와 엇비슷하다. 그러다 보니 자연 도시 사람들의 다양한 유형을 보게 된다.

그는 우스개로 이웃과 친하기 힘든 두 가지 유형을 꼽는다. 하나가 애완견 안고 동네를 산보하는 사람이라 한다. 마을 사람들은 농사일에 바쁜데 애완견 안고 마을을 어슬렁거리면 시골 정서에 안 맞고 분위기 파악을 못하는 것이다. 마을 사람들과 친해지기 힘들다.

또 하나의 유형은 땅을 산 후 측량해 금을 긋는 사람이다. 도시서 살던 사람이 전원주택을 짓고 이사 오면 누구나 자신의 땅 경계측량부터 한다. 당연히 내 땅의 경계가 어디인지 알아보기 위한 것이다. 거기까지는 필요하고 다 좋다. 하지만 측량한 다음 날 울타리를 치는 사람도 있다. 수십 년간 마을 사람이 농사지으러 다니던 길을 자신의 땅이라며 울을 만든다. 법에 어긋난 행동은 아니기 때문에 누가 뭐라 할 수는 없다. 대신 마을 사람들은 그를 더 이상 상대하지 않는다. 지나다니면서 인사를 나누지도 않고 자연히 마을 사람들은 그를 경계하게 된다. 왕따의 시작이다.

"울타리 안치면 그 땅이 어디 갑니까? 내 땅이 어디까지인지를 알면 되지 당장 필요도 없는 땅에 울타리를 만드는 심보는 뭡니까? 오랫동안 마을사람들이 부역해 마을 길 만들어 다니고 있는데…"

도시민이 서둘러 자신의 땅 경계측량을 할 때, 마을 사람들은 마음속으로 외지인에 대해 경계측량을 할 수도 있다. 이런 행동으로 마을에서 갈등을 겪는 사람들이 뜻밖에 많다.

038

"이웃 주민과 친해지려고 노력하지 말라"

이웃과 사이가 좋지 않아 마음고생 하는 사람을 종종 본다. 또 이웃과 잘못 사귀어 다른 곳으로 이주를 준비하는 사람도 있다. 불편해진 이유가 가깝게 지내지 못하고 친해지지 못했기 때문이라고 진단하는 경우가 많다. 외지에서 들어와 살려면 어떻게든 원주민들에게 잘 보이고, 그들과 어울리려 노력해야 왕따도 안 당하고 편하게 살 수 있는데 그걸 못했다고 말한다. 그러면서 귀농 귀촌하는 사람들에게 무조건 이웃과 친해질 것을 강요한다.

하지만, 살아보면 원주민과 쓸데없이 가까워지려다 오히려 불편해지는 예도 있고, 너무 친하게 지내면서 생기는 불편함도 많다. 적당히 거리를 두고 생활하는 것이 원만하게 전원생활을 하는 방법일 수 있다.

많은 사람이 전원생활을 말할 때 이웃들과 어울려 사는 재미, 공동체 생활의 가치에 대해 높이 평가한다. 그래서 이웃과 친하게 지내고 잘 어울리는 것이 전원생활의 최고 덕목이라 치켜세운다. 물론 어울려 사는 공동체 의식은 좋은 풍습으로 간직하고 보존해야 할 가치다. 하지만, 어설픈 공동체 흉내를 내며 마을 사람들과 쉽게 친해지고 어울리다 문제가 되는 경우도 많다. 많이 아는 것이, 자주 어울리는 것이, 다양한 이해관계로 이어져 불편해질 수 있다는 얘기다.

정부에서 펴는 정책도 마을 사람들이 공동으로 무엇을 하는 공동체생활에 큰 가치를 두고 그렇게 하도록 유도한다. 모두가 이상적인 모습이고 그럴듯해 보이지만, 그것 또한 허울뿐인 경우가 많다. 속내를 들여다보면 서로 다른 계산을 하고 모양만 공동체인 경우도 있다. 그 속에는 많은 이해관계가 존재해 서로 시기하고 질투하며 갈등한다. 특히 무슨 사업이라고 하여 정부 돈이 들어와 개발되는 마을에서는 하나같이 크고 작은 갈등이 있고 이웃과 불편하게 산다. 처음 이사해서 이런 상황들을 파악하지 못하고 열심히 어울려 살 요량으로 잘 못 끼어들었다가 오히려 이웃 관계가 더 힘들어지는 경우도 있다.

전원생활을 시작했다면 이웃과 의도적으로 친하게 지내려 하지 않아도 된다. 상식선에서 경우 바르게 살고 내 성의껏 이웃을 대하면 된다.

많은 사람들이 전원생활을 말할 때 이웃들과 어울려 사는 재미, 공동체 생활의 가치에 대해 높이 평가한다. 하지만, 어설픈 공동체 흉내를 내며 이웃과 어울리다 문제가 되는 경우도 많다. 많이 아는 것, 자주 어울리는 것이 불편함의 원인이 되기도 한다.

이웃과 친하게 지내야 왕따 당하지 않고 잘 살 수 있다는 것을 의식해 마음 내키지 않는데도 친해지려 하고, 또 너무 많이, 너무 깊게 알려 하고, 그래서 스스럼없어지면 오히려 불편한 전원생활, 불편한 이웃이 될 수도 있다. 자신이 도덕적이고 상식적이며 경우가 맞게 사는 사람이라면 내 마음이 시키는 대로 하는 것이 좋은 이웃을 만드는 방법이고 행복한 전원생활이 된다.

○ 정리

성공적인 전원생활을 위한 몇 가지 생각

전원생활을 오래 한 사람들과 얘기하다 보면 후회하는 경우를 많이 본다. 그 내용들을 정리해 본다.

■ 유유자적 살러 온 사람과 친구하면 손해

"경치 좋은 곳에 집 지어 놓고, 자연을 벗 삼아, 맑은 공기 마시고, 인심 좋은 이웃과 어울려, 꽃놀이나 하며 살겠다"는 사람이 주변에 꼭 있다.

시골로 살러 갔을 때 이렇게 막연한 개념의 사람들과는 되도록 친구하지 않는 것이 좋다. 도움 안 되는 일 순위다. 내 소중한 시간만 뺏길 수 있다. 돈을 떠나서 무슨 일이든, 어떤 일이든 열심히 하고 있는 사람과 친구하면 내 시간 관리도 되고 배울 것도 많다.

꽃과 어울려 산다고 꽃이 되는 게 아니라, 시골서는 무엇인가 열심히 하다보면 사람도 결국 꽃이 된다. 사람 사는 것도 꼭 꽃 피는 것과 같다. 자기 자리에서 제 몫대로 살다보면 결국 꽃이 피어 맺힌다.

■ 스스로 하는 만큼 거둔다

시골에서 할 수 있는 일은 농사만이 아니다. 생활수준이나 눈높이를 어디에 두고 생활방식을 어떻게 하느냐에 따라 생활비도 줄일 수 있고 내 일도 찾을 수 있다. 시골에서도 수익을 얻으며 할 수 있는 일은 많다. 이때 다른 사람의 도움을 받기보다 직접 할 수 있는 일을 찾는 것이 중요하다. 시골에서는 스스로 하는 만큼 돈이 되고 투자가 되어 그만큼 거둘 수 있다.

■ 목적이 무엇인가를 고민하라

시골에서 살겠다는 목적이 무엇인가에 대해 먼저 고민해야 한다. 경치 좋은 곳에서 휴양하는 것인지, 아니면 일하며 돈 벌 생각인지에서부터 전원주택이 필요한지, 펜션을 할 것인지, 요양할 것인지 등 목적을 구체화하면 땅도 보이고 일도 보인다. 목적이 불분명한 상태에서 시골에 가면 시행착오를 겪게 된다.

■ 수익이 필요하면 기다려라

도시와 비교해 시골은 느린 순환구조로 되어 있다. 도시보다 느리고 빨리 결정 나는 것은 없다. 수익을 목적으로 시골에 간다면 시간을 두고 버틸 수 있는 것부터 계산해야 한다. 급한 마음으로는 시골에서 수익을 내기 힘들다. 땅을 구한 후에도 집을 짓는 것만 최소 6개월이 걸린다. 농사는 일 년 후라야 결실을 본다. 목표를 가지고 기다려야 거둘 것이 생긴다.

■ 유행보다 중요한 것은 주관

전원생활도 전원주택도 유행과 트랜드가 있다. 이런 것들은 사회의 한 단면으로 시장이 흘러가는 모습이므로, 계획하고 준비하는 입장에서 매우 중요한 참고자료다. 그러나 참고할 사항이지 답은 아니다. 부동산개발을 한다면 이것을 따르는 것이 수요자 찾기가 훨씬 쉬울 것이고, 그런 농사를 짓는다면 훨씬 팔기 쉬울 것이다. 하지만, 전원생활에서는 그것보다 중요한 것은 자기 자신이고 주관이다. 경제상황, 라이프

스타일, 취향에 따라 자신의 기준과 트랜드를 만들어 실천하는 것이 좋다. 그래야 오래 행복할 수 있다.

■ **동호인들을 만들어 두자**
전원생활을 하면서 도움이 되고 힘이 되는 사람 중에는 비용을 지불하고 도움을 받아야 하는 사람도 있고, 또 같은 생각을 하는 사람들이나 경험자들을 만나 도움을 받을 수도 있다. 나와 같은 처지에 있는 사람들을 만나 의지하며 문제를 해결해 나갈 수도 있다. 특히 전원생활에 정착하는 초기 단계에서 이런 사람들로부터 얻는 정보도 많고 때에 따라서는 필요한 것들을 해결할 수도 있다. 요즘 SNS나 인터넷상에서 관심 있는 분야를 찾아 활동하다 보면 동호인도 만나고 오프라인 모임 등을 통해 다양한 도움을 받을 수도 있다. 시골 생활에서는 이런 사람들의 도움이 크다.

■ **땅 만큼만 시설투자를 하라**
땅의 가치만큼만 건축 등 시설에 투자하는 것이 좋다. 땅값이 싼 곳은 도심서 멀거나 교통이 불편한 곳인 경우가 많다. 같은 곳에서도 경치가 좋지 않고 볕도 잘 들지 않는 북향 등도 땅값이 싸다. 이런 땅에 무리한 투자를 하여 힘들어 하는 사람들이 많다. 향후에 개발 가능성이 있는 곳처럼 예외인 경우도 있겠지만, 시골에서 집을 짓거나 시설을 할 때는 땅값과 비례한 투자를 하는 것이 안전하다.

■ **없는 것이 아니라 찾을 눈이 없다**
시골에서는 할 일이 없다고 말하는 사람들이 많다. 또 무엇을 하려고 해도 도심 접근성이 좋지 않고, 생활편의시설도 없으며 경치도 별로기 때문에 안 된다고 생각한다. 하지만 그런 것들도 충분한 자원이 된다. 오지의 불편함을 내세워 민박을 운영해 성공한 경우도 있다. 주변의 자원을 찾는 눈과 활용할 수 있는 나만의 방법이 있다면 시골에서 할 수 있는 일은 얼마든지 있다.

■ **살기 편한 것이 최고다**
펜션이나 전원카페 등 수익이 필요한 일을 하는 것이 아니라, 물 맑고 공기 좋은 곳에 집 짓고 사는 것이 목적이라면 살기 편한 땅과 집이 최고다. 눈이 오거나 비가 왔을 때 피해가 없고, 편하게 진출입할 수 있는 곳에 터를 잡고, 따뜻하며 경제적으로 살 수 있는 집을 짓는 것이 답이다. 이따금 다녀가는 별장과 평생 살아야 하는 전원주택은 다르다.

■ **개발에 자신 있다면 땅 욕심도 필요**
자금 여유가 있고 개발 노하우가 있다면 큰 땅을 사 살면서 조금씩 개발해 파는, 소규모 부동산 개발사업도 시골에서 할 수 있는 좋은 사업 아이템이다. 딱히 그럴 계획이 없었지만 살면서 자연스럽게 그렇게 되는 경우도 있다. 땅만 잘 고른다면 수입도 짭짤하다.

■ **전세살이는 시간만 버릴 수 있다**
전원생활을 시작하기 전에 전세를 살아보는 것도 안착하는 방법이다. 하지만, 전원생활을 하겠다는 마음을 굳혔다면 되도록 빨리 '내 땅에 내 집'을 짓는 것이 좋다. 시골에 살며 집과 정원을 일 년만 가꾸어도 완전히 다른 모양이 된다. 하지만, 전세로 살게 되면 내 집과 내 땅을 가꾸는 시간을 그만큼 허비하는 것이나 마찬가지다. 신중한 것도 좋지만, 너무 망설이면 시간과 기회를 그만큼 잃는다.

■ **집은 짓는 것보다 관리가 중요**
시골에서 집을 지을 때는 관리하기에 얼마나 편하고 경제적인가를 꼭 생각해 보아야 한다. 관리가 불편하고 비용이 많이 든다면 두고두고 고민거리다. 개인의 성향에 따라 차이는 있을 것이다. 부지런하고 무엇을 만들고 가꾸는 것에 취미가 있고 재능이 있는 사람이라면 집을 직접 관리하는 것도 수월하겠지만, 그렇지 않다면 누구에게 맡겨 관리를 해야 한다. 당연히 비용이 필요하다. 집은 짓는 것도 중요하지만 관리도 중요하다. 관리하기 쉽고 경제적인 집이 좋은 집이다.

■ **꼭 손님방을 만들어라**
전원주택을 설계할 때는 손님들이 왔을 때를 고민해야 한다. 도시에서와 달리 손님들이 오면 하룻밤 자고 가는 경우가 많은데 이때 일반적인 주택의 평면구조라면 불편하다. 그래서 전원주택의 일부 공간은 손님이 왔을 때 편하게 쓸 수 있는 독립공간으로 만들면 좋다. 상황에 따라서는 펜션 등으로 영업을 할 수도 있다. 내가 사는 전원주택은 상황에 따라 펜션이 될 수 있다.

■ **땅보다 주변 여건을 사라**
전원주택은 땅 그 자체보다 중요한 것이 보이지 않고 숨어 있는 주변의 여건들이다. 진입로가 좋고 경관 좋고 양지바른 곳, 땅의 모양 등은 누구나 볼 수 있지만, 그 땅과 관련된 민원이나 이웃의 성향 등은 쉽게 볼 수 없다. 땅을 살 때는 모르지만 집을 지을 때, 집을 짓고 살 때가 되면 주변 상황들, 주변 여건들이 땅 자체보다 훨씬 중요하고 까다롭다. 땅을 살 때는 주변 여건들도 함께 사야 한다는 점을 명심해야 한다.

■ **집보다 창고**
집 짓는 것이나 관리 등은 모두 자재와 공구가 한다. 자재와 공구만 잘 알아도 할 수 있는 것들이 많다. 그러다 보니 요즘 목수들은 공구가 차 한 대다. 목수가 아니라도 시골서 살다보면 공구가 창고 한 가득하다. 필요할 때마다 기술자를 부른다면 비용을 감당할 수 없고, 내 맘 같지도 않기 때문에 직접 하게 된다. 그러다 보면 공구가 하나둘씩 쌓여 없는 것이 없게 된다. 정리가 잘 안 되는 사람은 있는 공구나 자재를 어디에 두었는지 기억도 못 하고 찾지도 못해 새로 구입할 때가 많다. 나중에 보면 똑같은 것이 몇 개나 된다. 전원주택을 지을 때는 창고도 신경 써야 한다. 창고 관리를 잘하는 것이 시골생활을 잘하는 방법이다.

■ **작은 땅이라고 못할 것은 없다**
시골에 가 살겠다는 사람들이 처음 땅을 찾을 때 이 정도쯤은 돼야 한다며 면적을 키운다. 하지만, 작은 땅도 얼마든지 효율적으로 이용할 수 있다. 도심지의 상가주택부지 중에는 200㎡ 정도인 경우도 많다. 그런 땅에도 건물을 짓고 주차장과 마당까지 만들어 낸다. 330㎡ 정도만 돼도 전원주택 짓고 마당 만드는 것은 충분하다. 집을 어떻게 짓느냐에 따라 펜션도 가능하다. 게다가 옆에 하천부지 등 공짜로 쓸 수 있는 땅이라도 붙어 있다면 적은 땅도 넓게 쓸 수 있다.

■ **도시는 버리는 것이 아니라 남겨놓는 것**
귀농 귀촌하는 사람들은 도시를 정리하려 한다. "인정머리 없이 각박하고 복잡한 이놈에 도시 다시 쳐다보기도 싫다"며 "도시여 안녕"을 고한다. 직장도 끝나고 살던 아파트도 팔고 자식들 시집 장가 다 보내고 나니 내쳐 살던 도시가 별 볼 일 없어졌다. 그래서 시골 가 살 결심을 하고 도시 정리에 들어간다. 정리하니 옮겨갈 것들도 많다. 그렇게 올인 하다 보면 땅도 집도 커지고 결국 발목을 잡힌다.
귀농 귀촌은 도시를 정리하고 버리는 것이 아니라 남겨놓고 가는 것이다. 시골서 살다보면 도시의 인연이 도시서 살 때보다 더 절실하게 필요하다. 특히 시골서 새로운 일을 시작할 때는 도시에서의 인연과 인프라들이 많이 필요하고 도움도 받게 된다. 소중한 고객이 될 수도 있다.

■ **농민부터 돼라**
농촌에서는 농민 자격부터 얻어야 제대로 된 대접을 받을 수 있다. 농촌은 도시민에게는 까다롭게 굴지만 농민에게는 관대하다. 농민이 되기 위해서는 주소를 이전하고 농사를 지어야 한다. 전업농이 아니더라도 농사짓는 흉내라도 내면 농촌은 잘 살 수 있도록 도움을 준다. 정부에서 지원도 해주고 면사무소나 농협에서도 이것저것 챙겨준다. 그렇지 않고 도시민 신분으로 농촌에 살려면 거부반응이 많다. 농촌에 살려면 농민이 되든가 그것이 힘들면 흉내라도 내는 것이 좋다.

■ 지원제도는 소리만 요란하다

간혹 언론을 통해 소개되는 내용을 보면, 혹은 정부자료에 따르면 농촌에 살면 다양한 지원이 가능하다. 그것만 믿고 기대하면 실망하기 십상이다. 실제 도움받는 경우도 있지만, 소리만 요란한 경우가 더 많다. 막상 지원을 받아보겠다고 찾아다녀 보면 까다로운 자격요건을 요구하든가 시간이 오래 걸린다. 괜히 시간만 보내는 헛수고를 하게 된다. 특히 지원은 실력보다 얼마나 포장을 잘하느냐에 따라, 얼마나 쫓아다니느냐에 따라 결정이 나는 경우도 종종 있다. 포장실력도 잘 갖추어야 하고 수시로 찾아가 도움을 청해야 한다. 이것이 말처럼 쉽지가 않다.

■ 스마트폰은 농기계다

인터넷이 없다면 시골로 살러 가는 것, 사는 것이 매우 어려울 것이다. 시골에 살면서 특히 창업하였을 때 가장 도움을 많이 받고 힘이 되는 것이 인터넷이고 SNS다. 시골은 도시보다 훨씬 더 인터넷과 SNS가 필요하고 큰 도움이 된다. 그래서 시골살이를 준비할 때는 인터넷 무장이 필수다. 그래야 시골서 살기 편하고 재미도 있다. 특히 시골에서 수익 나는 일을 하려면 인터넷과 SNS를 이용하는 것이 다른 어떠한 것보다 적은 비용으로 큰 효과를 얻을 수 있다. 노트북, 스마트폰은 필수 농기계다.

■ 너무 가까이 가면 피곤하다

도시에 살다 시골에 간 사람 중에는 이웃과 친해지겠다는 욕심으로, 아무나 불편하지 않게 지낼 생각으로, 모든 이웃을 만나 친해지려 한다. 그것이 체질에 맞는다면 물론 좋은 일이다. 그런데 내키지 않으면서 이웃을 잘 사귀어야 한다는 의무감 때문에 그렇게까지 할 필요는 없다. 마을 이장, 옆집 정도만 우선 챙겨

알고 있다 보면 나머지 이웃들은 살면서 자연스럽게 알아가게 되고 왕래도 하게 된다. 무리해 너무 가까이 가면 구설에 오를 수도 있고 챙길 것도 많아져 피곤해질 수 있다.

■ 열심히 하는 것보다 열심히 즐기는 것

전원생활도 즐기고 그러면서 일도 하겠다는 생각을 하는 사람이 많다. 이런 사람들이라면 일로 성공하겠다는 생각보다 즐겁게 일할 생각부터 해야 한다.
농촌에서 무엇인가 이룩하겠다는 생각을 한다면 전원생활의 여유로움은 버려야 한다. 전원생활을 하면서 창업이 목적이라면 성공보다 얼마나 즐겁게 할 수 있는 일인가를 고민하고 선택해야 한다. 그런 마음으로 선택하고 그렇게 하는 일이라야 결국 사업으로도 성공할 수 있다. 시골에서 하는 일은 열심히 하는 것보다 열심히 즐기는 것으로 성공하는 경우가 많다. 전원생활하는 사람들에게는 더욱더 그렇다.

"사연 없는 땅이 어디 있어!"

* 이 이야기는 땅 구하는 초보자들에게 도움이 될 수 있는 내용으로 저자가 지어낸 것입니다.

오자연 여사는 임시로 만든 컨테이너집 손바닥만한 창문을 통해 눈 내리는 경치를 바라보며 흐뭇한 미소를 짓습니다. 화구만 있다면 한 폭의 그림이 순식간에 그려질 것 같은 풍경입니다. 눈이 쌓이기 전에 출발해야 문제없이 고속도로를 탈 수 있을 테고, 그래야 서울 집까지 별 탈 없이 갈 수 있을 텐데, 발걸음은 쉽게 떨어지지 않습니다. 도시 아파트에 살며 이런 정경을 얼마나 그렸는지 모릅니다.

아침에 서울 집을 나설 때는 햇빛이 반짝였습니다. 콘크리트 덩어리로 둘러싸인 칙칙한 아파트 단지를 빠져나와 양재나들목을 들어설 때 자동차 창문에 부딪히는 햇살이 키득키득 웃고 떠들며 장난을 걸었습니다. 오자연 여사는 자신도 모르게 콧노래를 불렀습니다.

고속도로를 달릴 때는 사계절 중 겨울 햇살이 가장 맑다고 느꼈습니다. 그런 생각을 하며 한 달 전 전원주택을 지을 요량으로 사 둔 충주 땅을 찾았습니다.

소나무 세 그루가 아름다운 풍경을 만드는 땅입니다. 지난주에는 컨테이너로 조그맣게 집도 하나 지었습니다. 봄이 되면 제대로 된 전원주택을 짓기로 하고 우선은 다녀갈 때마다 쉴 곳이 있어야겠다는 생각에 컨테이너집을 지었습니다.

그것이 미더워 오늘 또 찾은 것입니다. 내년에 지을 전원주택을 마음속으로 그리며 부지 이곳저곳을 둘러보고 스케치도 해봅니다. 집을 앉힐 곳과 정자를 지을 곳, 꽃나무 심을 곳도 그려봅니다.

그러다 컨테이너집 안에 들어가 커피도 한잔 타 마셔봅니다. 종이컵에 탄 어설픈 맛의 커피지만, 아파트에서, 호텔 커피숍에서 마시는 맛 이상입니다. 서울서는 커피 맛을 혀끝으로 느끼는데, 이곳에서는 마음으로 커피를 마신다는 그럴듯한 생각을 하며 혼자 미소를 짓습니다.

커피를 마시며 창문을 통해 내다보는 바깥 경치는 또 다른 세상입니다. 작은 산새가 마당에 날아와 오자연 여사가 그랬던 것처럼 이곳저곳을 서성거립니다.

산촌의 겨울 날씨는 도시에서의 그것과는 사뭇 달랐습니다. 저녁 무렵이 되면서 하늘이 묵직해지더니 탱글 거리던 햇살은 이내 꼬리를 감추고 눈발이 뿌려집니다.

그 정경 또한 오자연 여사에게는 색다른 아름다움이었습니다. 눈 오는 산촌의 풍경에 빠져 서울로 돌아갈 시간을 주춤주춤 늦추고 있었습니다.

아이 둘 키울 때까지는 몰랐습니다. 하루 종일 바쁘다는 것 외에는 다른 생각할 겨를이 없었습니다. 아이들에게 공부 잘하라며 잔소리하고 좋은 대학 가길 바라 열심히 뒷바라지하며 보냈습니다. 힘들 때도 많았지만 그것이 또한 즐거움이었고 보람이었습니다.

그런데 막내아들마저 대학에 가고 나니 갑자기 심심해지기 시작했습니다. 잔소리 대상이었고 때로는 심심풀이 친구였던 아이들은 대학생이 되자 뭐가 그리 바쁜지 밖으로만 쏘다녀 하루에 얼굴 한 번 보기도 쉽지 않았습니다.

남편이야 신혼 때부터 자기 일 하느라 바빴던 사람이니 이제 와서 같이 놀자고 해봐야 재미도 없고, 그래서 젊었을 적 꿈이었던 그림을 다시 시작하기로 했습니다.

대학에서 미술을 전공하고 이내 결혼하는 바람에 붓 한번 잡을 기회가 없었는데, 아이들 키우고 나니 그제야 그림에 다시 관심이 생겼습니다.

그림을 시작하겠다는 계획을 세우자 생활에 활력이 생겼습니다. 몸보다 마음이 바빠지기 시작했습니다. 그림을 핑계로 그동안 잊고 있었던 옛 친구들도 만나 지난 이야기, 사는 이야기를 나누며 마음의 공간도 채울 수 있었습니다.

명화씨는 오자연 여사가 그림을 다시 시작하면서 첫 번째로 만난 대학 동창입니다. 강원도 평창의 계곡에서 전원카페를 하며 전업작가로 활동하는 친구입니다. 동창 중 전업작가로 나선 유일한 친구인데 결혼도 안 하고 여태 그림과 씨름하고 있습니다. 지금은 유명 화가가 되었고, 그녀의 카페도 유명해져 전국에서 색다른 분위기를 찾는 여행객들이 다녀가는 관광명소가 됐습니다.

하지만 20년 전에는 지금의 모습과 아주 달랐습니다. 서울을 떠나 이곳으로 올 당시 명화씨는, 그림 그리며 먹고 살기 막막해 시골로 내려가 전원카페라도 해야 할 형편이었습니다.

평창으로 내려갈 준비를 하며 명화씨는 "화가로 버텨내려면 카페라도 해야 할 것 같다"며 오자연 여사를 찾아왔었습니다. 그때 명화씨는 가난하고 초췌한 예술가의 모습이었고, 서울서 살기 어려워 산속으로 쫓겨 가는 도시낙오자였습니다. 말이 카페지 움막 정도인 집이었습니다.

"그곳에서 어떻게 살려고 그러니?"

"다시 생각해보는 것이 좋지 않겠니?"

평창 산동네에서 카페를 하겠다는 친구에게 오자연 여사가 해 줄 수 있는 말이라고는 그 두 마디가 전부였습니다. 남편 그늘에서 어려움 없이 사는 자신과는 너무 다른 모습에 이방인 같은 경계심이 들기도 했습니다. 그것이 명화씨를 서울에서 본 마지막 모습이었습니다.

그런 친구가 평창에 내려가 빈집을 개조해 카페를 열었다는 소식이 들렸고 '시골로 간 젊은 작가'로 매스컴에 몇 번 오르내리더니 이내 잠잠해졌습니다.

잠잠하던 그녀가 어느 날부터 주목받는 중견작가로 신문과 방송에 소개되기 시작했습니다. 매스컴을 통해 소개되는, 그녀가 그림을 그리며 먹고 살기 위해 시작했던 움막 카페는 규모가 커져 타운이 되고 관광명소가 되었습니다.

오자연 여사가 평창에 있는 옛 친구 명화씨를 찾아갔을 때, 소녀 같은 친구의 모습에 우선 놀랐습니다. 이십여년 전 서울서 보았던 가난에 찌든 예술가의 초췌한 모습은 간데없고 해맑은 소녀의 모습을 하고 있었습니다. 아직도 젊었고 예뻤습니다. 성공한 화가이자 사업가로 당당한 그녀의 모습에 오자연 여사는 주눅이 들었습니다.

오자연 여사도 잘 나가는 중소기업 사장 부인으로 그럭저럭 남부러울 것 없고, 주변 또래 아줌마들이랑 백화점에서 만나 쇼핑도 하며 크게 빠지지 않게 살았는데, 지금까지 크게 꿀릴 것 없이 살고 있는데, 얼토당토않게 시골에 사는 친구를 만나 그녀의 성공 모습에 주눅이 들었습니다.

"사람들은 다들 지금 이곳의 모습은 보지만 그동안 들인 시간은 보지 못하잖니? 지금이야 이렇게 번듯하지만, 너도 알다시피 내려올 때는 뭐가 있었니? 빈집 하나가 전부였지. 그걸 지금까지 쓸고 닦으며 공들이고, 필요할 때마다 하나하나 덧붙이다 보니 규모도 커지고 유명해졌는데, 사람들은 이게 하루아침에 된 것처럼 착각해. 땅들도 찬찬히 들여다보면 모두 저마다의 사연이 있어. 말 못하고 가슴에 숨겨놓은 사연들이 많지."
그렇게 명화씨는 오랜만에 만난 친구에게 지금과 같은 모습의 땅을 가꾸며 힘들었을 속내 한 켠을 드러냈습니다.
"이것도 내가 즐겁지 않았으면 할 수 있었겠니? 난 이곳에서 그렇게 사는 게 재미있었고 지금도 재미있어. 그런 것들이 재미없었다면 지금 내가 있을 수도, 이런 장소도 만들 수 없었겠지. 남편도 없고 애들도 없는데 이런 재미라도 하나 있어야 되지 않겠니? 호호호"
계곡 옆 통나무를 잘라 만든 벤치에 앉아, 솔바람에 나풀거리는 앞머리를 소녀처럼 쓸어 올리며 명화씨가 대수롭지 않게 땅을 가꾼 사연을 말할 때, 오자연 여사는 그녀 어깨너머로 보이는 그녀가 가꾸어놓은 땅의 아름다움에 위대함마저 느꼈습니다.
"이번에 뉴욕에서 여는 개인전 팜플릿이야. 올 수 있으면 남편이랑 한번 다녀가. 미국 여행도 하고…"
명화씨는 그곳을 떠나려는 오자연 여사의 차 문을 열고 자신의 그림 한 점과 개인전 팜플릿을 밀어 넣었습니다. 시원한 계곡물이 흐르는 그림이 인쇄된 팜플릿 머리는 시골스럽지 않게 도안된 영문이 장식하고 있었습니다.

서울로 돌아오는 차 안에서 오자연 여사는 명화씨가 던져 놓은 팜플릿을 찬찬히 훑어보았습니다. '자연을 그리는 화가, 한국이 낳은 세계적인 작가 초대전'이란 타이틀이 붙어있었습니다.
그날 서울 아파트로 돌아오며 오자연 여사는 그림을 더욱 열심히 그려야겠다는 생각을 했고, 그러기 위해 전원주택을 하나 지어야겠다는 마음을 먹었습니다. 그래서 남편을 졸랐습니다.
"애들도 다 컸으니 이제 나도 의미 있게 살고 싶어. 당신은 맨날 바쁘고… 나도 뭔가를 하고 싶은데… 그래서 그림을 다시 해보고 싶은데… 열심히 그려보려고 하는데…"
"그림 좋지, 열심히 해봐."
아침 출근을 위해 넥타이를 매던 남편은 오자연 여사를 힐끗 쳐다보며 건성건성 대답했습니다.
"그런데 아파트에서는 그림이 잘 안 돼서 말이야… 해서 말인데 우리도 전원주택 하나 지으면 어때?"

"전원주택? 갑자기 웬 전원주택이야?"

전원주택이란 말에 남편은 놀라는 눈치로 그녀 쪽으로 몸을 돌렸습니다.

"응, 요즘 주변에 보면 전원주택 짓는 사람들 많더라고. 그래서 우리도 전원주택 하나 마련하자는 거지. 그러면 우리 가족들 주말에 쓸 수도 있고 휴가도 보내고… 그러면 좋잖아. 나중에 애들 결혼해 손자들 생기면 그때 애들도 좋아할 거고. 나 그림 그릴 때 작업실로 이용도 하고…"

"전원주택 그거 그렇게 쉬운 거 아니야. 잘 생각해야 된다구."

"평창에 있는 명화 있잖아. 생각 있으면 얘기하래. 자기가 도와준다고. 인터넷에서 찾아보니 지금 전원주택 하나 마련해두면 좋을 거래. 전원주택을 지을만한 땅들은 앞으로 점점 귀해져 지금 제대로 하나 사놓으면 투자가치도 있을 거래. 노후 준비하는 셈치고 하나 만들면 어떨까? 나중에 애들 결혼식도 난 그런 데서 치르고 싶어…"

남편 허락을 받아내려 애들 결혼식까지 엮어 말을 해놓고 보니 내심 너무 갔다 싶었습니다. 하지만, 실제로 오자연 여사는 영화 맘마미아처럼 전원주택에서 결혼식을 치르면 좋겠다는 생각은 늘 하고 있었습니다. 남편이 반대하면 어쩌나 하는 조바심이 생겼지만, 겉으로는 지나가는 말처럼 포장했습니다.

"그거 잘 알아보고 해야 할 텐데… 자신 있으면 한번 알아봐."

남편에게서 들은 답은 장님 코끼리 만지기처럼 대충이었지만, 오자연 여사는 전원주택 만들기 작전에 돌입했습니다. 남편한테 친구 명화씨가 도와줄 것이라고는 했지만, 그것은 남편 허락을 받아내기 위해 둘러댄 말이었고 정작 명화씨에게는 비슷한 말 한마디도 꺼내지 않았습니다.

남 하는 것 나라고 못할까 싶은 생각에 인터넷을 뒤져 괜찮은 지역을 찾아보았습니다. 이곳저곳 생각하다 충주가 괜찮겠다는 생각에 그 지역 매물을 집중적으로 알아보았습니다. 그렇게 하여 만난 것이 지금의 땅입니다.

'충주호가 보이는 곳의 남향받이 밭, 관리지역으로 전원주택을 짓는 데 문제 없음, 개인 사정상 급하게 팔려고 함, 주인 직접 매매.'

인터넷에 올라온 내용을 보고 전화를 걸었을 때, 땅 주인이란 남자는 자신을 대기업에 다니는 간부라고 소개했습니다. 전원주택을 지으려고 샀는데 해외 발령이 나는 바람에 급하게 팔 처지가 됐다고 했습니다. 팔기 아까운 땅이라며 사면 횡재하는 것이라고도 말했습니다.

초자인 오자연 여사가 보기에도 참 좋은 땅이었습니다. 앞쪽으로는 멀리 호수가 보이며 산이 감싸고 있는 듯한 평평한 모양에 햇살도 잘 들었습니다. 게다가 인터넷을 뒤져가며 며칠 공부한 대로 토지이용계획 확인서를 확인해보니 관리지역이었고, 별다른 규제사항도 없었고, 도로도 문제가 없었습니다.

그래도 혹시나 하여 시청을 들러 전원주택을 짓는 데 문제가 없는 땅인지를 한 번 더 확인했을 때 담당자도 전혀 문제가 없는 땅이라고 일러주었습니다. 다만 외따로 떨어져 있는 것이 마음에 좀 걸려 망설였습니다.

그렇게 갈등을 하고 있을 때 땅 주인 남자는 자신의 해외 발령이 급하게 됐다며 일시불로 해주면 땅값을 깎아주겠다는 제한을 했습니다. 땅은 망설이면 놓친다는 말도 있고 하여 급하게 일시불로 땅값을 지불하고 곧바로 등기이전했습니다.

남편은 "당신이 좋아 산 땅이니 당신 앞으로 등기하라"고 해 명실상부하게 오자연 여사의 땅이 되었습니다. 오자연 여사는 평창의 명화씨 카페에 갔을 때 그녀가 했던 말을 떠올렸습니다.

"땅은 말이야 주인이 예뻐해 줘야 가치가 올라가는 거야. 아무리 좋은 땅이라 해도 주인 못 만나면 천덕꾸러기 신세가 되거든. 주인이 항상 쓸고 닦고 손때를 묻히면 좋은 땅이 되는 데 사람들은 그걸 잘 몰라. 땅에 대한 애정은 돈으로 쏟는 것이 아니라 정성과 자신의 노동으로 쏟는 거라구."

그래서 오자연 여사도 자신의 땅에 앞으로 애정을 듬뿍 쏟을 것이며 그렇게 하여 최고로 아름다운 땅을 만들겠다는 결심을 했습니다.

오늘 땅에 온 것도 그런 애정을 보여주기 위한 것이었고, 앞으로 집을 어떻게 짓고 땅을 어떻게 가꿀 것인가를 구상하기 위한 목적이었습니다. 그런 것들이 오자연 여사에게는 새로운 행복이었습니다.

날이 저물자 눈발이 더 세지며 주변 산들이 희끗희끗 해졌습니다. 좀 더 머물다가는 서울로 돌아가기 힘들겠다는 생각에 커피를 마셨던 종이컵을 쓰레기통에 버리고 밖으로 나와 자동차 시동을 걸었습니다. 산 깊은 곳에서부터 어둠이 내리고 있었습니다.

자동차를 움직여 밖으로 나오며 백미러로 뒤를 보니 컨테이너 집 앞에 서 있는 세 그루의 소나무에 어둠이 내려 시커멓게 큰 그림자가 돼 있었습니다. 그 모습에 갑자기 무섭다는 생각이 잠시 들었습니다.

오자연 여사의 땅에서 산모퉁이를 하나 돌면 마을이 있고 마을 초입에는 제법 큰 가게가 있습니다. 오자연 여사는 운전하면서 먹을 군것질거리도 사고 마을 사람들에게 눈도장도 찍어두는 것이 좋겠다는 생각에 가게 앞에 차를 세웠습니다.

동네 사람인 듯한 노인 둘이 좁은 식탁에 마주 앉아 막걸리를 마시다 말고 문을 열고 들어서는 오자연 여사를 빤히 쳐다보았습니다. 가게 주인인 듯한 중년 여인이 노인네들 옆에서 같이 이바구를 하다 앉은 채로 말을 걸어옵니다.

"처음 보는 분이신데… 누구네 집에 오신 손님이신지?"

"아예, 저는 저기 산모퉁이 지나 땅 산 사람입니다. 앞으로 이 동네 와서 집 짓고 살려고요."

"어디 말하는 거지? 저기 산 밑에 있는 땅? 거기 말이유?"

가게 주인 여자가 말하자 노인네들도 거들었습니다.

"가운데 소나무 세 그루 있는 땅 말이유? 며칠 전에 컨테이너집 갖다 놓은 곳? 누구신가 했더니…"

"예 거기 그 땅요. 그 땅을 제가 샀어요. 내년 봄에 집을 지으려고요. 마을 어르신네들이 많이 도와주세요."

"도와주는 것이야 뭐 두말하면 잔소리고… 허 참 그 땅에서 몇 년 전에 일이 좀 있었는데…"

조금 취한 듯한 노인네가 혀를 차며 말을 꺼내자 옆에 있던 다른 노인이 말을 가로막으며 눈을 흘겼습니다.

"이 친구 취했나? 쓸데없는 소릴 꺼내고…"

그러면서 아무것도 아니라며 손사래를 쳤습니다.

오자연 여사는 자신의 땅에 무슨 사연이 있다는 예감이 들어 슈퍼 여자를 쳐다보며 어르신들이 무슨 말을 하는 거냐고 물었습니다. 그러자 처음에는 아무것도 아니라며 말을 아끼던 여자는 오 여사가 가게문을 나서려 하자 큰맘 먹은 듯, 언젠가 알게 될 사실을 미리 알려주겠다며 귓속말을 했습니다.

"그 땅 말이유. 거기서 동네 사람 둘이나 죽었수. 소나무에 목매고 하나는 농약 먹고… 뒈지려면 집구석에서나 뒈질 것이지…"

오자연 여사는 처음 슈퍼 여자가 무슨 얘기를 하는가 싶었는데 이내 말뜻을 알아차리고는 맥이 탁 풀렸습니다. 다리가 후들거리며 등골이 오싹해 왔습니다.

"그 전에 땅을 샀던 사람도 집 지을 준비하다 그 소문 들었는데… 아마 그래서 팔았을 거유."

그제야 오자연 여사는 남자가 해외발령을 받았다며 서둘러 주변보다 싸게 땅을 팔았던 이유를 알 것 같았습니다. 인사를 하는 둥 마는 둥 군것질거리도 사지 못한 채 가게문을 나섰습니다. 눈발은 점점 거세지고 있었습니다. 서울로 오는 고속도로에서 오 여사는 명화씨가 한 말이 생각났습니다.

"땅들도 하나하나 찬찬히 들여다보면 모두 저마다의 사연이 있어. 말 못하고 가슴에 숨겨놓은 사연들이 많지."

오 여사는 자신이 산 땅의 사연이 마음에 영 들지 않았습니다. 그 땅을 누구에겐가 다시 팔기로 마음먹고 어떻게 팔 것인가를 곰곰이 생각해 보았습니다.

그날 저녁 늦은 시간, 인터넷에는 '충주호가 보이는 남향받이 최고의 명당 터, 소나무 세 그루가 있는 최고의 운치, 이민 가기 때문에 주인 직접 급급매!'란 내용의 토지매물이 하나 보이기 시작했습니다. 당연히 오여사의 작품이었습니다.

이년 후 남편이랑 충주로 여행을 갔던 오 여사는 자신이 샀다 판 땅이 궁금해 일부러 찾아가 보았습니다. 소나무 세 그루가 있는 부지에 아름다운 펜션이 들어서 있었습니다. 오 여사가 평생 마음속에 그린 바로 그 집이 떡하니 버티고 있었습니다. 그림같이 변한 땅을 보자 소중한 물건을 도둑맞은 것처럼 속이 많이 상해왔습니다.

손님맞이로 분주하게 움직이던 주인 남자는 오 여사를 알아보고 반갑게 인사했습니다. 소나무 아래 야외 테이블로 안내하고 음료수를 내왔습니다. 내려다보이는 호수는 말 그대로 한 폭의 수채화였습니다. 오자연 여사는 이민 가기 때문에 땅을 판다고 거짓말했던 것이 맘에 걸려 그 말부터 꺼냈습니다.

"실은 이민을 못 하고…"

말을 다 끝내기도 전에 주인 남자는 다 안다는 식으로 말 중간을 뭉텅 잘라내고 자기 말을 했습니다.

"이 땅에 안 좋은 소문이 있다는 건 전부터 알았어요. 사모님이야 맘 켕겼겠지만 전 뭐… 따지고 보면 사연 없는 땅이 어디 있겠어요. 석기시대부터 사람 살았던 동넨데 그 많은 시간 동안 사람이 태어나기도 하고 죽기도 하고 무덤이었다 집이었다 뭐 그랬겠죠."
사람 죽은 땅이란 것이 오 여사 본인에게는 매우 심각했는데 펜션 남자는 "뭐 그까짓 것 같고" 정도의 반응이었습니다.
"땅들도 사람처럼 저마다 가슴에 사연을 간직하고 있지. 사연을 이해하는 사람을 만나면 행복할 것이고 그것을 소화하지 못하는 사람을 만나면 결국 갈등이 되고 헤어지고 뭐 그런 거 아니겠니. 그래서 임자가 따로 있는 거야! 사람도 땅도 임자 잘 만나야지!"
시집도 안 간 친구 명화씨가 그런 말을 할 때, 땅 애기를 하는 것인지 자신 애기를 하는 것인지 잠깐 헷갈린 적이 있었는데, 펜션 남자와 헤어져 나오면서 명화가 했던 말이 새삼 떠올랐습니다.
나오는 길에 땅의 숨은 사연을 애기해준 슈퍼 앞을 지나게 돼 껌이나 하나 사야겠다는 맘으로 들렀습니다. 슈퍼 여자는 오 여사를 못 알아봤습니다. 아는 체를 할까봐 잠깐 고민하다 그냥 주전부리 몇 가지를 고르고 있는데 여자는 수다스럽게 말을 걸어왔습니다.
"여행 오셨어요? 요 뒤 펜션 소개해 드려요? 정말 좋은데…"
오 여사는 짐짓 모르는 체하며 슈퍼여자의 말을 받았습니다.
"정말 예쁘네요. 저런 땅 있으면 하나 소개해줘요. 집 짓고 살게…"
"저런 땅은 아무나 주인이 되나요. 좋은 땅은 주인이 다 따로 있어요. 이 태전에 웬 서울 여자가 저 땅을 샀다며 왔길래 내가 안 좋은 소릴했더만 바로 홀라당 팔더라구요. 그 전에도 서울 사람이 샀는데 안 좋은 소문 듣고 그 서울 여자한테 팔았고… 그걸 우리 조카가 아주 싸게 사서 들어와 저렇게 가꿔놨어요."
'아주 싸게'란 말에 유독 힘을 줘 말하는 슈퍼여자를 흘기듯 쳐다보며 그 서울여자가 바로 나라고 밝힐 틈도 안 주고, 슈퍼여자의 눈치 없고 두서없는 수다가 이어졌습니다.
"실은 땅이 너무 탐나 내가 살까 하다 장가도 못 가고 혼자 사는 조카한테 양보했죠. 소나무 밑에서 농약 먹고 사람 하나 죽은 게 뭐 대수라고… 따지고 보면 그런 사연 하나 없는 땅 어디 있어요? 서울 사람들 참 바보예요. 약은 체는 다 하지만… 호호"
오 여사는 "하나는 소나무에 목매고 하나는 농약 먹고 합이 두 사람이 죽었다"고 했던 슈퍼여자의 말을 똑똑히 분명하게 기억하고 있었습니다.
그녀는 표정관리가 안 돼 얼굴이 벌겋게 상기된 채 슈퍼 문을 열고 나와 차를 타며 자신도 모르게 남편한테 소리를 냅다 질렀습니다.

"빨리 서울로 가요!"
그리고 혼잣말로 한마디 덧붙였습니다.
"시골 놈들 참 만만찮아…"

DEVELOPEMENT

"좋은 땅은 없고 만들어 진다"

마당에 파란 잔디가 깔린 그림 같은 집, 멀리 강이 보이고 마당 끝으로 사철 맑은 계곡이 흐르는 곳, 아름다운 정원의 화단에는 야생화가 피고, 잘 정돈된 텃밭에는 상추와 고추가 자라고 토마토가 익어 가는 집, 거기에 자식들이 찾아오기 편하게 교통도 좋고, 도시에서 가까워 생활도 편한 곳, 누구나 꿈 꾸는 그림이지만 그만한 땅과 집을 찾기란 쉽지 않다. 그래서 그런 땅 찾아 삼만리를 한다. 하지만, 그림같이 아름다운 땅과 집은 원래 있었던 것이 아니고 만들어진 것들이 대부분이다. 주인이 살면서 쓸고 닦고 가꾸어 놓은 땅이고 집이다. 좋은 땅과 집은 있는 것이 아니라 만들어진다.

목적이 선명해야 좋은 전원주택지 선택

A씨는 건강이 좋지 않아 병원에서 수술을 받았다. 담당의사는 공기 좋은 곳에서 휴식을 취할 것을 권했다. 그렇잖아도 전원주택에 관심이 많았기 때문에 도시 아파트를 팔고 전원주택을 지어 이사를 했다.

그런데 얼마 못 가 터를 잘못 잡은 것에 대해 알았고 결국은 다른 곳으로 이사를 했다. 공 들여 짓고 정성으로 가꾼 전원주택을 급하게 처분해야 했기 때문에 손해도 봤다.

A씨가 전원주택을 택한 이유는 물 좋고 공기 좋은 곳에서 조용하게 휴식을 취할 생각에서였다. 그래서 경관 좋은 곳을 우선적으로 보고 터를 잡았는데 그곳이 등산로 입구였다. 주변 경관이 아름답고 집 앞이 바로 등산로라 산에도 자주 갈 수 있겠다는 생각에 자리를 정했다.

하지만, 이사하고 얼마 되지 않아 그 생각이 잘 못 됐다는 것을 깨달았다. 등산객들이 많이 오는 토요일 일요일만 되면 스트레스를 받는다. 마당까지 들어와 이것저것 만져보고 가는 등산객들은 그렇다 쳐도 차를 마당에 세우고 산에 올라가겠다며 들어오는 사람도 있고, 화장실 빌려 쓰려는 사람, 물 얻으러 오는 사람 등이 수시로 들른다.

게다가 가끔은 관광버스를 대절해 단체 등산객들도 온다. 이들 중에는 야유회 성격이 많아 버스 한 대에서 사람들이 내리면 산에 올라가는 사람도 있지만, 등산은 뒷전이고 계곡에 자리를 잡고 술타령을 한다. 흥이 오르면 손뼉을 치고 노래도 부른다.

그래서 등산객들이 많이 오는 날에는 새벽부터 신경이 곤두선다. 차가 들어와 주차하지 못하도록 마당 입구를 막는 일부터 사주경계를 하는 것이 주말생활이었다.

터를 잡을 때 목적을 분명히 하지 않아 실수를 했다. 조용히 휴식을 취할 전원주택을 짓는 것이 목적이었는데, 경관이 좋다는 이유만으로 등산로 입구에 터를 잡다보니 휴식을 취하며 살기에는 아주 불편한 집이 됐다. 이런 곳은 주택보다 펜션을 하거나 전원카페를 하기에 최고의 자리다. 전원주택용이라면 얼마나 살기 좋은 곳인지를 고려해야 한다. 교통여건도 봐야 하고 병원이나 시장 등과의 거리도 봐야 하는 것은 당연하다.

전원주택은 겉으로 드러나 보여지는 건축물 그 자체보다, 생활에 필요한 요소들이 더 중요하다.
땅 속에 숨어 있는 오폐수관로나 상하수도, 정화조는 물론 전기 및 통신 등의 기반시설이 잘 돼 있어야 생활하기 편하고 결국 살기 좋은 집이 된다.

땅을 어떤 용도로 쓸 것인가에 대한 현미경적 분석이 필요하다. 무엇을 하며 살 터전인가를 생각해야 한다. 휴식을 취할 전원주택인지 펜션으로 활용할 것인지 아니면 농사지을 땅인지 등, 목적이 분명해야 좋은 땅을 구할 수 있다.

040

택리지에서 배우는 살기 좋은 터 잡기

편안하게 살 수 있는 살기 좋은 곳이 명당이다. 도로와 물길, 산의 모양, 들판의 형세 등이 온화하고 마음을 평안하게 해주면 왠지 모르게 정이 간다. 돌아다니다 이렇게 평화로운 마을을 만나면 눌러살고 싶어진다.

풍수지리에서도 산세와 물길, 들판 등의 위치와 모양을 따져 좋은 터인지를 가려낸다. 굳이 풍수지리 이론을 들먹이지 않더라도 경험치로 보았을 때 살기 좋은 전원주택지를 꼽으라면 안전한 곳을 우선으로 치고 싶다. 여름에 물로 인한 재해가 없어야 하고 겨울나기에 불편함이 없는 곳이 가장 좋은 전원주택지다. 걱정 없이 편안하게 살 수 있는 곳이다.

경치만 본다면 계곡이나 강변이 최고일 수 있지만, 태풍과 홍수로 인한 재해를 걱정해야 한다. 응달지고 추운 곳이라면 여름엔 시원할지 몰라도 겨울나기는 힘들다. 연료비 부담도 크다. 전망만 생각해 언덕에 자리를 잡고 있다면, 겨울철 도로가 빙판이 되어 활동하기 힘들고 사고 위험도 크다.

조선시대 베스트셀러인 택리지에는 북두칠성을 볼 수 없는 곳에 터를 잡으면 살기 힘들다고 했다. 밤에 북두칠성이 보이지 않을 정도로 산들이 주변을 가로막고 있는 좁은 터에서는 하루 중 해를 보는 시간도 얼마 되지 않을 것이다. 결국 살기 좋은 터가 못 된다.

의학적으로도 햇볕이 건강에 좋다는 연구결과는 많다. 아침 햇살은 기를 북돋워 인간의 건강은 물론 식물이 자라는 데 필수적이다. 햇살이 잘 드는 따뜻한 터가 건강에도 좋고, 연료비도 아낄 수 있는 살기 좋은 곳이다.

그래서 택리지에서 좋은 집터의 첫째 조건으로 지리를 꼽았다. 지리를 볼 때는 수구(水口)를 우선 보고 들판의 형세, 산의 모양, 흙의 빛깔 등을 보라고 했다. 수구가 닫혀 있는 곳이 좋지만, 산간 마을처럼 수구만 닫히고 들판이 없으면 좋지 않다고 했다. 종합해 보면 '재해 없이 안전하게 살 수 있는 땅이 집터로 최고'라 정리할 수 있다. 물이 좋은 곳이라야 하는데 토질이 사토로 굵고 촘촘하면 물이 맑고 차다고 했다. 진흙이나 찰흙, 검은 자갈로 된 토질보다 훨씬 좋은 것이 사토다.

두 번째로 생리(生利)를 들었다. 아무리 좋은 지리라 하더라도 먹고 살 것이 없으면 소용없다. 할 수 있는 일이 있는 곳, 일을 통해 이익을 낼 수 있고, 먹고 살기에 문제가 없는 곳이라야 오래 살 수 있는 좋은 터다.

셋째로 든 것은 인심이다. 좋은 사람들이 모여 사는 곳에 터를 잡고 살아야 편히 살 수 있다. 이웃이 좋아야 한다는 말이다. 마을마다 인심이 다르다. 터를 잡기 전에 충분히 살펴볼 일이다.

넷째는 산수(山水)다. 가까운 곳에 산책하면서 즐길 수 있는 아름다운 경치가 있는 땅이 좋다.

조선의 베스트셀러인 택리지에서 집터를 고를 때 주의 깊게 볼 것으로 든 네 가지 내용은, 지금 전원생활 터를 고를 때도 필수 검토사항이다.

하지만, 요즘 전원주택지를 고르는 사람들을 보면 이 네 가지 중 산수에 집착하는 경향이 크다. 터를 잡을 때 경관부터 본다. 경관 좋은 곳이 살기도 편할 것이란 착각을 하지만 그렇지 않다. 불편함을 감수하면서까지 경치 좋은 곳을 고집하다 보면 살기 편한 터를 놓칠 수 있다.

옛사람들은 햇살이 잘 들고 살기 편한 곳에 살림집을 짓고 살며, 경관 좋은 곳에는 정자를 지어놓고 날씨 좋은 날을 택해 산책하듯 다녔다. 요즘엔 정자 지을 자리에 전원주택을 짓겠다며 땅을 찾는 사람들이 참 많다.

꽃사과
봄, 4~5월, 흰색 등

사과나무 잎보다 연한 녹색의 잎에서는 광택이 나며 흰색이나 연홍색 꽃은 한 눈에서 6~10개 핀다. 열매는 사과보다 작다.

041

전원주택지 고르기 '신언서판身言書判'

'신언서판(身言書判)'이란 말이 있다. 중국 당나라 때 관리를 등용할 때 사람을 판단하는 기준으로 삼았던 것인데 우리 선조들에게도 인물 판단의 기준이 됐다.

신(身)은 용모를 뜻하는 것으로, 사람을 대할 때 신분이 어떻든 재주가 있든 없든 용모가 발라야 정당한 평가를 받을 수 있다는 것이다.

언(言)은 말솜씨다. 아무리 뜻이 깊고 아는 것이 많아도 이를 전달하는 말에 조리가 없고 분명하지 못하면 좋은 평가를 받기 어려웠다. 조리 있는 말솜씨가 필요했다.

서(書)는 글씨다. 사람의 인격을 대변한다고 하여 매우 중요시했다. 그래서 인물을 평가하는데 글씨는 매우 큰 비중을 차지했고 아름다운 글씨를 가진 사람을 높게 평가했다.

판(判)은 판단력을 이르는 말이다. 사람이 아무리 용모와 말솜씨가 좋고, 글씨에 능해도 사물의 이치를 깨닫고 판단하는 능력이 없다면 소용이 없다.

땅을 구할 때도 신언서판이 필요할 것 같다.

첫째, 신은 땅의 모습이다. 땅이 어떻게 생겼는지를 우선 봐야 한다. 모양이 네모인지 세모인지, 경관은 어떤지도 중요하다. 토질도 봐야 하는 데 특히 집터라면 배수와 관련이 있고, 농사를 짓는다면 어떤 작물에 맞는지를 알아봐야 한다.

둘째, 언은 주변 사람들에게서 듣는 말이다. 주변 사람들, 특히 이웃들로부터 그 땅에 관한 이야기를 들어보는 것이 좋다. 지역에서 오래 살았던 사람들은 그 터가 어떤지를 안다. 겨울에 추운지, 여름에 더운지, 어떤 재해에 취약한지 등을 들을 수 있다. 물은 얻을 수 있는지 주변에 위해요인은 없는지 등에 대해 주변 사람들의 말을 들어보면 대충 알 수 있다.

셋째, 서는 각종 관련된 서류다. 토지 및 건축과 관련된 서류를 확인해 보아야 한다. 토지대장, 등기부등본, 지적도, 토지이용계획확인서, 건축물대장 등을 챙겨보아야 한다. 어느 것 하나 소홀할 수 없다.

넷째, 판은 스스로의 판단이다. 아무리 서류를 챙겨보고 주변 사람들의 말을 들어보아도 결국 스스

집터를 찾을 때 산수에 집착하는 경향이 크다. 경관부터 보게 되고 경관 좋은 곳이 살기도 좋겠다는 착각을 하지만 오히려 불편하다. 불편함을 감수하면서까지 경치 좋은 곳을 고집하다보면 살기 편한 터를 놓칠 수 있다.

로 판단해 결정해야 한다. 간혹 주변 사람들의 엉터리 정보를 믿고 판단을 내리는 경우가 많은데 정확히 판단해야 한다. 주변 사람들의 얘기는 참고할 내용이지 실제 판단은 스스로 해야 한다. 사용하는 목적에 맞는 땅인지, 가격은 적당한지, 인허가에는 문제가 없는지 등에 대해 냉정한 판단이 필요하다.

042

좋은 전원주택 부지 만들기

전원주택지를 선택할 때는 저습지, 매립지, 부식토질 등은 피해야 하고 일조와 통풍이 잘되는 곳이 좋다. 지형적으로 북쪽이나 북서쪽으로 야트막한 야산이 있고, 남쪽으로 트인 남향의 부지로, 배수가 잘되는 곳이 좋은 택지다.

모양은 네모꼴로 남북으로 긴 장방형 대지가 동서로 긴 대지보다 좋다. 북쪽에 건축물을 배치하고 남쪽에 장방형 마당, 정원을 만들 수 있기 때문이다. 전원주택의 경우 부지의 크기가 500~990㎡ 정도면 적당하다.

집을 지으려면 인허가를 거쳐야 한다. 토지의 경우 지목이 대지로 돼 있을 때 별도의 인허가가 필요 없다. 분양하는 전원주택단지와 같이 택지개발이 된 곳도 대부분 따로 인허가를 받을 필요는 없다. 대신 농지(전, 답, 과수원)나 산지(임야)인 경우에는 인허가 절차가 필요하다. 개발행위허가와 농지는 농지전용허가, 산지는 산지전용허가를 받아야 한다. 이런 허가를 쉽게 받을 수 있는 땅은 '국토의 계획 및 이용에 관한 법률'에서 정한 용도지역 구분이 '관리지역'인 곳이다.

건축물 관련한 허가나 신고도 필요하다. 도시지역이 아닌 관리지역, 농림지역, 자연환경보전지역 안에서 연면적 200㎡ 미만, 3층 미만의 주택(제2종 지구단위 계획구역 안에서의 건축물은 제외)은 허가 없이 건축신고로 집을 지을 수 있다.

이렇게 토지, 건축에 대한 인허가를 마쳤다면 부지를 정리하고 필요한 기반공사를 해야 한다. 기반공사에서 중요한 것은 도로를 포장하고 물을 끌어오는 것이다. 상수도를 사용할 수 있다면 좋겠지만 그렇지 않은 곳에서는 지하수를 개발해야 한다. 얼마 깊이에서 물을 얻을 수 있는가에 따라 비용이 달라진다.

전기도 끌어와야 한다. 200m 이내(전신주 4개가 서는 거리)의 거리에서 전기를 끌어올 수 있다면 비용이 안 들지만 그 이상일 때는 비용이 발생한다. 전화선과 인터넷도 설치해야 한다. 집을 다 짓고 난 후 할 수도 있지만, 미리 염두에 두어야 나중에 문제가 생기지 않는다.

043

전원주택지, 겨울에 찾아야 하는 이유

A씨는 친구의 고향으로 휴가를 갔다. 강변에서 피서하며 며칠 쉬다 보니 동네가 무척 마음에 들었다. 은퇴한 후 이곳에 집 짓고 살면 좋겠다는 생각에 앞뒤 잴 것도 없이 계곡 안쪽에 마음에 드는 땅을 하나 샀다. 하지만 겨울에 자신이 사놓은 땅을 가보고는 후회를 했다. 여름에는 그렇게 아름답고 시원하던 땅이 겨울에 다시 찾았을 때는 정반대로 변해있었다. 우거졌던 나무들이 낙엽지고 앙상해지자 땅의 본모습이 드러났는데 너무 볼품이 없었다. 특히 여름에는 시원했지만, 겨울에는 다른 곳보다 바람이 거세고 응달진 곳이라 볕도 잘 들지 않았다. 추워 오래 머물 수도 없었다. A씨는 자신이 산 땅이 피서지로 좋을지는 몰라도 살기에는 적당하지 않다는 것을 깨달았다.

전원주택을 짓겠다며 터를 찾는 사람들은 보통 봄과 가을에 현장답사를 많이 한다. 새싹들로 땅들이 새로운 모습으로 변하는 것을 보는 재미도 좋고, 가을엔 오색의 단풍들로 마음을 들뜨게 한다. 경치도 감상하고 전원주택지도 찾으면 좋겠다는 생각에 집을 나선다.

하지만 집터를 고를 때는 겨울에 현장답사를 해야 속지 않는다. 꽃과 수풀, 단풍이 우거져 있는 계절에는 땅 그 자체보다 주변 경관에 취할 수 있다. 취한 상태에서는 모든 땅이 아름답다. 그렇게 경관에 속아 덜컥 산 후 후회하는 사람들이 많다. 겨울에는 화장기를 지운 민얼굴의 땅을 볼 수 있다. 땅이 어떻게 생겼는지, 토질은 어떤지, 햇볕은 잘 드는지 등을 정확히 볼 수 있다. 특히 도심 밖에 있는 전원주택은 겨울에 살기 좋아야 한다. 도시보다 겨울이 길기 때문에 동파 등 관리할 것들도 많고 난방비도 많이 든다. 집터를 잘 못 선택하면 살기 불편하다. 특히 겨울나기가 힘들어질 수 있다. 겨울을 따뜻하게 보낼 수 있는 부지가 좋다. 그래서 전원주택지는 겨울에 찾아야 올바른 판단을 내릴 수 있다.

풍수지리 측면에서도 땅은 겨울에 고르는 것이 좋다. 같은 지역에서도 잘 얼지 않는 땅이 있고 눈이 와도 금방 녹는 곳이 있다. 이렇게 겨울에 눈이 잘 녹는 곳, 온기 있는 따뜻한 땅이 살기 좋은 명당이며 풍수지리에서 좋은 집터로 꼽는다. 응달진 곳보다 양지가 좋고 찬바람이 덜한 곳에 집을 지어야 살기 좋고 건강에 좋으며 관리도 편하다. 한마디로 명당은 겨울에 찾는 것이 좋다는 얘기다.

좋아질 수 있는 땅이 좋은 땅

언덕 위에 남향으로 집을 짓고 정원 가득 들꽃을 심고 싶다. 마당 끝으로 맑은 계곡이 흘러 그 물소리에 취해 살고 싶다. 발도 담그고 땀도 씻고 때론 친구들과 삼겹살 파티도 하며 늙고 싶다. 도시 사람들의 로망이다. 그래서 그런 땅을 찾아 나선다. 하지만 쉽지 않다. 그린 듯이, 꿈을 꾸듯 살만한 땅은 없다. 내가 알고 있는 그려놓은 듯 아름다운 곳의 사연을 들어보면 다 그만한 대가를 치렀든가 수고로움이 따른 땅이다.

전원생활을 목적으로 땅을 찾는 사람들은 현재 모습만 보고 선택을 하려 든다. 선택의 조건으로 드는 것들도 대부분 현재의 모습에 대한 것들이다. 하지만, 땅을 선택할 때 지금 현재의 모습, 당장 모양새만 보고 선택하면 후회할 수 있다. 때로는 모양만 그럴듯하지 실제로는 목적한 대로 사용할 수 없는 땅을 구입해 실패하는 경우도 많다.

전원생활을 위해 시골 땅을 찾는다면 현재의 모습보다 앞으로 어떻게 변할 수 있을 것인가에 대한 판단이 중요하다. 다시 말해 "그 땅을 앞으로 어떻게 변화시킬 수 있을까?"를 생각해 보아야 한다는 것이다. 인허가를 받아 내가 필요한 대로 사용할 수 있는가도 확인해보아야 하고 공사도 해야 한다. 내가 찾는 좋은 땅은 애초부터 있는 것이 아니라 내가 만드는 것이다. 특히 전원생활 용도로 선택하는 땅, 전원주택지는 더욱 그렇다. 원래부터 좋은 땅도 있지만, 그런 땅은 이미 주인이 있어 내 것으로 만들 수 없다. 내 것으로 만들려면 톡톡한 대가를 치러야 한다. 그래서 원래부터 좋은 땅을 찾기보다는 좋아질 수 있는 땅, 좋게 만들 수 있는 땅을 찾는 것이 전원생활을 위한 땅 찾기의 노하우다. 몇 년을 두고 가꾸었을 때 어떻게 변할 것인가를 생각해 보아야 한다.

그렇게 좋은 땅을 만드는 과정이 전원생활의 가장 큰 재미다. 그 여정이 바로 삶의 질을 높여 사는 전원생활의 방법이고, 시골에서 잘할 수 있는 일을 찾는 길이기도 하다. 좋아진 결과물이 바로 짭짤한 재테크가 된다.

우리가 시골길을 다니면서 흔히 만나는 문전옥답이나 아는 이의 아름다운 전원주택이나 정원들은 대부분 초라했던 과거를 갖고 있다. 돌밭이었거나 구릉이나 습지일 수도, 비탈이었을 수도 있는 땅 살기 좋은 마을의 문전옥답이나 아는 이의 아름다운 전원주택과 정원은 대부분 초라했던 과거를 갖고 있다.
돌밭이었거나 구릉이나 습지일 수도, 비탈이었을 수도 있는 땅을 살면서 가꾸어 놓은 결과물이 현재의 아름다움이다.
가꾸어 좋아질 수 있는 땅이 좋은 땅이다.

을 살면서 가꾸어 놓은 결과물이다.

현재 모습에만 취하면 놓치는 것들이 많다. 초라하지만 가꾸고 다듬으면 좋아지는 것이 땅이다. 좋아질 수 있는 땅이 결국은 좋은 땅이다.

"전원주택지는 좋아하는 액세서리라야…"

전원주택지는 내가 좋아하는 액세서리라야 한다. 액세서리도 여러 가지가 있다. 처음 구입할 때는 별로였는데 볼수록 정이 가는 것이 있는가 하면, 처음 '혹'해서 구입했다가 금방 싫증이 나는 것도 있다. 남들 눈에는 별 볼일 없지만, 자신에게는 억만금을 줘도 바꾸지 않을 정도로 마음을 뺏기는 것도 있고, 다른 사람들은 좋아하는 것이지만, 자신의 취향에 맞지 않는 것도 많다.

겉으로 보았을 때는 좀 아니다 싶지만 정성으로 닦아 놓으면 광이 나기도 하고, 그렇게 애지중지 보살피다 보면 남들이 탐을 내 비싸게 흥정을 걸어오기도 한다. 그러다 상황에 따라서는 다른 사람에게 팔 수도 있는데, 임자 잘 만나면 주변의 비슷한 물건에 비해 몇 배의 가치를 인정받을 수도 있다. 물론 두고두고 가보로 후손들이 물려가며 간직할 수도 있다.

자기 취향과는 다르게 유행에 따라 액세서리를 구입했다면 유행이 끝나면 쓸모가 없어진다. 금방 싫증을 느껴 얼마 못 가 쓰레기통에 버리든가 아니면 헐값에 파는 수밖에 없다.

투기 대상으로만 여겨지던 땅이 요즘엔 액세서리처럼 되고 있다. 그런 땅을 찾는 사람들은 전원주택 실수요자들이고 전원생활을 원하는 사람들이다.

액세서리 하나 지니고 싶어 땅을 찾아 나서는 사람도 늘고 있다. 국민소득이 높아져 경제적으로나 시간적으로 여유가 생기고 삶의 질에 대한 관심이 높아지면, 땅을 액세서리처럼 간직하고 즐기려는 사람들이 점점 많아질 것이다.

전원주택지로 생각한다면 내가 좋아하는 액세서리 같은 땅을 사든가, 액세서리가 될 수 있는 땅을 사야 한다. 내 마음에 드는 액세서리라야 정성들여 닦게 되고 그렇게 하는 것이 큰 재미다. 그렇게 재미있게 한 일이 결국 액세서리의 가치를 올리게 된다. 보석이 되고 가보가 된다. 액세서리를 보석으로 만드는 것은 본인 하기 나름이고, 쓸고 닦는 등 스스로 가꾸는 것이 최고의 방법이다.

전원주택지를 찾는 사람들은 하나같이 그림 같은 땅을 원한다. 뒤에는 산, 앞에는 강이 흐르는, 집 옆으로 계곡이 하나쯤 있는 언덕 위의 그린 듯 한 곳을 찾는다. 이런 땅을 찾는 것은 하늘의 별따기만큼 어렵다. 원래 생긴 것이 그렇게 환상적인 땅이 있기도 하겠지만, 그런 땅은 주인이 있든가 아

전원주택지로 생각해 땅을 구입한다면 내가 좋아하는 액세서리 같은 땅을 사든가 엑세서리가 될 수 있는 땅을 사야한다.

니면 비싼 값을 치러야 내 것으로 만들 수 있다.

대부분의 사람들은 현재 아름다운 곳이 과거에도 그랬을 것이라고 여긴다. 과거에 볼품없는 땅이 었다는 사실은 모르고 있고 생각하려고도 하지 않는다. 볼품없던 땅을 좋아하는 액세서리 다루듯 만지고 닦고 보관해 아름다운 보석이 되었다는 사실을 사람들은 잘 모른다.

내 땅 가치 있게 가꾸는 몇 가지 방법

땅도 가꾸기 나름이다. 대규모 부동산 개발은 아니지만 개인이 갖고 있는 작은 땅도 개발하려는 마음을 갖고 있어야 가치를 올릴 수 있다.

특히 시골 땅을 구입해 전원주택을 짓고 산다면 자기 땅에 대한 나름대로의 개발계획을 갖고 있어야 한다. 그래야 나중에 수익낼 수 있는 기회도 온다. 전원생활을 하며 땅의 가치도 높이고 땅을 이용해 돈을 벌 수 있다면 더 없이 좋을 것이다.

시골 땅은 가꾼 만큼 가치가 올라간다. 원래 좋은 땅은 없고 만들어진다. 볼품없던 땅도 잘만 가꾸면 몇 배의 가치를 만들어 낼 수 있다. 가꿀 때는 무턱대고 좋게만 하는 것보다 몇 가지 염두에 둘 것이 있다.

첫째는 반드시 주제가 있어야 하고 스스로 가꿀 수 있는 방법을 찾아야 한다. 매실이나 야생화, 허

전원주택을 지을 때는 집 자체에 많은 신경을 쓴다. 하지만 집을 죽이고 땅은 살리는 것이 좋다. 집은 되도록 작게 하고 대신 텃밭이나 정원 등에 신경을 쓰면 땅의 가치를 올릴 수 있다. 집은 짓는 순간부터 비용이 발생하지만 땅은 가꾸는 만큼 이익이 난다.

브 등 테마로 성공한 예는 많다. 주제가 선명하면 땅값은 올라가고 테마는 결국 수익이 된다. 그 땅에서 할 수 있는 것은 무엇인지, 무엇을 하면 가장 잘 할 수 있고 어울릴 것인가를 찾아내야 한다. 그것을 남들에게 시켜서 하면 당연히 비용이 발생하겠지만 스스로 할 수 있다면 부가가치가 높을 것이다. 스스로 할 수 있는 것을 찾아야 한다.

두 번째는 '욕심은 금물'이란 점을 명심해야 한다. 시골 땅을 사 집짓고 사는 사람 중에는 가만히 있어 망하는 것보다 무엇을 하겠다며 욕심내 덤벼들었다 힘들어지는 경우가 더 많다. 의욕만으로 달려들지만 막상 일을 벌려놓고 감당이 안 돼 힘들어 한다. 정원이나 텃밭도 시작할 때는 크게 욕심내지만 막상 가꾸어보면 생각과 다르다. 자신 없고 계획이 정확하지 않으면 욕심 부리지 말고 가만히 있는 것이 상책이다. 스스로 할 수 있는 만큼만 욕심을 내야 한다.

셋째는 땅은 살리고 집은 죽여야 한다. 대부분 집에 많은 신경을 쓰는 경향이 있다. 집은 되도록 작게 하고 대신 텃밭이나 정원 등에 신경을 쓰면 땅의 가치를 올릴 수 있다. 집은 짓는 순간부터 비용이 발생하지만 땅은 가꾸는 만큼 이익이 난다.

넷째는 팔 때를 생각하라는 것이다. 살다 보면 여러 가지 이유로 집이나 땅을 팔아야 할 때가 있다. 도시 근교나 땅값이 비싼 곳, 환경이 좋은 곳에 좋은 집을 짓는다면 쉽게 팔 수 있겠지만, 그렇지 않는 곳에서 고급주택을 지었다면 힘들 것이다. 시장에 수요는 없는데 혼자만의 고집으로 집을 지었다면 또한 힘들 것이다. 필요할 때 쉽게 팔 수 있는 땅과 집을 계획하는 것이 좋다.

047

모자란 땅 보완하는 것이 재테크의 기본

시골에 보유한 토지가 있다면, 문제되는 부분을 찾아 확인한 후 미리 해결해 두면 이용하기 편리함은 물론이고 몸값을 올릴 수 있다. 가장 먼저 해야 할 것은 공부상 검토다. 토지의 등기부등본을 발급받아 제대로 등기돼 있는지, 면적은 맞는지, 근저당이나 가등기와 같이 권리관계에 문제가 없는지를 살펴야 한다.

당연히 자신의 토지, 부모님의 토지라 생각해 이용하고 있어도 등기가 안 돼 있거나 다른 사람 앞으로 돼 있는 황당한 경우도 있다. 이런 경우 그 이유를 알아야 한다. 근본적으로 개인 앞으로 등기할 수 없는 토지(문중 토지 등)라면 할 수 없지만, 그렇지 않다면 우선 방법을 찾아 등기해야 내 재산이 된다.

지적도도 확인해봐야 한다. 지적도상 땅 모양과 현황이 다른 경우도 많다. 이때는 측량을 통해 경계를 바로 잡아 두는 것이 좋다. 오래되면 자신의 땅을 찾아오기 힘들어질 수도 있고 다툼이 생길 수도 있다. 특히 지적도의 도로와 현황도로가 맞지 않은 경우가 많고, 땅 일부가 하천이나 계곡 등으로 유실돼 실제 사용할 수 있는 토지는 얼마 남아 있지 않은 경우도 있다.

땅의 모양이 세모꼴이거나 반듯하지 않다면 사각형에 가까운 모양으로 만들어 두는 것이 좋다. 인접토지의 주인과 협의해 교환이나 매입 등을 통해 땅의 모양을 반듯하게, 쓸모 있는 땅의 모양을 만들 수 있다. 꺼진 부분은 복토를 하고 물길이 있다면 잘 다듬어 토지가 쓸려가는 것도 방지해야 한다.

매각을 원한다면 잡목을 제거하거나 간단한 복토와 절개 등을 한 후 매각하면 훨씬 높은 가격을 받을 수 있다. 원래 상태에서 토지를 매각하는 것보다 손을 보아 매각하는 것이 유리다. 좀 더 적극적이라면 아예 개발하여 판매할 수도 있다.

주의할 것은 토지의 형질을 변경할 때는 목적과 개발의 정도에 따라 허가를 받아야 한다는 것이다. 특히 산지의 경우에는 잘 못 손을 댔다가는 큰 문제가 될 수 있다. 사전에 해당 관청에 문의해 인허가 사항을 알아보아야 한다.

길이 없는 토지(맹지)는 길을 확보하는데 신경 써야 한다. 길에 따라 토지가격은 몇 배의 차이가 난다. 길을 확보하는 것만으로도 토지의 재테크 효과는 커진다. 하천이나 구거를 건너야 할 경우 다리를 놓으면 땅의 가치는 몇 배 올라갈 수 있다. 물론 개인이 다리를 놓아야 한다면 그 비용이 만만치 않다.

토지를 편리하게 이용하기 위해서는 물도 필요하고 전기도 필요하다. 이런 것들이 준비돼 있어 편리하게 이용할 수 있는 땅이라면 가치는 달라진다. 시간을 갖고 미리미리 준비하고 해결하는 것이 재테크의 방법이다.

조팝나무
봄, 4~5월, 흰색

높이 1.5~2m로 꽃핀 모양이 튀긴 좁쌀을 붙인 것처럼 보이므로 조팝나무(조밥나무)라고 한다.

맹지에 도로 만드는 방법

도로가 없는 땅을 '맹지'라고 한다. 눈이 없는 땅이란 말로 도로는 그만큼 중요하다. 도로가 없으면 진입은 물론 개발을 위한 인허가를 받을 수 없다. 도로는 지적과 현황에 모두 있어야 하고 공용이거나 내 소유라야 한다.

지목은 도로인데 현황에서는 없는 도로도 있고, 지목에는 없는데 현황에 있는 도로도 있다. 지적에 도로가 현황에 없을 때는 도로로 복구할 수 있는지 살펴봐야 한다. 하천 등으로 유실된 경우도 많다. 지적에 없는 도로가 현황에 있을 때나 개인 소유인 도로면 인허가 관청과 협의를 해보아야 한다. 현황도로나 다른 사람 소유의 도로로 허가를 받을 수도 있다. 그러나 쉽지는 않다.

맹지에 도로를 만드는 방법은 △도로에 해당하는 토지를 사용하는 방법 △도로에 해당하는 토지주로부터 토지사용승낙서를 받는 방법 등이 있고 △다른 사람의 도로일 경우에는 도로사용승낙서를 받는 방법이 있다.

도로에 해당하는 토지를 매입해 도로를 만들면 간단하다. 하지만 토지주가 쉽게 토지를 팔지 않는다. 턱없는 가격을 요구하거나 필요도 없는 토지까지 매입하라고 요구하기도 한다.

도로에 해당하는 토지주로부터 토지를 빌려서 도로를 사용할 수도 있다. '토지사용승낙서'를 받은 후 인감도장 날인 및 인감증명서를 첨부하면 된다. 토지주가 쉽게 승낙서를 써 주지 않기 때문에 무엇인가 대가를 지불해야 한다. 사용승낙서를 받았다 하여 도로가 되는 것은 아니다. 도로로 전용허가를 받아야 한다. 하천이나 구거 등이 있을 때는 하천점용허가, 구거점용허가 등을 받아야 한다.

도로는 있는데 소유가 개인인 다른 사람 소유인 경우에는, 지목이 '도로'로 돼 있다면 도로 주인이라고 해도 통행을 막을 수는 없다. 하지만, 인허가를 위해서는 일반적으로 도로 주인의 '도로사용승낙서'를 받아야 한다. 100% 내 것이 아닌 공유로 돼 있는 도로인 경우 지분이 조금이라도 있다면 내 도로와 똑같이 생각하면 된다.

"싼 땅은 다 이유가 있어요"

※ 이 이야기는 땅 구하는 초보자들에게 도움이 될 수 있는 내용으로 저자가 지어낸 것입니다.

서울에서 태어나 오십이 훌쩍 넘도록 서울에서만 살아온 도시만씨의 꿈은 전원생활입니다. 도시생활에 익숙할 만도 한데 늘 꿈꾸는 것은 도시를 떠나 사는 것이었습니다. 그래서 직장생활을 하면서도 지방에 있는 지사 발령을 원했지만 늘 본사에서 근무했고 중요한 부서만 돌았습니다. 그 덕분에 남들보다 빨리 부장이 되고 이사가 되어 소위 출세를 했지만, 그렇게 바빠 살면 살수록 전원생활은 더욱 동경의 대상이고 로망이었습니다.

전원생활 실천의 가장 큰 걸림돌은 아내였습니다. 도시만씨와는 다르게 시골 태생입니다. 시골에서 나고 자란 아내는 내켜하지 않았습니다. 이유는 어릴 적 시골에 살며 부모님들이 힘든 농사일로 고생하는 것을 자주 보았기 때문에 시골 생활이 그렇게 녹록한 것이 아니란 것을 알기 때문입니다. 그래서 절대 시골에서는 살고 싶지 않다는 것입니다.

하는 수 없이 도시만씨 혼자 전원생활을 준비하게 되었고 그렇게 하여 멋들어진 집을 지어놓으면 아내도 분명 좋아할 것이란 생각을 했습니다.

회사가 내수 경기의 위축으로 해외시장 공략에 새로운 전략이 필요하다는 절박감으로 연일 사장 주재 임원회의가 열리던 어느 날, 그 날도 장시간의 회의 스트레스로 몸은 파김치가 돼 있습니다.

회의를 끝내고 지친 몸으로 방으로 돌아와 잠깐 심호흡을 하며 "이렇게 바쁜 생활도 이제 그만 둬야겠다"는 생각을 하고 있을 때 핸드폰이 울렸습니다.

"선생님, 좋은 땅 하나 있어 소개해드리려고 전화했습니다."

이따금 받는 뻔한 광고전화란 생각에 끊으려는데 상대편에서 경관이 좋은 전원주택지라고 소개를 했습니다. 전원주택지란 말을 듣는 순간 자신도 모르게 "어디에 있는 땅인데요?"란 말을 꺼내게 되었고 상대편은 이때다 싶은지 구체적인 정보를 청산유수로 떠들었습니다.

"충주호가 내려다보이는 야산인데 도로도 다 돼 있어 전원주택을 곧바로 집을 지을 수 있습니다. 투자가치도 매우 높습니다. 기업도시에서 멀지 않은 곳입니다. 부지까지 가는 길이 아직은 비포장이지만 올해부터 포장공사를 시작해 내년이면 끝납니다. 그러면 가격은 금방 두 배가 됩니다. 주변에 유명 인사들이 별장을 짓기 위해 사놓은 땅들이 많아 고급 전원주택들도 많이 생길거구요. 바로 집을 지어도 주변 경관이나 환경이 좋아 최고의 자리가 될 겁니다. 아무에게나 이런 정보를 드리는 것이 아니고 선생님 정도 되시는 분들께만 드리는 겁니다. 이런 기회 자주 오는 게 아니기 때문에 놓치시면 후회하실 겁니다."

상대편의 청산유수 설명에 도시만씨는 몇 가지 궁금한 것을 이것저것 더 묻게 되었고 결국 언제 방문하여 상담을 받아보겠다는 약속까지 하게 되었습니다.

서울 강남에 있는 분양회사 사무실을 찾아갔을 때는 몇 해 전 봄빛이 한창 무르익는 4월 중순의 어느 토요일 오후였습니다.

'기획부동산들에 당하는 것은 아니겠지?'

'사기꾼들은 아닐까?'

'약속을 괜히 했나?'

찾아가면서 이런저런 생각과 걱정으로 켕기는 구석도 많았지만, 마음에 들지 않으면 그냥 오면 되지 하는 생각으로 전원주택 분위기나 보고 오자며 사무실 문을 열었습니다.

사무실에 들어갔을 때는 먼저 온 사람들이 상담을 받느라 기다려야 할 형편이었습니다. 직원들은 고객 한 명씩을 맡아 매우 바쁘게 움직였습니다. 그리고 어떤 직원은 전화통을 붙들고 "사모님, 이런 땅 없어요. 지금 입금하지 않으시면 땅은 다른 사람한테 넘어갑니다."라며 배짱을 부리기도 했습니다.

그렇게 두리번거리고 있는데 미스코리아같이 늘씬한 여직원이 차를 내오며 어떻게 오셨냐고 물었고 상담 때문에 왔다고 하자 어제 통화했던 사람이 지금 상담 중이라며 잠깐 기다리라고 일러주었습니다.

도시만씨는 우선 소파에 앉아 사무실 분위기를 파악했습니다. 집기며 비품, 시설들이 하나같이 고급이었고 품위가 있었습니다. 사기를 칠 회사 같아 보이지는 않아 마음이 놓이기 시작했습니다.

잠시 후 차를 내왔던 여직원이 그를 회의실처럼 생긴 작은 방으로 데려갔습니다. 그곳에는 머리를 단정하게 빗어 넘기고, 세련된 양복 차림의 30대 후반 40대 초반 정도 돼 보이는 남자가 좀 과하다 싶을 정도로 허리를 굽혀 인사를 했습니다. 전화로 들었던 이야기를 회의실 벽에 붙어 있는 조감도며 주변 지도 등을 가리키며 설명을 했고 이내 현장으로 안내할 테니 함께 가보자고 했습니다.

현장까지 가겠다는 생각을 못했던 도시만씨는 남자의 그런 제안에 우물쭈물하고 있었습니다. 그러자 남자는 이런 땅 찾기 힘들고 이번과 같은 기회는 평생 한 번 올까말까 하다며 손을 끌었습니다. 그래서 특별히 바쁜 일도 없고 하여 드라이브하는 셈치고 그 남자와 함께 충주로 가게 되었습니다.

남자가 얘기한 대로 호수가 내려다보이는 전망 좋은 땅이었습니다. 호수 건너편 산 밑으로는 호수변을 따라 전원주택들이 띄엄띄엄 눈에 띄었습니다.

매우 아름다웠습니다. 부지에서 바라보는 전망이나 호수를 끼고 돌아오는 길은 그야말로 절경이라 마음이 빼앗길 정도였습니다. 하지만, 주변에는 마을이 없고 비포장 길을 생각보다 많이 들어가야 만날 수 있는 외딴곳이라 맘이 좀 켕겼습니다.

"현재는 이렇게 비포장 길이지만 올해 포장공사에 들어갑니다. 충주시청에 확인해보면 아실 겁니다. 도로포장만 되면 진입하기도 훨씬 쉬워지고 값이 오르는 것은 시간문젭니다."

부동산 남자는 유독 포장된다는 말과 땅값 오른다는 말을 많이 했습니다. 분양한다는 땅은 포크레인으로 도로를 만드는 공사를 하고 있었습니다.

"바로 집짓기는 어렵겠네요."

"저렇게 도로만 만들어 놓으면 집 짓는 데는 문제가 없습니다. 땅을 사신 후에 전용 신청하면 곧바로 집을 지을 수 있습니다."

땅을 둘러보고 돌아오는 길에 부동산 남자는 창밖으로 손가락을 뻗어 호수 위쪽으로 도드라진 아담한 언덕을 가리켰습니다.

"저 땅 보이시죠. 경관 죽이잖아요. 저게 가수 조영필씨 땅이잖아요. 조씨가 별장을 지으려고 땅을 찾다 부동산 사기꾼들에게 당한 땅이 바로 저겁니다. 경관은 얼마나 좋아요. 부동산 업자가 별장 짓는 데 문제가 없다고 하니 경관만 보고 조영필씨가 덜컥 계약한 땅인데 가격도 어마어마하게 줬어요. 가수들 보면 세상 물정 모르고 참 순진해요. 땅만 있으면 집 짓는 줄 알고…. 그렇게 집 짓겠다고 달려들었다 허가가 안 나온다고 하니 그냥 내버려 둔 거죠. 경관만 좋으면 뭐합니까? 저기는 아무것도 할 수 없는 땅인데…. 그런데 우리 땅은 관리지역이라 집을 짓는 데 전혀 문제가 없어요."

당장 계약하지 않으면 기회가 오지 않을 것이란 부동산 남자의 집요한 설득을 뿌리치며 생각해보고 다음 날까지 연락하겠다는 약속을 한 후 도시민씨는 집으로 돌아왔습니다. 이후 그는 충주호반의 경치와 푸르게 우거졌던 숲이 계속 따라다녔습니다. 그곳에 집을 지어 살고 싶은 생각이 굴뚝같았지만, 한편으로는 너무 외진 곳이라 혼자 살기는 힘들겠다는 생각도 들었습니다.

아내에게 얘기를 해보아야 콧방귀도 안 뀔 것이기 때문에 혼자 이 궁리 저 궁리로 밤을 새우고 다음날 분양회사 사무실을 찾아갔습니다. 일요일인데도 상담하는 사람들은 꽤 있었습니다.

전날 상담을 받았던 부동산 남자를 만나 다시 한번 집을 지을 수 있는 땅인지를 확인하기 위해서였습니다. 너무 외진 곳이라 당장 집을 짓고 살기는 힘들다면 2~3년 지나면 사람들 하나 둘 들어와 살기 시작할 것이고 그때 집 지으면 되겠다는 생각을 하며 계약을 했습니다.

계약서에 도장을 찍을 때 부동산 남자는 또다시 정말 좋은 땅 사는 것이란 점을 강조했습니다. 잔금까지 치르고 나자 그럴듯한 전원주택지를 하나 마련했다는 생각으로 도시만씨는 뛸 듯이 기뻤습니다. 전원생활에 관심이 없는 아내지만 땅을 보면 분명 좋아할 것이란 자신감도 생겼습니다.

바가지 긁힐 것을 예상하며 아내에게 그간의 사정을 이야기했습니다. 하지만 예상외로 아내의 잔소리는 없었습니다. 대신 당신 원하는 것 얻었으니 좋겠다는 말과 축하한다는 말까지 했습니다.

우쭐해진 도시만씨는 곧바로 아내를 데리고 자신이 산 충주의 땅을 찾았습니다. 구불구불 비포장을 달릴 때 아내는 이렇다저렇다 말이 없었고 경치 좋다는 말만 자주 했습니다.

그렇게 비포장을 한참 달려 부지에 도착했을 때 아내는 "정말 이렇게 외딴곳에 집을 짓고 살 생각이냐?"고 물었고 "이곳에서 살 수 있겠느냐?"며 걱정하는 눈치였습니다.

"곧 도로도 나고 또 분양받은 사람들이 많으니 몇 사람 들어오기 시작하면 금방 마을이 만들어 질거야. 그리고 요즘 이 정도 안 들어오면 괜찮은 땅 찾기 힘들다구. 게다가 도로만 나면 투자가치도 있을 거구."

부동산 남자에게서 들은 이야기를 그대로 아내에게 했지만, 아내의 걱정스런 표정은 펴지지 않았습니다.

서울로 돌아오는 차안에서 도시만씨는 아내에게 물었습니다.

"그렇게 반대만 하던 전원생활인데 어떻게 고분고분 따라 다니지? 심경에 변화라도 생긴 거야?"

"변화? 많이 생겼지. 당신 평생 처자식 먹여 살리느라 도시에서 바빠 살았는데 노후에 당신 원하는 것 하나 들어주지 못하겠어? 내가 너무 당신 마음을 몰랐다는 생각이 들었고 그래서 앞으로 당신 뜻에 따르기로 했으니 걱정하지 말고 좋은 집이나 지어보세요. 서방님."

그러면서 아내는 도시만씨의 손을 잡았습니다. 그는 눈물이 쏟아질 듯 기뻤습니다.

그렇게 시간은 흘러 가을이 되었습니다. 봄에 사둔 충주 땅에 전원주택을 지을 계획을 본격적으로 시작했습니다. 시간 날 때면 혼자 도화지에 집을 스케치해보기도 하고 집 모양도 그려보았고 현장에서 몇 번 들락거렸지만, 그곳에 집짓기를 시작하는 사람은 없었습니다. 자신이 가장 먼저 집을 짓겠다는 생각을 하며, 이왕 짓는 것 가장 먼저 짓는 것도 좋겠다는 생각을 했습니다. 그러면서 친구들을 만나면 자랑도 했고, 부하 직원들에게도 충주에 전원주택부지를 하나 마련했다며 폼을 잡았습니다.

"주말주택 하나 지어놓을 테니 놀러들 오라구. 충주호가 내려다보이고 기가 막히지. 자네들도 그런 것 하나 준비해 두는 것이 좋을 거야."

평소 알고 지내던 후배 건축사에게 설계를 의뢰하자 허가는 났느냐고 물어왔습니다. 허가는 문제없으니 설계부터 하자며 함께 땅을 찾아갔습니다.

땅을 찬찬히 살펴보던 후배는 고개를 몇 번 가로젓더니 이것저것 묻기 시작했습니다.

"선배님 이 땅 전원주택단지라고 분양받은 거예요?"
"그럼 전원주택단지지. 여기에 서른두 채 집이 들어올 거라구. 봐 도로도 돼 있잖아. 지적도를 떼 봐도 도로표시가 돼 있고 필지도 다 분할이 돼 있다구. 시청에서도 집을 짓는 데 문제가 없다고 했고…"
"물론 집 짓는 데는 문제가 없는 땅이에요. 허가가 나는 땅은 맞는데 그런데 이곳 기반시설을 선배님이 다 할 거예요?"
"내가 왜 다해. 이곳에 분양받은 사람이 서른두 명인데 같이 하면 되지. 분양하는 회사에서 그렇게 모여서 하면 된다고 했는데…."
"선배님도 참 순진하시기는…. 필지만 분할 해 놓았지 실제 기반 공사는 전혀 돼 있지 않잖아요. 이곳에 집을 짓고 살려면 기반시설이 필요한데 그 공사를 하려면 얼마나 큰 비용이 들겠습니까? 도로포장하고 전기 끌고 와야지, 수도 파야지, 오폐수관 묻어야지…. 그런데 그걸 하기 위해 이곳 필지를 분양받은 사람들 모아 의견을 통일하려면 별의별 의견들이 다 나옵니다. 어떤 사람은 아예 집 지을 생각 없이 땅만 사두었다 땅값 오르면 팔려는 사람도 있을 게고, 집 지을 생각을 하는 사람도 선배님같이 바로 집을 지을 생각이 아니라 3~4년 후에 집 지을 생각을 하는 사람도 있을 겁니다. 그런 사람들한테 여기 도로포장하고 전기 끌어오려고 하니 각자 얼마씩 내라고 하면 내겠습니까? 선배님이 집 짓겠다면 집 앞까지 포장이나 전기는 직접 해야 하고 수도도 직접 파야 합니다. 그렇게 돈을 들였다고 나중에 옆에 집 짓는 사람한테 내가 여기까지 도로포장하고 전기 끌고 왔으니 얼마 내라고 할 수 있어요? 어차피 단지 내 도로고 단지 내 시설물인데…"

후배가 도시만씨에게 한심하다는 투로 이것저것 일러 주어서야 자신이 너무 성급하고 순진했다는 생각이 들었습니다. 괜히 호반경치에 미쳐 너무 쉽게 결정했다는 생각을 했습니다. 후배는 이런 식의 전원주택단지는 집을 못 지을 것이라 단정지었고 집 짓는 것을 포기하라고 했습니다. 후배의 이야기를 종합해보면 전원주택단지 내 도로포장이나 전기, 수도 등 기반시설이 완벽하게 된 상태에서 분양을 받아야 개별적으로 들어가 집을 지어도 문제가 없고, 필지만 택지와 도로로 분할해 분양하는 것을 매입하게 되면 그 기반공사를 누가 할 것인가를 두고 의견통일이 되지 않아 거의 집을 지을 수 없다는 것이었습니다.
도시만씨의 경우와 같은 단지에 집을 지으려면 똑 같이 같은 시기에 집을 지을 생각으로 도로

포장이나 전기인입, 수도시설 등 기반시설을 갖추는 비용을 갹출해 공사하든가 아니면 가장 먼저 집을 짓는 사람이 자신의 집을 지으며 이런 시설이 필요해 자비를 들여서 한 후 나중에 집을 짓는 사람들에게 그 비용을 받는 방법이 있는데 현실적으로 불가능하다는 겁니다.

도시만씨는 몇 번이고 이곳에 분양을 받은 사람들이 다 집을 지을 생각들인데 그런 공사를 함께 하면 되지 않겠느냐며 미련을 버리지 못하자 후배는 매정하게 정리를 했습니다.

"선배님 그냥 묻어 두세요. 그랬다 나중에 땅값 오르면 파세요."

땅을 뒤로하고 비포장길을 내려올 때 충주호반은 단풍이 든 산 그림자가 한 폭의 동양화가 되었습니다. 석양을 받은 물빛은 산의 단풍과 어우러져 발목을 잡았습니다. 서울로 돌아오는 발길은 너무 무거웠고 고속도로를 달리며 자신의 손을 잡아주던 아내의 얼굴이 떠올랐습니다.

허가는 나더라도 공사해 집짓기는 어려울 것이란 건축사 후배의 이야기를 듣고 도시만씨는 난감해졌습니다. 후배의 말대로 묻어두었다 땅값 오르면 팔겠다는 쪽으로 마음은 정리했지만, 전원주택을 지을 것이라며 이곳저곳 소문을 내놓았고, 특히 전원생활에 별 관심도 없는 아내에게 그림 같은 전원주택 꿈을 가득 심어 놓았기 때문에 난감할 수밖에 없었습니다.

"속아서 땅을 샀다면 주변에서 얼마나 웃을까?"

도시만씨는 만감이 교차했습니다. 차마 잘 못 투자한 것은 말할 수 없었고 집을 짓지 못하게 되었다면 체면이 말이 아니란 생각을 하니 쓴웃음 밖에 나오지 않았습니다.

가을에 공사를 시작하면 겨울엔 황토방에서 찜질도 하고 벽난로 앞에서 고구마도 구워 먹을 수 있을 것이라며 가족들이 잔뜩 기대하도록 만들어 놓았고 직장의 부하직원들에게도 한껏 자랑하며 초대까지 해놓았기 때문에 더욱 난감하고 창피했습니다.

도시만씨 스스로 오기가 발동했습니다. 전원생활은 도시만씨의 은퇴 후 꿈인데 부지를 잘 못 선택해 꿈을 포기한다는 것이 못내 억울했습니다. 그래서 좀 더 적극적으로 전원주택 짓기에 매달려 보기로 했습니다.

일단 먼저 산 토지는 투자하는 셈 치고 묵혀 두기로 하고 다른 부지를 찾아나섰습니다. 주변에는 이야기하지 않고 혼자서 새로운 땅을 열심히 찾아보았습니다.

그런 사정을 모르는 아내는 이따금 전원주택에 대해 궁금해했습니다. 그도 그럴 것이 가을부터 전원주택을 지을 것이라고 큰소리를 쳤는데 이렇다 이야기가 없으니 아내가 궁금해하는 것은 당연한 일이었습니다.

"전원주택은 언제 지을 거예요? 집은 여자들이 더 잘 알아요. 혼자 끙끙 앓지 말고 같이 의논해 지어야 해요. 애들 의견도 들어보고…"

그럴 때마다 도시만씨는 차마 충주 땅을 포기했다는 말은 못 하고 정확한 계획이 서면 그렇게 하겠다는 말로 얼버무렸습니다.

다른 전원주택 부지를 찾아 나선지 거의 한달 가량 지났을 때 만난 것이 강원도 평창의 계곡 옆에 붙은 땅이었습니다.

그 전까지 숱하게 많은 땅을 보았지만 성에 차지 않았습니다. 땅 구하는 것이 결혼하는 것과 똑같다는 것을 실제로 체험할 수 있었습니다. 좀 괜찮다 싶으면 가격이 비쌌고 경관이 좋은 것은 진입로가 불편했습니다.

그때마다 도시만 씨는 자신이 결혼할 때를 떠올렸습니다. 아내는 시골 출신입니다. 1년 정도 연애하고 부모님께 결혼할 여자라며 인사시키려 하자 도시만씨 어머니의 반대가 심했습니다. 아내는 당시 시골에서 여상을 졸업하고 서울에 올라와 은행원 일을 하며 야간대학에 다니는 아가씨였습니다.

시골 출신의 가난한 처녀, 야간대학을 다니고는 있었지만, 대학도 못 나온 여자를 며느리로 들일 수 없다는 것이 가장 큰 이유였는데, 그도 그럴 것이 어머니는 그 연세에 우리나라 최고의 여자대학을 나온 엘리트라 자존심이 매우 강했습니다.

"결혼을 허락해달라"는 도시만씨와 "그렇게는 못 한다"는 어머니와 1년에 가까이 전쟁을 치르고 있을 때, 이런 상황을 보다 못한 아버지께서 나섰습니다. 아버지는 직접 아가씨를 한번 만나보자고 하였고 그래서 둘이 자주 가던 커피숍에서 아내와 아버지는 첫 대면을 했습니다. 아버지는 며느릿감을 만나자마자 첫눈에 마음에 들어 했습니다. 그 후에는 도시만씨 대신 아버지가 어머니를 설득했습니다.

"내가 만나보니 똑똑하고 반듯하더구먼. 100% 마음에 드는 사람이 어딨어? 당신 나하고 결혼할 때도 100% 마음에 들었어? 당신은 부잣집 외동딸이었고 난 가난한 고학생이었고, 당신 부모님들 얼마나 반대했었는지 알잖아. 가난하고 키 작다고 말이야. 그때를 생각해서라도 결혼 승락하자구. 100% 마음에 드는 짝 없어. 살면서 맞추는 거지. 게다가 가난한 거야 능력 있겠다 젊겠다 얼마든지 채워질 수 있는 거라구."

그래서 어머니 마음이 풀리기 시작해 다음 해 결혼할 수 있었습니다. 아버지의 말씀대로 아내는 똑똑하고 능력이 있었습니다. 살림도 야무져 시부모님의 기대를 저버리지 않았습니다. 반대하던 어머니도 며느리의 사람됨과 살림솜씨를 보시고는 '둘도 없는 우리 며느리'라며 친척들이나 친구분들께 칭찬을 아끼지 않았습니다.

전원주택을 짓겠다며 땅을 구하러 다니며 도시만씨는 결혼 할 때를 생각했습니다. 결혼 상대를 구하는 것과 같이 누가 보아도, 어느 쪽을 보아도 뚝 떨어지게 좋은 땅을 찾기는 어려웠습니다. 이쪽이 좋으면 저쪽은 늘 모자랐고 내가 좋다고 하면 다른 사람의 성에 차지 않았습니다. 그래서 좀 부족한 땅이라도 내가 좋으면, 내 여건에 맞으면 된다는 생각으로 땅을 찾았습니다. 그렇게 우왕좌왕하다 아깝다는 생각이 드는 땅 몇 개를 놓치기도 했습니다.
땅은 '서두르면 당하고 망설이면 놓친다'고 했습니다. 앞서 구입했던 충주 땅은 서두르다 당한 것이었고 그 이후에 땅 중에는 망설이다 놓친 것들도 많았습니다. 현장답사를 하고 괜찮다는 생각이 들어 투자를 결정한 후 2~3일 망설이다 전화를 하면 다른 사람과 벌써 계약을 했다는 대답이 돌아왔습니다.
인터넷 사이트에 올라오는 땅들도 좀 괜찮은 것 같아 전화하면 이미 팔렸다는 것이 대부분이었고, 아니면 인터넷에서 확인한 내용과 현장을 방문했을 때 확인한 내용과 차이가 나는 것도 많아 실망하기 일쑤였습니다. 게다가 가격도 주변 시세보다 비싸다는 느낌이었습니다.

몇 번 그런 식으로 시행착오를 겪다 평창의 계곡 옆에 있는 땅을 찾게 되었습니다. 인터넷 사이트에 올라온 매물이었는데 사진으로만 보았을 때도 경관이 매우 좋아 우선 마음에 들었습니다. '전원주택을 짓고 평생 살 생각으로 매입한 땅으로 아깝지만 개인사정상 매매하려고 합니다. 최고 경관의 청정지역에 위치해 있으며 주변 시세보다 저렴합니다. 전원주택은 물론 펜션지로도 최고입니다.'
매물을 소개한 글과 사진을 프린트하여 곧바로 평창으로 달려갔습니다. 위치나 경관, 주변 여건이 지금까지 보았던 다른 땅과 비교해 월등히 좋았습니다. 특히 부지 앞쪽으로 흐르는 계곡은 정말이지 환상적이었습니다. 바위도 적당히 있고 경사나 수량도 맞춤이었습니다. 서울서 좀 먼 것이 마음에 걸렸지만 도시만씨의 예산 범위에서 해결할 수 있을 정도로 규모도 작았고 또 곧바로 전용해 집을 지을 수 있다기에 서둘렀습니다.

몇 번 마음에 드는 땅을 만났다 싶었다가도 망설이다 놓친 기억도 있어 더욱 서두르게 되었고 그 다음날 곧바로 계약했습니다.

땅 주인인 여자는 땅을 파는 것을 무척 아쉬워하는 눈치였습니다.

"우리도 전원주택 하나 지어보려고 이 땅 찾아 몇 년을 고생했는지 몰라요. 남편 정년도 얼마 남지 않아 경관 좋은 곳에서 노후에 전원생활을 하겠다는 생각으로 구한 땅인데 사정이 여의치 않아 매매하는 겁니다. 지금도 싸게 드리는 거지만 잔금까지 일시불로 해 주시면 좀 더 빼 드릴게요."

그래서 도시만 씨는 한 번에 잔금까지 치르고 등기서류를 넘겨받았습니다. 이제 내 땅이란 생각에 땅을 다시 한번 둘러보았습니다. 앞쪽으로는 계곡이 붙어있고 뒤로는 산이 있습니다. 산 밑으로 진입로가 나 있는데 비포장이었고 면적은 1천300m^2로 적당했습니다.

평창 땅을 구입한 후에도 주변에는 말을 하지 않았습니다. 아내에게도 비밀로 했습니다.

주변에서는 모두 충주에 전원주택을 짓는 것으로 알고 있는데 갑자기 평창으로 옮긴 이유를 주저리주저리 설명하는 것도 마음에 내키지 않았고, 특히 잘 못 투자한 것이 알려지면 가족들에게나 직장에서도 실없는 사람이 되고 웃음거리가 될 것 같아 혼자 진행을 했습니다.

좋은 위치에 그림 같은 전원주택을 지은 후 주변 사람들에게 알리면 더욱 극적인 효과도 낼 수 있을 것이란 계산도 깔려 있었습니다.

직장의 부하 직원들도 도시만씨가 전원주택을 짓고 있는 것으로 알고 이따금 물어왔습니다.

"이사님 전원주택 짓는 것 잘 돼가고 있어요? 언제 놀러 갈 수 있어요? 올해는 충주에서 단풍놀이할 수 있겠네요?"

그럴 때마다 도시만씨는 속으로 켕겼지만 얼렁뚱땅 넘겼습니다.

"집 짓는 게 그렇게 쉬워? 하루아침에 뚝딱 지을 수 있으면 얼마나 좋겠어. 잘 지어지고 있으니 좀 기다려 보라구."

아내에게도 둘러대기를 해야 했습니다.

"집 짓는 일은 신경 쓰이는 것도 많고 업자들하고 다투기도 해야 끝나는 거라 여자가 나설 일이 못돼. 당신은 신경 쓰지 말고 있으라구. 그러잖아도 집안일로 신경 쓸 것도 많은데 집 짓는 것까지 당신이 신경 쓸 일은 없어. 내가 다 알아서 할 테니 걱정하지 말고 있다가 집 다 됐다고 하면 그때 와서 보라구."

"머리 맞대고 지어도 좋은 집이 될까 말깐데…."

"신경 많이 쓰고 있으니 걱정하지 마라. 지금까지 내가 언제 서툰 짓 하는 것 봤어?"
도시만씨는 그렇게 얼버무리고 큰소리를 치면 칠수록 마음은 더욱 서둘게 되었습니다.

평창 땅의 소유권을 넘긴 다음날 곧바로 집짓기에 착수하기로 하고 측량설계사무소에 전용신청을 의뢰했습니다. 전용 서류를 꾸미고 경계측량을 하기 위해 나온 측량설계사무소 직원에게 땅의 경계를 이야기 하며 집을 앉힐 터를 열심히 설명해 주었습니다.
"계곡에서 좀 떨어뜨려 산 밑으로 집이 앉을 수 있도록 해 줘요. 그리고 우선은 조그맣게 짓고 주말주택으로 쓰다가 나중에는 제대로 집을 지을 계획이니깐 부지는 넉넉히 사용할 수 있도록 해주고요."
그렇게 일러주고 일단 전용신청에 필요한 비용을 지불한 후 잘 부탁한다며 서울로 올라왔습니다. 특히 계곡을 살리고 계곡이 잘 보이는 쪽에 집을 앉힐 수 있도록 해달라는 부탁을 몇 번이나 강조했습니다.

다음날 회사에 출근하자마자 사장실로 불려가 해외시장 개척을 위한 장시간 영업전략회의로 머리에 쥐가 날 정도로 스트레스를 받고 사장실을 나와 자신의 방으로 돌아온 도시만씨에게 비서가 메모지를 하나 건네주었습니다.
평창에 있는 측량설계사무소에서 급하게 연락을 부탁한다는 내용이었습니다.
회사 일로 스트레스를 받아 머리가 무겁다가도 전원주택만 생각하면 상쾌해졌습니다. 입가에 싱글벙글 웃음까지 띠며 전화를 걸었습니다.
서로 간단한 인사를 마치고 난 후 상대편에서 서둘러 말을 꺼냈습니다.

"저희에게 부탁하신 땅 말이예요? 면적이 얼마라고 하여 사셨어요?"
"서류 다 주었잖아요. 천삼백평방미터…. 왜 무슨 문제라도 있어요?"
"서류는 그렇게 돼 있는데요. 그런데 그 땅 써먹을 수 있는 땅은 반밖에 안돼서요. 선생님 땅이 많이 없어졌어요."
"땅이 없어졌다니 그건 무슨 말이고 또 반밖에 안 되다니 무슨 말이에요. 서류에 그렇게 돼 있으면 되는 거지 무슨 얘기인지 도통 모르겠네요."
"그 땅 반은 계곡 속에 들어가 버려 이미 없어졌기 때문에 실제 쓸 수 있는 땅은 반만 남았어요."

"아니 육안으로 봐도 면적이 서류 면적만큼은 충분히 나오는데 무슨 말이에요."
"그거야 예전에 땅 주인이 농사를 지으며 남에 산을 파먹고 들어갔기 때문이죠. 앞쪽으로는 계곡이 파먹어 없어졌고 뒤쪽은 농사를 지으며 남의 산을 파먹어 면적은 그만큼으로 보이지만 실제 측량을 해보면 쓸 수 있는 땅은 절반도 안돼요."

도시만씨는 가슴이 철렁 내려앉았습니다. 계곡 옆에 붙은 좋은 땅이라며 서둘러 계약을 하고 전원주택을 다 지은 양 좋아했는데 계곡 때문에 땅이 없어졌다면 문제가 아닐 수 없었습니다. 그래서 회사에는 지방에 출장을 다녀오겠다고 말하고 급히 평창으로 내려갔습니다. 현장에서 측량기사도 나와 있었습니다.
측량기사는 경계측량 말뚝을 가리키며 계곡으로 쓸려가고 남은 땅이라며 손으로 가리켰습니다. 정말이지 남아있는 땅은 채 반도 되지 않았습니다.
지적은 현황하고 많이 다르고, 그래서 땅을 구입할 때는 공부상의 확인도 중요하고 현황 확인도 중요하다고 일러주었습니다. 하지만 공부상 확인과 현황확인을 했다 하더라도 도시만씨의 경우처럼 실제 측량을 해보면 그 경계가 많이 바뀐다는 것입니다.
"도시 사람들 계곡 옆에 땅을 많이 찾고 좋아하는데 계곡 옆에 있는 땅은 특히 주의해야 해요. 지적과 달리 계곡 위치가 변한 경우가 많습니다. 그래서 서류상으로는 계곡이 땅 옆으로 흐르지만 실제 현황에서 보면 계곡의 위치가 변해 땅 한가운데를 질러가면서 땅을 못 쓰게 만든 경우도 있고, 어떤 경우는 계곡으로 인해 도로가 유실돼 도로를 사용하지 못하는 경우도 많아요."
계곡 옆에 있는 땅은 살 때도 주의해야 하지만 집을 지을 때도 번거로운 일을 당할 수 있다는 것이 측량기사의 설명이었습니다.

"하천을 조금이라도 사용하게 되면 점용허가를 받아야 하고 공사로 계곡 물이 흐려지면 주변의 민원도 많아 골치 아픕니다."
도시만 씨는 그래도 미덥잖아 자신이 산 땅을 몇 번이고 돌아보면서 측량기사에게 말했습니다.
"그런데 보이는 것은 이렇게 넓잖아요. 그래서 당연히 믿고 계약을 했는데…"
"그렇죠. 보이는 것만으로는 면적이 다 나오죠. 하지만 산 쪽에 있는 면적은 땅 주인이 농사를 지으며 국유지를 파먹고 들어간 거예요. 불법으로 산림을 훼손한 거죠. 오랫동안 농사를 짓다 보니 매년 조금씩 파먹어도 몇 년 지나면 엄청난 면적이 생겨요. 농사지으며 콩 한 말이라도 더

먹으려고 남의 땅을 개간하는 거죠. 그러다 보니 육안으로 보면 면적이 나오는데 실제 측량을 해보면 국유지든가 아니면 다른 사람 산인 경우가 많아요. 그래서 주의해야 한다는 겁니다. 하천 폭이 좁아지면서 하천부지가 생겨 이득을 보는 경우도 있어요. 내 땅 앞에 있는 하천부지는 우선적으로 사용할 수 있으니까요. 하지만 그것도 불하를 받지 않은 이상 내 땅은 아닙니다."

도시만씨는 허탈했습니다. 한번은 기획부동산업자 말만 믿고 충주 땅을 샀다가 당했고 이번엔 계곡 경관만 보고 샀다 계곡에 당한 꼴이 되었습니다.
전원생활을 위해 땅을 구하기가 쉽지 않다는 생각이 들었습니다. 투자로 생각한다면 그냥 묶어 두면 되는데 집을 짓고 살겠다는 생각으로 땅을 찾다 보니 마음에 드는 것을 찾기도 힘들고 걸리는 것도 많았습니다.

측량기사의 말대로 농막이나 하나 갖다 놓고 주말농장으로 이용하다 다음 기회를 보는 것이 답이란 생각이 들었습니다.
서울로 돌아오며 도시만씨는 전원주택이 농막으로 변한 사연을 주변 사람들에게 어떻게 설명을 할지가 못내 갑갑했습니다. 두 번씩이나 당하고 나니 창피스럽기도 하고 자존심도 상했습니다.
"새로운 삶의 터전을 잡기가 그렇게 쉽지는 않겠지…."
혼자 중얼거리며 애써 위안으로 삼으려고 했지만, 그림 같은 전원주택을 기다리는 가족들을 생각하니 가슴이 무겁기도 하고 한편으로는 웃음까지 나왔습니다.
돈 있고 땅 있으면 전원주택이 뚝딱 될 줄 알았는데 그게 아니란 것을 몸소 체험하고 수업료를 내고 그것을 배웠다는 생각을 하니 마음은 가벼워졌습니다.
측량기사가 한 말이 내내 가슴에 남았습니다.

"이유 없이 싼 땅은 없어요. 싼 땅은 다 이유가 있지요."

전원주택지 구할 때 현장답사의 중요성

전원생활에 필요한 부지를 매입하기 위해서는 공부에 대한 확인과 함께 현장답사가 꼭 필요하다. 현장답사는 자신이 매입하려는 토지의 현황을 직접 확인하는 것을 말한다. 현장답사의 목적은 공부상에 나타난 사항과 현황이 맞는지를 확인하고 현장상황, 서류상에서 찾을 수 없는 문제(주변에 오염시설이나 혐오시설의 분포, 경사도 등)가 없는지를 직접 알아보기 위한 것이다. 자신이 목적한 대로 사용하는 데 문제가 없는 땅인지를 확인하는 과정이 바로 현장답사다.

현장답사를 하기 전에 인터넷상의 위성지도를 통해 현황과 주변 사항을 우선 확인할 수 있다. 그 다음 토지이용계획확인서와 지적도를 통해 땅의 용도와 지적사항을 확인하고 출발해야 한다. 주변 지도와 지적도는 필수로 준비해야 한다.

주의 깊게 볼 내용이 도로 사정이다. 도로가 있는지가 가장 중요하고 우선 확인해 볼 사항이다. 지적상에 도로가 있더라도 현황에서는 없는 경우도 있으므로 공부상도로와 현황도로를 맞춰보아야 한다. 또 고속도로와 국도의 접근성을 챙겨보아야 하고 향후 도로 계획에 대해서도 알아보아야 한다.

도시와의 접근성에 대한 고려도 필수다. 도시에서 가깝다는 것은 전원생활을 좀 더 편리하게 할 수 있다는 것이다. 도로가 확장 개통되는 개발계획을 고려해 주변의 땅을 물색하면 좋다.

현장답사에서 자연경관을 우선적으로 챙기는 경우가 많은데 너무 빠지지는 않아야 냉정해질 수 있다. 경관에 홀리면 다른 것을 놓치기 쉬운데 바로 자연재해다. 예를 들어 강변의 경우 경치는 좋을지 몰라도 장마철에는 강의 범람으로 비싼 대가를 치를 수 있다. 계곡 옆에 있는 땅도 여름철 폭우로 위험해질 수 있고, 언덕 위 전망 좋은 땅은 겨울철 진입에 문제가 생길 수도 있다.

이런 부분에 대해 가장 쉽게 조언을 얻을 수 있는 사람이 마을 주민들이다. 동네 슈퍼를 들르든가 마을 이장 등을 만나보면 쉽게 정보를 얻을 수 있다.

내가 원하는 부지에서 어떤 일을 할 수 있고, 주변에 사는 주민들의 인심은 어떤지 현장답사를 통해 확인해 보아야 하는데 쉽지는 않다. 그러므로 전원생활을 위한 목적으로 땅을 찾을 때는 몇 번을 답사해야 한다. 계절별로, 시간대별로, 기후에 따라 부지가 어떻게 변하는지를 확인해 보는 것이 가장 땅을 구할 때는 현장답사가 필수고 현장답사를 할 때는 가장 먼저 목적이 선명해야 한다.
그 땅에 집을 지을 것인지 농사를 지을 것인지 등 쓰임을 정한 후 거기에 맞는 땅을 찾으면 훨씬 좋은 땅을 구할 수 있다.

좋다. 하지만 쉽지 않다. 시간을 너무 끌다 보면 좋은 땅은 놓칠 수도 있다.
괜찮은 물건이라면 머뭇거릴 사이 없이 다른 사람이 채가기 때문에 빨리 핵심 포인트를 확인한 후 선점을 해야 한다. 그러기 위해서는 다양한 정보들을 수집 분석해 포인트를 잘 짚어내야 한다. 땅도 마찬가지다. 그것이 바로 현장답사 노하우다.

전원주택 터에서 중요한 것은 '볕'

전원주택에서는 겨울나는 것이 만만치 않다. 아파트보다 난방비가 많이 들고 여기저기 얼어 터지는 곳들도 생긴다.

그런 것들에 대한 대비를 하기 위해서는 우선 집을 잘 지어야 하는데 그것보다 더 중요한 것은 '햇볕'이다. 하루 종일 햇살이 고루고루 드는 터를 찾아 해가 잘 드는 집을 지으면 좋다. 그래야 겨울나기가 좋다. 간혹 "자재가 좋아 햇볕이 들고 안 들고 큰 차이가 없다"며 옛날얘기로 취급하는 사람들도 있다.

하지만 살아보면, 해가 잘 드는 터와 응달인 곳의 차이는 크다. 전원주택은 햇살이 중요하다. 자연 볕은 사람의 건강에도 좋다. '볕이 보약'이라고 하는데 시골서 살아보면 실감 난다.

전원생활에서 중요한 것이 야외 공간이고 야외 활동이다. 집은 볕이 잘 들어야 정원에 식물들도 잘 크고 야외 활동하기도 편하다. 그래서 볕이 잘 드는 터가 바로 명당이다. 사진은 명당으로 소문 난 삼성 창업주인 이병철 회장의 생가 모습이다.

집 내부 생활만 고려해 좋은 자재로 단열을 잘하고, 또 실내로 햇살이 잘 들게 설계하는 것에 대해서는 많이 신경 쓰지만 외부 공간에 대해서는 그렇지 않다.

전원생활은 집 내부 활동보다 중요한 것이 야외 활동이다. 야외 활동하기 편리한 집이 좋은 전원주택이다. 특히 겨울에 골고루 볕이 잘 들어야 한다.

집을 설계할 때는 햇살이 어느 시간대에 어느 방향으로 들어오느냐에 따라 집의 구조와 시설물의 위치가 바뀌어야 한다. 그래야 난방비를 아낄 수 있고 동파도 예방할 수 있다.

그래서 집터는 남동향이나 남향인 터를 최고로 친다. 좋은 햇살을 많이 받기 때문이다. 남향이나 남동향이라도 주변이 큰 산으로 가려져 있다면 얘기는 다르다. 서향이나 북향이라 해도 주변에 가리는 것이 없는 터는 해가 잘 든다.

남향과 남동향이 중요한 것이 아니라 "좋은 햇볕을 얼마나 잘 받느냐?" 하는 일조권이 좋아야 좋은 터다. 집을 지을 때는 아침 햇살이 언제 들고 저녁에 해가 언제 지는지를 꼭 확인해야 한다. 햇살이 바로 명당이다.

명자나무
봄, 4~5월, 붉은색

정원에 심기 알맞은 나무로 여름에 열리는 열매는 탐스럽고 아름다우며 향기가 좋다.

051

경관 좋은 곳보다 안전한 곳이 좋은 집터

시골서 전원주택을 짓고 살 때는 날씨에 따른 변수가 많다. 여름에는 장마나 태풍이 걱정스럽고, 겨울이면 이곳저곳 동파되는 것들에 대한 대비도 해야 한다. 전원주택 터를 잡을 때는 봄가을처럼 좋은 계절보다 여름의 수해나 겨울의 동파 등에 대한 고려를 우선해 잡아야 한다.

경관 좋은 곳만 생각해 산 밑이나 강변에 집을 지으면 비가 오나 눈이 오나 시시때때로 걱정을 많이 할 수밖에 없다. 이런 곳 중에는 축대를 쌓아 지반을 올려놓은 경우도 많다. 이럴 땐 특히 여름과 겨울철 붕괴 위험도 걱정을 해야 한다.

'이왕이면 다홍치마'라고 경관 좋은 곳에 집을 짓고 살 수 있다면 좋다. 하지만, 경관 좋은 곳이 살기 좋은 곳은 아니다. 오히려 그 반대인 경우가 많다. 비용도 많이 들 수 있다.

경관에 너무 끌리다 보면 편안하게 살 수 있는 땅을 놓칠 수 있다. 특히 경관을 살리겠다는 욕심으로 자연재해에 대한 대비를 소홀히 해 늘 걱정을 안고 사는 경우가 많다. 살기 좋은 집터의 일 순위 조건은 지리적으로 안전하고 살면서 편안해야 한다.

집은 이렇듯 편안하고 안전한 곳에 지어놓고 살면서, 주변에 둘러볼 만한 경치가 있으면 아주 좋다. 하지만, 사람들은 거실에서 강이 보이고 바다가 보이는 집을 지으려 하고 그런 땅을 찾는다. 살기 좋은 집터에서 경관은 거실과 강이 보이는 것이 아니다. 집을, 대문을 나서 조금 걸어나가 뒷동산 언덕에 오르면 강이 보이고 바다를 볼 수 있는 곳이 살기 좋은 집터다. 이런 곳에 전원주택지를 잡으면 좋다는 얘기다.

여름 장마철에도 뒷산 무너질 걱정, 앞마당 축대 붕괴 걱정, 옆에 계곡이 넘쳐 집을 덮치지 않을까 하는 걱정을 하지 않아도 되는 집, 장마철에는 빗소리를 들으며 감자부침개에 막걸리 한 사발로 편안해질 수 있는 집, 양지바른 곳에 있어 겨울 난방비 걱정을 덜 수 있는 집이 전원생활에 딱 좋은 집이다.

(정리)

좋은 물 알아내는 방법

예나 지금이나 집터에서 가장 중요한 것이 물이다. 특히 예전에는 풍수적인 부분, 향이나 토질보다 먹는 물을 가장 중요하게 생각했다. 요즘도 다를 바가 없다. 전원주택 짓고 좋은 물을 구하지 못해 속상해하는 사람들이 많다. 요즘엔 간단히 물의 성분을 과학적으로 알 수 있지만 예전에는 그렇지 못했다. 옛사람들이 좋은 물을 알아냈던 방법이 있어 소개한다. 내가 먹는 물이 좋은 물인지를 집에서 간단히 검사해 볼 수 있는 방법이다.

- **끓이는 방법** : 물을 깨끗한 그릇에 담아 끓인 다음 흰 사기그릇에 붓고 맑아지기를 기다린다. 사기그릇 바닥에 모래나 흙이 가라앉는 것이 있으면 수질이 나쁜 것이다. 수질이 좋은 것은 끓였을 때 찌꺼기가 남지 않는다.
- **맛을 보는 방법** : 맛이 없어야 좋은 물이다. 맛이 있다는 것은 외부의 이물질이 섞여 있다는 것이다. 담백한 맛을 내는 물이 최고고 그다음이 단맛을 내는 것이며 맛이 나쁜 것은 하품이다.
- **무게를 다는 방법** : 똑같은 그릇에 물을 담았을 때 가벼운 것이 좋은 물이다.
- **종이나 천에 뿌려 보는 방법** : 흰색의 종이나 비단, 천 등에 물을 뿌려 말렸을 때 아무 자국이 남지 않은 것이 좋은 물이다.

장미
봄, 5~9월, 붉은색 등

꽃의 여왕이라 불릴 정도로 대표적인 정원의 꽃이다. 2만5,000여 종이 개발됐는데 품종에 따라 형태, 모양, 색이 매우 다양하다.

서두르면 당하고 망설이면 놓치는 부동산

부동산을 구입할 때 신경 써야 할 것들이 많다. 가격이 크기 때문에 일반 상품보다 더 많은 생각을 하게 된다. 소유권에서부터 지적, 면적, 용도 등 공사법상 검토는 물론 매도할 때 손해 보지 않을지, 환금은 쉬운지를 분석해야 한다. 또 건축물이 있다면 기술상 하자가 없는지도 살펴야 한다. 교통과 편의시설, 향후 개발여건 등 입지분석도 필수다. 대금지급의 방법도 고려사항이다. 전원주택지를 고른다면 얼마나 살기 좋은 곳인가를 몇 번이고 생각해야 한다.

매입한 후 관리도 만만치 않다. 등기 이전을 하고 취득세를 내야한다. 세입자문제, 청소 등 관리문제도 따른다. 나중에 매도할 때 양도세도 따져봐야 한다. 국가 정책이나 제도의 변화, 세계경제의 흐름 등 외부적인 변수도 고려대상이 된다.

이렇듯 부동산 자체 문제뿐만 아니라 주변 여건에서 고려할 내용이 많아 부동산 활동은 어렵다. 값이 비싸고 주변 여건에 따라 변수가 많기 때문에 결정할 때 신중한 판단이 필요하다.

특히 전문가가 아닌 일반인들이 부동산 활동에서 현명한 결정을 내리기는 어렵다. 스스로 많은 공부를 하든가 다양한 정보를 찾아 분석해야 하는데 쉬운 일이 아니다. 공공기관은 물론 공인중개사, 개발사업자 등 외부 전문가의 도움이 필요하다.

요즘처럼 신문과 잡지, 인터넷에 정보와 전문가들이 넘쳐나는 상황에서는 옳고 그른 것을 가려내는 것도 쉬운 일이 아니다. 넘쳐나는 정보 중 판단을 흐리게 하는 잘못된 정보도 많고 자신의 이익만 챙기고 책임은 지지 않는 전문가들도 많다. 그래서 "부동산 중개업소만 잘 골라도 50%는 성공했다"고 할 수 있다.

정보의 진위가 의심된다면 국토교통부, 은행, 국세청 등을 통해 확인할 수 있다. 특히 귀농 귀촌을 위한 농지나 산림 관련한 정보는 농림축산식품부, 산림청 등을 통하거나 해당 지자체의 부동산 관련 부서인 건설과, 주택과, 농지과, 산림과 등을 찾아 상담하면 된다.

해당 부동산과 우선은 친해지는 것이 좋다. 전원주택과 같이 거주용 부동산이라면 새벽, 밤, 오전, 오후, 한 번씩 지켜봐야 하고 비 오는 날, 장마철, 눈 오는 날도 겪어봐야 한다. 이런 시간적인 여유

전원주택을 짓겠다고 토지를 산다면 해당 부동산과 우선은 친해지는 것이 좋다. 가능하다면 새벽, 밤, 오전, 오후, 한 번씩 지켜봐야 하고 비오는 날, 장마철, 눈 오는 날도 겪어봐야 한다. 주변의 얘기도 충분히 들어봐야 한다. 하지만, 그렇게 시간만 끌다보면 좋은 부동산은 놓칠 수도 있다.

가 없다면 부동산이 소재한 읍, 면, 동에 확인하고 이장 등 주민들과 친하게 지내면 훨씬 좋은 정보를 얻을 수 있다.

이런 점들을 종합해 결정은 본인이 하게 된다. 이때 중요한 것은 '시간을 끌다 보면 놓친다'는 것이다. 값이 비싸고 정보의 진위가 의심스러워 너무 오래 점검만 하다 좋은 부동산을 놓치는 경우가 많다. 좋은 부동산은 내가 결정을 내릴 때까지 기다려 주지 않는다. 부동산 거래를 할 때 '서두르면 당하지만 망설이다 보면 놓친다'는 금언이 생긴 이유다. 좋은 부동산은 망설이면 틀림없이 놓친다.

(정리)

부동산 거래 절차와 대금 지급 방법

부동산 매매 계약은 등기부등본상의 소유자와 해야 한다. 하지만, 등기부등본상의 소유자와 거래를 하지 못하고 위임을 받은 다른 사람과 해야 할 경우도 있다. 이럴 때는 인감증명서 등을 통해 대리인이 맞는지를 확인해야 한다.

▲ **등기부상 본인인 경우** – 신분증을 통해 본인임을 확인
▲ **소유주의 배우자인 경우** – 배우자와 통화를 한 후 주민등록등본이나 의료보험증을 통해 소유주의 배우자임을 확인하고 주민등록증을 통해 배우자임을 확인, 인감도장을 가지고 나오는 것이 좋음
▲ **대리인인 경우** – 부동산 매도용 위임장과 인감증명서, 대리인의 주민등록증을 통해 적절한 대리인인지 확인
▲ **미성년자나 한정치산자인 경우** – 법정대리인의 동의서 필요

■ **매매계약서 작성**

매매계약서를 작성하기 전에 우선 계약 내용(금액, 대금지불조건 등)을 결정한 후 계약서에 △ 매도인과 매수인의 신상에 관한 내용(성명, 주민등록번호, 주소, 연락처 등) △ 등기부등본상과 토지대장상의 목적물 표시 △ 매매금액과 계약금 및 대금의 지불시기 및 지급방법 △ 부동산의 명도시기 △ 소유권 이전등기 시기 △ 임차인 승계 여부 △ 매도인의 담보 책임 △ 계약해지 조건 △ 계약 날짜 △ 기타 매도 매수 과정에서 해결해야 할 내용 등을 적는다.
또 △ 매매가는 한자로 쓰되 아라비아숫자와 병행 표기하고 △ 누구나 이해하기 쉽게 쓰고 △ 특약란에는 계약 후 설정되는 근저당, 가등기, 가압류 등의 문제가 발생하였을 때 처리방법과 해약조건, 위약금 등의 사항 명시 △ 계약서 내용 중 일부 문구를 정정하는 경우에는 두 줄을 그어 말소하고 정정하고 날인을 해야 한다.
계약서에 계약사항들이 이상 없으면 기명날인하고 계약서 각 장마다 뒷장과 연결되게 입회인(중개인)과 매매 당사자 모두 간인한다. 계약금 지급에 대한 영수증을 받고 매도인, 매수인, 입회인(공인중개사)은 계약서를 각 1부씩 나누어 보관하게 된다.

■ **대금 지급**

부동산 매매계약을 할 때는 매도인과 매수인이 협의해 매매가격과 대금 지급 일정과 방법 등을 정하게 된다.
대금은 보통 계약금과 중도금, 잔금으로 나누어 지급하게 되고 기간은 일반적으로 계약에서 잔금까지 1~2개월 정도다. 중도금 없이 계약하는 경우도 많다.
계약금은 계약할 때 매매가의 10% 선에서 지급한다. 만약 매수인이 계약 후 포기할 경우에는 계약금을 돌려받을 수 없으며, 매도인이 계약을 해지하고자 할 경우에는 계약금의 2배를 변상해야 한다.
중도금은 40~50% 선에서 지급하게 되는데 지급할 때 등기부등본을 재확인해 계약 후 권리에 변동이 없는지 확인하고 지급 후 영수증을 받아 둔다.
잔금을 치를 때도 등기부등본을 재확인하여 그동안 근저당 설정이나 이중계약으로 인한 권리변동이 없는지 확인해 보아야 한다. 또 저당권이나 임차권, 전세권

등을 승계할 때 매매대금에서 공제할 금액을 정확히 계산했는지 한 번 더 확인한다.
매도인의 각종 세금과 관리비, 공과금을 납부했는지, 융자금을 승계할 경우에는 매도인이 잔금일까지 이자를 정산했는지 확인해야 한다.

이런 사항들에 문제가 없고 등기이전에 필요한 서류를 매도인으로부터 정확하게 받았을 경우 잔금을 치르고 영수증을 받는다.
잔금을 치를 때는 가급적이면 법무사가 동참해 소유권 이전 등기를 곧바로 할 수 있도록 하는 것이 좋다.

국화
봄~가을, 5~10월,
노란색·흰색 등

늦가을까지 피는 꽃으로 향기가 좋아 화단뿐만 아니라 실내에서도 많이 기른다. 사군자의 하나로 여기는 선비의 꽃이다.

(정리)

부동산 매매계약 후 해제할 경우

전원주택이나 토지 등 부동산 매매계약 후 사정이 생겨 계약을 이행하지 못하는 경우가 있다. 이때는 어떻게 처리해야 할까?

부동산은 다른 상품과 달리 일방적으로 계약을 해지하고 환불을 요구할 수 없다. 다만 다음과 같은 조건이나 방법으로 계약을 해지할 수 있다.

첫째, 부동산 매매 계약서를 쓸 때 특약사항으로 '일방적으로 해제할 수 있다'는 단서조항이 있다면 그 조항에 따라 계약을 해제할 수 있다.

둘째, 매매계약 체결 후 매도인은 받은 계약금을 두 배 상환하고 계약을 해제할 수 있고, 매수인이 해제하려면 계약금을 포기해야 한다. 계약금이 청약금이나 약정금, 보증금 등 다른 이름으로 지급되더라도 계약금으로 간주된다. 계약금 지급 이후 중도금이 지급된 상황이라면 어느 한쪽이 일방적으로 계약을 해제할 수 없다.

셋째, 계약서상 약속한 날짜에 잔금을 지급하지 않거나 약속한 액수만큼 지급하지 않았을 경우 계약을 해제할 수 있다. 이때도 바로 계약을 해제할 수 없고 먼저 언제까지 지급하라는 최고(보통 7일 정도)를 먼저 해야 한다.

■ 계약 후 계약금을 주고받은 경우 계약해제
- ▲ 매도인 : 계약금으로 받은 액수의 두 배를 위약금으로 상대방에게 상환하고 해약함
- ▲ 매수인 : 계약금으로 준 액수를 위약금으로 생각해 포기하고 해약함

■ 계약하고 중도금까지 주고받은 후 계약해제
- ▲ 매도인 : 잔금지급 독촉을 최고(통상 7일 정도의 기간을 주고 잔금을 지급하라고 통지)하고 최고 기간 내 잔금지급이 되지 않으면 계약해지를 통보한 후 계약 해제
- ▲ 매수인 : 매수인의 귀책사유가 없이 매도인이 계약을 해제할 목적으로 잔금수령을 거부할 경우에는 매도인 일방적으로 계약 해지가 불가능하며, 이때 매수인은 잔금지급일에 잔금을 법원에 공탁한 후 '소유권이전 절차 청구의 소'를 제기해 '소유권이전 등기 확정일자'를 받으면 매도인 협조 없이도 소유권이전 등기가 가능함

기반공사 완료된 '전원주택단지'라야 안전

집 짓는 땅은 구입하자마자 바로 집을 지을 수 있는 땅과 어떤 절차를 거쳐야 집을 지을 수 있는 땅 등 두 가지로 나눌 수 있다. 농지나 산지와 같이 집 짓는 땅이 아닌 곳에 집을 지으려면 복잡한 인허가 절차가 필요하다.

하지만, 지목이 대지이거나 전원주택단지와 같이 택지로 개발된 땅을 구입하면 바로 집을 지을 수 있다. 대지는 집이 지어져 있거나 집이 있다가 헐린 곳, 집을 짓도록 만들어진 땅이다. 하지만 농촌 지역에서는 집이 있다 하더라도 대지가 아닌 곳들도 많다.

전원주택지로 개발해 분양하는 땅도 바로 집을 지을 수 있다. 이렇게 택지로 개발해 놓은 땅은 모두 대지로 알고 있는 사람들이 많은데 실제로 대지인 경우는 거의 없다. 대부분 농지나 임야 상태에서 주택을 지을 수 있는 개발행위허가, 농지(산지)전용허가를 받아 집터로 공사만 해놓은 땅이다. 집을 다 짓고 난 후라야 지목을 농지나 임야에서 대지로 바꿀 수 있다.

지목이 대지인 땅이나 전원주택단지로 택지를 조성해 분양하는 땅은 농지나 임야를 구입하는 것보다 가격은 비싸지만, 복잡한 허가절차를 마친 후 기반공사를 해 놓았기 때문에 바로 집을 지을 수 있어 신경 쓸 일은 없다.

그러므로 택지 개발 후 분양하는 전원주택지를 구입할 때는 바로 집을 지어 살아도 문제가 없을 정도로 인허가를 마치고 기반공사 즉, 도로포장과 상하수도, 오폐수관로, 전기, 전화 등의 공사를 완료한 곳이라야 안전하다. 공사가 안 돼 있다면 기반공사에 대한 보장이 있어야 한다. 개별적으로 공사해도 문제가 없는지 알아보아야 한다.

간혹 토지 분할만 된 상태이거나 좀 더 진행해 인허가만 마친 상태에서 기반 공사는 입주민들이 알아서 하라는 식으로 분양하는 곳들도 있다. 이런 곳에 잘 못 들어가면 집짓는 일이 매우 복잡해질 수 있고 결국 못 짓는 경우도 있다.

요즘에는 그런 경우가 거의 없지만, 예전에 단지 내 전원주택지를 구입한 사람 중에는 가분할 상태의 공유지분 토지를 매입한 경우도 많았다. 이때는 분할이나 인허가, 기반공사 등을 하려면 승낙이 필요하므로 추진도 어렵고 전원주택지로 사용하기 힘들다.

인허가를 제대로 받아 놓은 곳이라 하더라도 단지 내 공사를 입주민들이 알아서 해야 한다면 서로의 이해관계로 인해 쉽지 않다. 개발 인허가 방법도 다양한 변수가 있고 또 공사 과정도 복잡하기 때문에 마음 맞추기가 쉽지 않다. 뜻 맞는 동호인들이 모였다가도 인허가 및 공사하는 과정에서 깨지는 경우가 많다. 집은 지어보지도 못하고 내 땅 하나 있는 것으로 만족하거나 결국엔 애물단지가 된다. 또 나 혼자 집을 지었다 하더라도 단지 내 다른 사람들이 안 지으면 준공에 문제가 생길 수도 있다. '인허가를 어떻게 받았느냐'에 따라 개별적으로 준공을 내는 것이 어려울 수도 있다.

정리하면 전원주택단지와 같이 택지로 개발해 놓은 부지를 살 때는 △'인허가를 제대로 받았는가?'도 중요하지만, 그 외에도 △'공사가 제대로 돼 있는가?' 공사가 안 돼 있다면 △'개별적으로 공사해도 문제가 없을까?' 또 △'개별적으로 집을 지어 개별준공이 가능한가?'를 따져 보아야 한다. 그 다음 △'안전하게 등기를 할 수 있는가?'와 도로나 단지 내 공용시설 등으로 인해 △'분양면적 대비 전용면적은 많이 줄지 않았는가?' 등을 챙겨야 한다.

벚나무
봄, 4~5월, 분홍색

가로수로 많이 심는 나무로 꽃이 화려하다. 까맣게 익는 열매는 버찌라 부른다.

단지형 전원주택지는 인허가 후 도로포장과 오폐수관로, 상하수도, 전기 등 기반공사가 완료된 것을 선택하는 것이 안전하고 좋다. 허가 후 공사는 직접 해야 하는 전원주택지를 분양받을 때는 현실적으로 개발할 수 없는 경우도 있어 주의 깊게 살펴봐야 한다.

철쭉
봄, 4~5월, 연분홍색 등

높이 2~5m로 철쭉은 걸음을 머뭇거리게 한다는 뜻의 '척촉(躑躅)'이 변해서 된 이름이다.

개발의 함정, 내 땅은 정말 최고일까?

사람은 물건이든 사회적 지위든 일단 무엇인가 소유하면 그것을 갖기 전보다 가치를 훨씬 높게 평가한다. 이런 현상을 행동경제학에서 '보유효과(endowment effect)'라 한다. 땅을 갖고 있는 사람들은 이런 경향이 좀 더 심하다. 이렇듯 자기 땅을 최고라 생각해 힘들어지는 사람도 많다.

자신의 땅을 택지로 개발해 분양하고 싶다는 사람들을 종종 만난다. 이들은 하나같이 자신의 땅이 '끝내준다'고 말한다. 하지만 현장을 찾아보면 말과 달라 실망할 때가 많다. 스스로 최고라 여기고 있으니 무슨 이야기를 해도 통하지 않는다.

그러한 사람들이 내세우는 개발 컨셉은 하나같이 '고급'이다. 땅이 좋기 때문에 고급택지로 개발해 비싸게 팔겠다는 것이다. 주변 사람들도 거든다. 개발만 하면 한 필지 사겠다며 부추기는 사람도 있다. 계산기를 두드려보면 대박이다. 주변의 지대한(?) 관심과 대박의 꿈에 젖어 포크레인을 부른다. 까고 뭉개고 잘라내 택지를 만든다.

하지만 막상 장을 펼쳐 놓으면 다르다. 한 필지 사겠다던 사람들도 하나둘 꼬리를 뺀다. 돈은 자꾸 들어가는데 분양이 되지 않으니 조급해진다. 시간만 보내다 결국 큰 손해를 본다.

냉정하게 가격을 내리라고 말하면 우선 주변 가격과 비교한다. 주변서 가장 비싸게 팔린 땅과 비교하니 가격을 내리기 억울하다. 가격을 못 내리는 이유는 또 있다. 본전 생각을 한다. 하지만 본전은 대부분 본인이 잘못한 비용이다. "내가 들인 돈이 얼마인데…"가 논리인데 들인 돈에는 스스로 실수한 비용이 많이 포함돼 있다. 본인이 잘못해 들인 비용도 다 받아내겠다는 것이다. 그런 비용까지 대신 내 주며 땅을 사겠다는 사람은 없다. 집을 팔겠다는 사람 중에도 자신이 잘 못해 두 번 세 번 들인 비용을 받겠다는 사람이 많다. 이만큼 들었기 때문에 그만큼 받아야 본전이란 것이다. 그걸 다 인정해 줄 눈먼 임자가 나타나길 기다리지만 쉽지 않다. 땅을 개발한다면 내 땅을 뻥튀기 해 보고 있는 것은 아닌지 냉정히 생각해야 한다. 실수한 비용까지 덤터기 씌워 받아내려다 시간만 보내고 큰코다칠 수 있다는 것도 명심해야 한다. 그래서 실수하지 않는 계획과 진행이 중요하다.

(정리)

좋은 집터를 찾기 위한 검토 사항

초보자들이 토지를 구입할 때 서류 이외에도 주의할 점들이 많다. 좋은 집터를 찾고자 할 때 살펴봐야 할 내용을 정리해 본다.

■ **자연적 여건**

△ 지형
예로부터 선조들은 좋은 땅을 말할 때 '배산임수(背山臨水)'라는 말을 흔히 썼다. 뒤로는 산이 있고 앞으로는 개울이 흐르는 땅을 말하는데, 거기에 남향의 부지가 최적의 입지조건이다. 주의해야 할 것은 하천 등이 주택부지와 너무 가까운 것은 피해야 한다. 평상시에는 물이 넘치지 않는다 하더라도 여름철 장마 때에는 일시적으로 범람할 수 있기 때문이다. 그러므로 사전에 그런 문제를 방지하기 위해 그 지역에 대해서 잘 아는 인근 지역 주민들의 의견을 충분히 수렴하는 것이 좋다.
지반의 상태는 가급적이면 본 땅이 좋다. 풍수에서 "수맥이 통과하는 곳이나 수맥이 모이는 장소에는 기(氣)가 빠져 아프거나 안 좋은 일들이 생긴다"고 했다. 지반의 상태를 점검할 때 잊지 말아야 한다.

△ 경사도
경사도는 완만한 것이 최적이다. 임야에서는 급경사일 경우 전용허가를 얻기가 쉽지 않고 토목공사비도 많이 들어 개발비의 증가 요인이 된다. 반대로 주변보다 낮은 지역에 위치하는 경우에는 성토해야 한다.

△ 토질
토질에 자갈이 너무 많거나 토질이 부석부석하고 검은 진흙이 많으면 가급적 피하고 굳고 단단한 땅이 좋다.

△ 형세
산의 형세가 삐뚤거나 부서진 모양을 한 곳은 좋지 않고 무엇보다도 산줄기가 끊어지지 않아야 한다. 산에는 임상(산림의 하층에서 생육하고 있는 관목 · 초본 · 이끼 등의 하층식생의 총칭)이 너무 많으면 개발이 쉽지 않으므로 피해야 한다.

△ 기후
너무 춥거나 너무 더운 지역, 일조시간, 강수 및 강설량, 안개 등 지역적으로 기후 조건에 차이가 있을 수 있다. 본인의 취향을 고려해 선택해야 한다.

△ 경치
저수지, 강, 계곡 등 물이 있는 곳이면 풍경이 아름답고 사람들이 모이는 곳이라 지역적으로 토지가격이 높게 형성돼 있다. 반면 습도가 많고 안개 때문에 일조량이 떨어지는 취약성도 있으므로 신중히 검토해야 한다.

■ **사회적 여건**

△ 도로여건
도시로 출퇴근해야 하는 경우 출퇴근 시간이 1시간이내여야 하고 도로망이 잘 정비되어 있어야 한다. 그러므로 고속도로 톨게이트나 국도로 쉽게 접근할 수 있

는 지역이 좋다. 만약 주도로가 하나일 경우에는 교통체증이나 교통사고 시 많은 시간이 소요될 수도 있다. 대체도로가 있는지를 살펴보는 것도 좋다.

△ 대중교통여건
출퇴근은 대부분 자가용으로 하겠지만 매일 자가용을 운행할 수 없는 경우에는 버스나 지하철 또는 기차 등 대중교통 수단과 연계될 수 있는지를 꼼꼼히 살펴보는 세심함도 필요하다. 급한 일이 생겼을 때는 대체도로가 필요하다.

△ 교육여건
초·중·고등학교 등이 근방에 있으면 좋다. 누구나 전원생활을 꿈꾸지만, 막상 실행하지 못하는 이유 중 가장 큰 요인이 자녀의 교육문제이다.

△ 의료시설여건
의료시설의 접근성은 상당히 중요한 요인이 될 수 있다. 갑작스러운 비상사태가 생길 수 있기 때문이기도 하지만, 인근에 있으면 부가가치를 높이는 요인이 될 수도 있다.

△ 위험·혐오시설
위험한 물질을 제조하는 공장, 소음을 많이 발생시키는 공장, 악취를 배출하는 공장 등이 인근에 있으면 주택지의 가치를 떨어뜨리게 된다. 따라서 위험, 혐오시설의 입지여부를 꼼꼼히 살펴보아야 한다.

△ 근린상업시설의 입지
생필품을 원활하게 조달할 수 있도록 배후지역에 근린상업시설들이 잘 발달해 있으면 좋다.

■ 인문적 여건

△ 지역주민의 성향
사람은 혼자서 살 수 없으므로 전원생활은 지역주민과의 교류가 상당히 중요하다. 농촌지역은 도시와 달리 외지인에게 배타적인 성향이 있을 수도 있다. 지역주민과 융화할 수 있는 마음가짐이 필요하다.

△ 주변의 개발여부
주변지역에 대규모 개발계획이 있으면 도로여건이 좋아지고 지역이 발달하게 되어 투자가치가 그만큼 증가하게 될 것이다.

△ 레저휴양 시설 등
나들이를 할 수 있는 장소, 경관이 좋은 곳이 가까이 있으면 좋다. 너무 가까우면 관광객들로 번잡할 수 있다는 점도 염두에 두어야 한다.

■ 개발 여건

△ 정사각형의 부지
직사각형이나 부정형부지의 경우에는 여유 공지 등이 많아 좋기는 하지만, 주택을 짓기에는 적당하지 않다. 물론 평형을 어떻게 하느냐의 여부에 따라 달라지지만 주택의 폭은 최소 8~10m 이상 확보해야 한다. 따라서 부지가 정사각형이나 이와 비슷한 부지의 형상이 사용하기 좋다. 꼭 사각형이 아니라도 부지 모양에 따라 설계만 잘하면 오히려 재미있고 독특한 공간 구성을 할 수 있다.

△ 대지의 최소 폭
일반적으로 살림집의 경우에는 10~12m 이상의 주택 폭이 나오는데 그 이하가 되면 평면 계획이 흐트러질 수도 있다. 따라서 대지의 최소 폭은 조경과 주차여건

등을 감안한다면 최소한 25m 이상을 확보할 수 있는 부지가 좋다.

△ 도로 폭
주택을 건축하려면 최소한 4m 이상의 도로와 접해 있어야 한다. 도로가 없는 맹지의 경우에는 건축허가를 받을 수 없다. 건축법에서는 모든 건축물은 4m 이상 도로에 접해야 하고 도로에 접한 대지의 길이는 2m 이상이어야 한다고 규정하고 있다.

△ 부지 방향
부지 방향은 전통적으로 남향을 선호한다. 남향 중에서도 정남향보다는 남동향이 좋다고 하지만, 최근에는 방향보다는 풍경을 선호하는 경향이 두드러진다. 방향은 원래 냉난방시설이 변변치 못한 예전의 이야기로 치부한다. 냉난방시설 발달로 방향은 중요한 고려 사항에서 멀어지고 있지만, 그래도 전원주택에서는 볕이 잘 드는 남향이 좋다.

■ 행정적 여건

△ 지적공부 확인
토지이용계획확인원, 지적도 그리고 토지대장 등은 반드시 확인해야 하고 관리지역인지도 반드시 확인해야 한다. 특히 산지의 경우 전용이 가능한 지역일지라도, 임상이 좋거나 입목본수도가 50% 이상이거나 경사도가 심한 경우에는, 실무에서 산지전용 허가를 받기가 매우 까다롭다. 이는 지역별로 법률 적용이 다르므로 반드시 확인해야 한다.

△ 현황지목 파악
지목이란 토지의 이용 상황을 표시하는 것으로 토지대장과 지적도 또는 임야도에서 확인할 수 있다. 지적공부에 등재된 지목은 공부상 지목이고 실제로 이용하고 있는 지목은 현황 지목이다. 공부상 지목과 현황 지목이 다를 수 있으니 반드시 현황 지목에 대한 개념을 알아야 한다.

△ 소유권이전 여부
아무 토지나 취득을 자유롭게 할 수 있는 것은 아니다. 농지의 경우에는 농지취득자격증명을 발급받아야 취득할 수 있다. 이처럼 토지를 매입 후 소유권 이전이 가능한지를 알아보아야 한다.

△ 특별한 규제
법률에 따라, 지역마다 적용되는 특별한 규제가 있다. 특히 수도권 팔당상수원 인접 지역과 같은 강변이나 국립공원 등 자연환경보전지역, 상수원보호구역, 군사시설보호구역, 문화재보호구역 등은 세심한 주의가 필요하다.

산수유
봄, 3~4월, 노란색

이른 봄에 노란 꽃을 피우며 열매는 녹색이었다가 붉게 익는다. 약간의 단맛과 함께 떫고 강한 신맛이 난다.

(정리)

내 땅 제대로 알기와 땅 치유하기

내 땅을 제대로 아는 것이 좋은 땅을 만드는 방법이다. 문제가 있다면 치유하면 재테크도 된다. 내 땅 제대로 알기와 치유방법을 소개한다.

■ **경계**
내 토지에 대해 제대로 알려면 우선 경계부터 정확히 알아 두어야 한다. 실제 측량해보면 알고 있었던 경계와 차이나는 경우도 많다. 경계를 정확히 알려면 국토정보공사(예전 지적공사)에 의뢰해 경계측량을 하는 것이 원칙이고 비용도 든다. 경계측량을 할 때는 연접한 땅의 지주들에게 측량 사실을 알리고 입회를 시키는 것이 좋다. 그래야 나중에 다른 말을 하지 않기 때문이다. 측량하기 전에 지적도(혹은 임야도)를 먼저 체크해 보는 것이 좋다. 지적도에 나타난 땅의 모양과 실제 사용하고 있는 현황의 모양이 같다면 문제없지만 다른 모양을 하고 있다면 경계에 문제가 생긴 것이다. 이럴 때는 되도록 빨리 측량해 바로 잡아 두어야 한다.

■ **도로**
지적도에서 중요하게 챙겨볼 것은 도로다. 도로가 있는 땅이라야 이용이나 개발에 문제가 없다. 물론 지적상 도로가 현황에도 있어야 한다. 도로가 없다면 도로 확보에 우선 신경 써야 한다.

■ **지목**
지목도 알아보아야 한다. 지적법상 땅들은 필지마다 각자의 지목을 갖고 있다. 지목은 그 땅의 쓰임, 즉 용도인데 종류는 모두 28가지다. 땅은 지목대로 사용해야 한다. 대지라면 집을 짓는 땅이고 전이라면 밭농사를 짓는 땅이다. 과수원은 과수나무가 심겨 있고 하천이라면 물이 흘러가는 땅이다.
하지만 땅은 그 쓰임대로 쓰이지 않는 경우도 많다. '전'인데 벼농사를 짓는 경우도 있고 '답'인데 밭농사를 짓기도 한다. 지목이 임야인데 밭으로 사용되는 경우도 있다. 사용에는 큰 문제 없지만, 개발할 때는 지목에 따라 허가방법이 달라진다.

■ **건물**
시골에 집이 있다면 그 토지는 당연히 대지이고 건축물대장이 있을 것이다. 하지만 주택으로 알고 있는데 실제는 주택이 아닌 창고나 축사 등을 개조해 주택으로 사용하는 경우도 있다. 또 건축물대장이 있는 건물인데 부지가 대지가 아닌 농지나 임야인 경우도 많다.
용도지역이 맞는다면 건물의 면적(건축물대장에서 확인)에 비례한 건폐율 내에서 대지로 전용이 가능하기 때문에 미리 대지로 만들어 놓는 것이 좋다.

■ **타인 사용**
다른 사람이 사용하는지도 확인해야 한다. 특히 내 땅에 다른 사람의 묘지가 있다면 '분묘기지권'에 해당하는지 여부를 파악해야 한다. 분묘기지권이란 '토지소유자의 승낙 없이 분묘를 설치한 후 20년간 평온 공연하게 분묘를 점유한 경우'에 갖는 권리다. 반대로 최근에 생긴 묘지가 있다면 이장을 요구할 수 있다.
또 자신의 땅에 다른 사람의 건축물이 있거나 주민들이 관습적으로 사용하는 도로가 있다면 정리해 놓아야 한다. 그렇지 않으면 나중에 문제가 된다.

■ **용도지역 및 규제**

용도지역도 확인해 놓는 것이 좋다. '국토의 계획 및 이용에 관한 법률'에서 우리나라 땅은 도시지역, 농림지역, 관리지역, 자연환경보전지역 등 네 개의 용도지역으로 구분해 놓고 있는데 나름대로 특성이 있고 쓰임도 다르다. 농촌지역에서는 관리지역이라야 개발이 쉽다. 규제에 대한 부분도 챙겨야한다. 문화재보호구역, 군사시설보호구역, 상수원보호구역 등 땅이 어떤 규제를 받고 있다면 원하는 대로 개발이 불가능하거나 까다롭다.

용도지역과 규제사항, 지적 등에 대한 내용은 '토지이용계획확인서'를 발급받아보면 확인할 수 있다.

회양목
봄, 4~5월, 노란색

키는 5m 정도까지 자라며 석회암지대가 발달한 강원도 회양(淮陽)에서 많이 자랐기 때문에 회양목이라고 한다.

(정리)

땅 살 때 확인해야 할 서류 다섯 가지

토지를 구입할 때 계약하기 전 필히 챙겨보아야 할 서류와 확인할 내용을 정리해 본다.

■ **토지(임야)대장**

토지(임야)대장은 토지(임야)의 주소와 지번, 지목(변경여부), 면적, 소유권의 변동사항 등을 확인할 수 있다. 그리고 하단에 토지의 등급과 개별공시지가가 표기된다. 여러 명의 명의로 되어 있는 경우에는 공유자명부가 첨부되어 있다.

토지대장에서는 지번과 면적, 지목 등을 주의 깊게 봐야 한다. 거래하고자 하는 땅의 면적과 지목이 토지등기부등본상에 다르게 기재되어 있거나, 실제 토지의 면적이나 지목이 다를 경우에는 토지대장에 나타나는 면적과 지목을 기준으로 한다.

■ **지적도**

지적도에는 토지의 소재, 지번, 지목, 경계, 도면 등이 등록돼 있다. 현장답사를 할 때 꼭 필요하다. 토지의 모양과 도로, 인접 토지와의 경계 등을 확인할 때 지적도가 중요하다.

지적도상 도로가 접해 있어야 개발행위허가 등이 원칙적으로 가능하다. 하천이나 구거(도랑) 옆에 있는 땅은 하천의 범람 등으로 지적도상의 경계와 현황이 다를 수 있으므로 주의해야 한다.

지목은 임야라도 지번 앞에 '산'이 있으면 임야도를 발급받아야 한다. 지목은 임야라도 지번 앞에 '산'이 없는 일반 지번의 경우에는 '토임'이라 해서 등록 전환되었기 때문에 지적도를 확인해야 한다.

■ **토지이용계획확인서**

토지이용계획확인서는 땅의 현재 상태와 활용 가능성 여부 및 규제사항 등 토지의 이용에 관한 모든 것을 한눈에 확인할 수 있는 서류다. 토지 소재지 주소와 지번, 지목, 면적 등의 기본적인 사항과 함께 도시관리계획상의 용도지역, 용도지구, 용도구역, 도시계획시설, 지구단위계획 여부 등을 표시해 놓았다. 그 땅을 어떤 용도로 사용할 수 있고 어떤 규제를 받고 있는가도 알 수 있다.

■ **등기부등본**

토지등기부등본은 토지의 소유권과 그 외의 권리관계, 소유주를 확인할 수 있다. 토지에 건물이 있으면 건물의 등기부등본은 별도로 존재하므로 이를 확인해야 한다.

거래할 때 등기부등본상의 명의자와 실제 계약자를 신분증을 통해 꼭 확인해야 한다. 만일, 불가피한 사정이 있어 대리로 거래를 하면 부동산 매도에 대한 위임장을 확인하고 잔금 지급과 소유권이전 등기를 동시에 해야 한다.

등기부등본에 나타나 있는 법적 권리관계를 꼼꼼히 따진다. 경매, 저당권, 가압류, 가처분, 가등기, 예고등기와 같은 사항들이 설정돼 있는지 확인해야 한다.

토지 등기부등본에 나타나 있지 않은 권리관계도 있다. 토지에 소유자가 아닌 사람이 묘지를 쓴 경우에는 함부로 묘지를 이장하라고 요구할 수 없는 분묘기지권, 해당 주민들이 관습적으로 도로 등으로 사용하는 토지는 소유권 주장이 어렵다. 땅과 건물의 소유자가 다른 건물이나 나무의 소유권이 인정되는 법정지상권, 건물 소유자에게 채권을 변제받을 때까지 점유, 임차, 유치할 수 있는 점유권, 임차권, 유치권 등이 있다. 이러한 권리는 등기부등본상에 기재되지 않아, 현장답사를 통해 탐문해 보아야 한다.

■ **건축물대장**

토지에 건축물이 있는 경우에는 반드시 건축물대장을 통해 소유자와 평수, 구조 등을 확인해 정상적인 건물인지, 무허가 건물인지를 알아보아야 한다. 건축물이 사용할 수 없는 폐가라 하더라도 토지를 매입할 때 지상권에 대한 부분도 반드시 명시해야 한다. 또 토지주와 건축물 주인이 같은 사람인지를 확인해야 한다. 서로 다른 경우도 종종 있으므로 건축물에 대한 계약도 별도로 해야 한다.

앵두나무
봄, 4~5월, 흰색

앵도나무라고도 한다. 꽃은 흰색 또는 연한 붉은색이며 둥근 열매는 6월에 붉은색으로 익는다.

이런 집짓기
01

5일 만에 집짓기 끝, '모듈러주택'

이 집은 1층 53.74㎡(16.26평), 2층 29.04㎡(8.78평)로 총 82.78㎡(25.04평) 크기다. 하나의 집을 5개로 나누어 공장에서 완성 후 현장으로 이동 조립해 지은 경량목구조공법의 모듈러주택이다. 계약 후 공장에서 집이 지어지는 사이, 건축주는 토지 인허가와 현장토목공사(오·폐수관로, 상하수도, 정화조, 콘크리트기초 등)를 하고, 완료되면 바로 설치할 수 있다. 공장에서 완성한 주택은 5톤 트럭에 실어 현장으로 운송해 크레인을 이용 조립한다. 다섯 개 모듈을 조립하는 데 대략 5시간 정도 걸린다. 조립이 끝나면 모듈과 모듈이 만나는 곳을 결합 및 마감하고 외부 데크공사 등을 하면 집짓기가 끝난다. 이동 설치 및 외부 데크를 완성하는데 약 5일 정도 걸린다.

토지 기반공사를 제외하면 현장에서 순수하게 집을 짓는 데 5일밖에 걸리지 않아 건축주 입장에서는 빠르고 간편한 집짓기를 할 수 있다. 특히 현장 공사가 많지 않아 주변이 깨끗하고 청소나 인부 관리 등 신경 쓸 일이 없다. 시공이 간편하고 시간도 빠르므로 결국 건축비 절감 효과가 크다.

01_ 공장에서 벽체 단열 작업 중
02_ 공장에서 모듈러주택 완성
03_ 트럭을 이용해 현장으로 이동
04~08_ 크레인을 이용해 모듈러주택을 조립하는 모습

■ 설계 및 시공: (주)스마트하우스, 032-932-4805

09, 10, 11_ 완성된 모듈러주택의 외부 모습

12, 13, 14_ 모듈러주택 완성된 내부 모습

땅 찾기 중트

"땅들이 네 앞에서 줄 서 있는 줄 아니?"

* 이 이야기는 땅 구하는 초보자들에게 도움이 될 수 있는 내용으로 저자가 지어낸 것입니다.

퇴직금 중간정산을 하면서 목돈이 생겼습니다. 이렇게 갑자기 큰돈이 생기자 이시내씨는 마음이 들떴습니다. 평소 생각했던 주말주택 계획을 실행에 옮길 수 있었기 때문입니다. 주말주택을 지어 살다 좀 더 자신이 붙으면 아예 시골에 내려가 살겠다는 생각을 늘 했었습니다.

이시내씨는 연구소에 근무하며 대학에서 유전학을 가르치는 교수이기도 합니다. 주변에서는 너무 잘 났기 때문이라고도 하고 눈이 너무 높다고도 합니다. 그래서 마흔 중반이 되도록 시집을 못 가고 혼자 산다고 수군거립니다. 가족들은 대 놓고 그런 말을 합니다.

그들의 말대로 너무 잘 나서 남자들이 지레 겁먹고 접근을 하지 못하는 건지 아니면 정말 눈이 높은 것인지 본인도 알 수는 없지만, 여태껏 마음에 드는 사람을 만나지 못했습니다. 그러다 보니 자연 결혼이 쉽지 않았습니다.

땅을 찾아 나섰을 때도 결혼하는 것과 같았습니다. 주머니 든든하게 돈만 넣고 나가면 좋은 땅은 얼마든지 찾을 수 있을 것으로 생각했습니다. 돈이 없지 땅이 없겠느냐는 생각으로 이 넓은 땅덩어리에서 전원주택 지을만한 땅 한 뙈기 찾는 것은 식은 죽 먹기만큼 쉬울 것 같았습니다. 하지만 그것이 쉬운 일이 아니었습니다.

결혼하기와 마찬가지로 이것이 좋으면 저것이 꼭 빠졌습니다. 인물이 좋으면 학벌이 빠지거나 재산이 많으면 사람 됨됨이가 아닌 것 같이, 산이 좋으면 물이 없고 남향이면 경관이 안 따라주었습니다. 이것저것 갖추었다 싶으면 가격이 주변의 두 배나 돼 엄두를 내지 못했습니다.

주머니에 돈을 넣고 다니면서도 제대로 된 땅 하나 찾지 못하며 시간만 보내고 있을 때 강화도에서 전원주택 지어 살고 있는 막내 고모가 거들고 나섰습니다.

초등학교 선생님으로 계시다 고모부 건강 때문에 명예퇴직을 하고 전원주택으로 이사한 고모를 만난 것은 큰 조카 결혼식에서였습니다. 올봄 고모네 집에 다녀온 후 이시내씨는 전원주택을 지어 살아야겠다는 생각을 더욱 굳혔고 서둘게 되었습니다. 잔디가 깔린 마당에 벽난로가 있는 거실, 주변엔 푸른 들판이 펼쳐지고 파라솔이 있는 데크에서는 따뜻한 햇살이 소곤거렸습니다.

그런 막내 고모네 집이 너무 좋아 보였습니다. 이시내씨는 전원주택 선배인 고모한테 땅찾기 상담을 청했습니다.

"나 지금 주말주택 하나 지어보려고 땅 찾아다니는데 도저히 마음에 드는 땅을 못 찾겠어. 고모가 선배로서 어떤 땅이 좋은지 상담 좀 해주라."

이시내씨는 고모들과 격의 없이 지낼 정도로 가깝습니다. 특히 막내 고모와는 나이 차이도 많이 나지 않아 친구처럼 지냅니다.

"좋은 땅을 찾는다면 그런 땅은 없어! 좋은 땅 찾다 평생 주말주택이고 전원주택이고 포기해야 한다. 100% 마음에 들어 결혼하는 사람 없듯이 100% 마음에 드는 땅 없어! 살면서 맞추어 가는 거고 살면서 나한테 맞도록 만들어 가는 거야! 왜 그런 광고도 있잖니. 남자는 여자 하기 나름이라고… 땅도 주인이 가꾸기 나름이야!"

이시내씨는 자신의 짧은 땅 찾기 경험에 비추어 심정적으로는 그 말이 이해는 갔지만 믿으려 들지는 않았습니다. 좋은 땅을 구할 능력이 없는 것을 두고 괜히 에둘러서 편하게 하는 말이란 고집이 생겼습니다.

"무슨 선배가 그래. 어디에 가면 얼마짜리 땅이 있으니 가보라든가 아니면 이렇게 생긴 땅이 좋다든가 해야지 아무 땅이나 사서 맞추어 살라니…. 고모도 전원생활 사이비로 하고 있구나."

그러자 고모는 빙그레 웃으며 그래 열심히 한번 골라 보라는 투로 말을 받습니다.

"기집애! 니 잘 난 건 나도 알아. 머리 좋고 똑똑하고 남들 부러워하는 직장에서 박사님으로 끗발도 있고 등등…. 그런데 문제는 땅들은 너 잘났다는 걸 몰라. 사람들이야 너가 박사고 연구원이니 잘났다는 걸 알고 어떻게든 잘 보이려 네 앞에서 꼬리도 흔들지만 땅은 그럴 줄 몰라. 언제나 그 자리에서 그 모습만 보이거든…. 그러니 항상 잘난 대접만 받는 너 앞이라고 땅들이 와서 줄을 설 줄 아니? 땅이 잘난 너한테 나 여기 있으니 날 잡아가슈 하며 달려들기라도 하는 줄 아니? 남자놈들이야 너가 잘난 것 알고 나 잡아가슈 하며 꼬리를 치기도 하고, 그래도 네 눈에 차는 남자 없어 시집 못 가고 있지만 땅은 그러지도 않아! 열심히 찾고 골라봐라 네 맘에 드는 게 나오나!"
골려주는 것이 재미있다는 표정으로 싱글거렸습니다. 고모는 이시내씨만 만나면 늘 제 잘난 맛으로 살고 눈이 높아 시집도 못 간다며 골렸습니다.
"고모! 또 인신공격이야! 왜 땅 찾는 얘기하다 시집 안 가는 얘기는 하고 그래! 땅 찾을 재주 없으면 그것으로 끝이지! 좋은 땅 하나 찾아 고모한테 꼭 복수할테니 그런 줄 알아! 대한민국에서 열심히 하면 안되는 게 어딨어?"
"박사님 그러세요? 그럼 시집가는 것부터 열심히 해보시지요? 혼자 늙는 조카 보는 것도 크게 안 좋거든요!"
"늙기는 내가 왜 늙어! 정말 좋은 땅 찾아 복수할테니 그런 줄이나 알고 계세요. 고모님! 하여튼 좋은 땅 보이면 나한테 전화해야 해!"
그렇게 삐친 척하고 자리를 뜨는 이시내씨의 뒷꽁지에 대고 고모는 또 한마디 했습니다.
"내가 그렇게 말하는데도 못 알아듣는구먼! 좋은 땅은 없다고…. 좋은 땅은 있는 것이 아니라 만들어지는 거야? 알겠어!"
"내가 구하는 것이나 구경하세요. 고모님!"
혀를 날름 내밀고 고모와 헤어졌습니다.

이시내씨는 고모한테 큰소리친 것도 있고 또 마음 결정을 하면 끝장을 보는 성격도 있고 하여 다음날부터 보다 적극적으로 땅을 찾아 나섰습니다. 인터넷 사이트를 뒤져 등록된 매물을 검색하고 그동안 눈여겨보았던 지역의 부동산중개업소를 찾아 연락도 해보았습니다. 여기저기 아는 사람들에게 소문도 냈습니다. 그러다 보니 이곳저곳에서 연락도 많이 왔고 특히 연락처를 남기고 온 부동산중개업소에서는 수시로 전화가 왔습니다.
"아주 끝내주는 물건이 하나 나왔는데 박사님이 찾으시는 겁니다. 쉽게 구할 수 없는 물건이니 남들 채가기 전에 빨리 와보세요."
그래서 없는 시간 쪼개가며 달려가 보면 평범하거나 그 이하인 경우가 대부분이었습니다. 어떤 부동산중개업자는 고객들에게 어떻게든 땅을 보여주는 것이 장사가 되는 줄 아는지, 그러다 얼렁뚱땅 계약이라도 되면 한 건한다는 심산인지, 정말 수준 이하의 땅을 좋은 땅이라며 소개를 했습니다. 어떤 경우에는 이런 땅도 계약 못하면 우리나라에서는 마음에 드는 땅 없으니 이민을 가야할 것이라며 비아냥거리기도 했습니다.

그러던 중 연구하고 있는 과제의 자료를 얻기 위해 대학 은사를 찾을 일이 있었습니다. 이야기를 나누다 전원주택이 화제가 됐습니다. 은사는 퇴직 후를 생각해 양평에 전원주택지를 하나 봐두었다며 자랑을 했습니다.

"교수님, 저도 요즘 전원주택 지을 땅을 찾고 있는데 소개해줄 만한 땅 없어요? 주말주택이나 하나 지어 살다 기회가 되면 옮겨 살려고 하는데… 부탁드려요."

그러자 은사는 의외라는 듯 말을 받았습니다.

"그래? 이박사가 그런데 취미가 있는 줄 몰랐는데…. 어디 보자… 있기는 한데… 자네 마음에 들려나?"

그러면서 책상 서랍을 뒤적이더니 봉투를 하나 꺼냈습니다. 그 속에서 지도와 필지분할도 등 서류 몇 장이 나왔습니다.

"내가 계약을 하려다 만 것인데…. 땅이 마음에 안 들어서가 아니라 내가 생각하는 것을 하기에는 조금 좁다는 생각이 들어 포기한 거야. 전원주택단지로 개발해 분양하는 건데 위치도 괜찮고 경관도 빠지지 않고 무엇보다 고속도로에서 가까워 교통이 편리하다는 것이 장점이지. 나도 꽤 많이 찾아다녔는데 좋은 땅 찾기 정말 힘들더군. 이 땅은 그렇게 찾아다니며 본 땅 중에 가장 괜찮은 것 중 하나였는데 아깝게 포기한 거야. 관심 있으면 한번 가보든가."

그러면서 봉투째 건네주었습니다. 엉겁결에 봉투를 받아들고 연구실로 돌아와 봉투 속의 서류를 꺼내 다시 찬찬히 들여다보았습니다. 여주에 있는 전원주택단지로 사진으로 보았을 때 경관이 좋아 보였습니다. 안내 자료에는 고속도로에서 진입하기 좋으며 모든 기반시설을 갖추고 있어 곧바로 집을 지을 수 있다고 했습니다. 게다가 제2영동고속도로가 생기면 서울로 진입하기가 더욱 쉬워지고 투자가치도 있다고 했습니다.

경관 좋고, 교통 좋고, 투자가치 있으며 완벽한 시설을 갖추었다는 점 등은 분양하는 전원주택단지들의 단골 문구지만 그래도 관심이 갔습니다. 게다가 꼼꼼하기로 소문난 은사님이 추천한 것이었기에 믿음도 생겼습니다.

현장을 방문했을 때 부지는 눈에 100% 쏙 들어오지는 않았지만 크게 흠잡을 곳도 없었습니다. 지금까지 보았던 땅 중에서는 가장 괜찮았습니다. 개발을 위해 나무를 베고 땅을 파놓아 좀 삭막해 보였지만 집을 짓고 정원을 꾸며놓으면 괜찮은 모양이 나올 것 같았습니다.
분양사무실이라고 나무판에 페인트로 대충 써 달아놓은 컨테이너 박스 안에서 흙이 잔뜩 묻은 작업복을 입은 중년의 남자가 나와 설명을 했습니다. 말투가 분양할 생각이 없는지 사려면 사고 말려면 말라는 식이었습니다.

"보이는 것 그대로예요. 더 말씀드릴 것도 없고 뺄 것도 없어요. 좋은 위치는 빨리 팔리거든요. 얼마 안 남았어요. 마음에 드는 필지가 있으시면 말씀하세요. 공사를 해서 팔기 때문에 옆에 있는 농지보다는 좀 비싸요."

지금까지 땅을 팔겠다며 없는 것까지 덧붙여 침을 튀기던 사람들만 만나본 이시내씨는, 남의 밭일 나가는 사람처럼 딴청을 부리는 남자의 어투가 오히려 믿음이 갔습니다. 몇 번 돌아보니 가장자리 쪽에 있는 필지 하나가 마음에 들었습니다. 가운데 있는 부지들과는 달리 가장자리라 집을 지으면 전면이 트일 것 같았습니다. 예상했던 것보다 땅값이 조금 비싸다는 생각이 들어 좀 더 알아보아야겠다는 생각은 했지만 내심으로는 계약을 해야겠다고 마음을 먹었습니다.

"그런데 땅값이 좀 비싼 것 같아요?"

"인허가 다 받았죠. 수도 전기 다 들어오죠. 도로포장 다 됐죠. 집만 지으면 돼요. 그러니 옆에 있는 땅보다는 당연히 비싸죠."

자주 듣는 이야기인지 흙 묻은 작업복 남자의 답변에는 짜증이 묻어나는 듯 했습니다. 다음에 다시 들르겠다는 말을 남기고 부지를 나섰습니다. 차를 돌려 나오다 동네 시세를 알아보고 분위기나 한번 보고 가자며 마을 안쪽으로 들어가보았습니다. 제법 살만한 동네인지 번듯한 집들이 여러 채 보였습니다. 산 밑으로는 도시민들이 들어와 지은 집이란 것을 한 눈에 알 수 있을 정도로 세련된 전원주택들도 보였습니다.

어림으로 마을 가운데 쯤 돼 보이는 위치에 마을회관이 있었습니다. 그 앞 공터에 차를 세우는데 마을회관의 문을 열고 밖으로 나오는 남자와 마주쳤습니다. 그 남자는 이시내 씨를 빤히 쳐다보았습니다. 처음 보는 얼굴에 대한 경계가 분명했습니다.

무안하기도 하여 이시내씨가 먼저 고개를 숙여 인사를 하고 말을 건넸습니다. 전원주택지를 찾을 때는 주변 인심도 보라고 했는데 이렇게 마을 사람을 만나 얘기를 나눌 수 있는 것이 오히려 잘 됐다는 생각을 했습니다.

"이 동네 처음 오는 사람인데요. 좋은 터 있으면 집 짓고 한번 살아보려고요."

위아래를 의심스럽게 보던 남자는 그제야 경계가 좀 풀렸는지 미소가 번졌습니다.

"이 동네 살기 좋죠. 외지에서 살러 많이들 와요. 땅을 사둔 사람들도 많고요. 그래 어떤 땅이 필요하신지?"

묻지도 않았는데 자신을 이장이라 소개한 남자는 "자신을 만난 것이 횡재한 것"이라며, "이 마을에서 자기를 통하면 안 되는 일이 없다"며 땅 사는 일은 걱정을 하지 말라고 했습니다.

"저기 마을 입구에서 분양하는 전원주택단지 있잖습니까? 그곳은 어때요?"

남자의 눈치를 보며 이시내씨는 속에 있는 말을 꺼냈습니다.

"왜 그렇게 비싼 땅을 사려고 그래요? 그럴 바에는 그 바로 옆에 반값밖에 안 되는 게 있는데 차라리 그걸로 하시지…"

남자는 어눌한 투로 말했지만 이시내씨는 전원주택단지 옆에 반값 밖에 안되는 땅이 있다는 말에 귀가 솔깃했습니다. 그래서 내친김에 이장을 따라 현장을 가 보았습니다. 정말 보고 온 전원주택단지와 붙어 있는 언덕인데 먼저 본 땅보다 위치가 훨씬 좋아 보였습니다. 게다가 소나무도 빼곡히 들어서 있어 경관 좋고 가격은 전원주택단지의 반값 수준이었습니다. 이장은 한마디 더 거들었습니다.

"마을 사람이 가지고 있는 땅이라 부동산을 거치지 않고 살 수 있어 중개비도 줄일 수 있으니 얼마나 좋아요. 실제 옆에 있는 전원주택단지처럼 터 닦는 공사비는 얼마 들지 않아요. 직접 공사업자 불러서 하면 비용을 많이 줄일 수 있는데 우리 동네에도 포크레인 가지고 있는 사람도 있으니 소개할 수도 있고…."

집으로 돌아오면서 이장이 소개해 준 땅이 계획했던 것보다 면적은 좀 컸지만 전원주택단지로 개발해놓은 것과 비교해 경관이 좋고 훨씬 저렴하다는 생각이 들었습니다. 게다가 이장의 말대로 공사하는 사람을 직접 불러 터를 닦으면 비용을 많이 줄일 것 같기도 했습니다. 이장이 도와준다고 했으니 크게 걱정을 하지 않아도 될 것 같았습니다.

집에 돌아온 이시내씨는 묵은 숙제를 하나 해결한 듯 뿌듯하고 자랑도 하고 싶어 막내 고모에게 전화를 걸었습니다.

"고모! 좋은 땅 찾기 힘들다고 했지. 나 오늘 땅 하나 보고 왔는데 괜찮아. 주변과 비교해 가격도 싸고…. 그래서 그거 계약하려고. 내가 좋은 땅 구해 고모 코 납작하게 해준다고 했지? 이제 고모보다 더 예쁜 집 지을 테니 두고 보시지. 메롱"

"똑똑한 이 박사님께서 고르셨으니 어련하시겠습니까만 너무 쉽게 결정하지는 마세요. 조카님. 그래 어떤 땅인지 한번 브리핑해보시지…."

"원래는 대학 은사님이 전원주택단지를 소개해줘 찾아갔는데 마음에 들어서 주변을 한번 둘러봐야 할 것 같아 마을에 들렀다 이장을 만났어. 근데 마을 이장이 자기가 아는 땅이 더 좋다고 소개해준 건데 위치도 괜찮고 소나무도 많고 마음에 들더라구. 게다가 마을 주민꺼라 중개료를 안 줘도 된대. 공사도 도와준다 해서 그걸로 결정을 봤지. 이장이 소개해준 거니 믿을 수도 있을 거고…."

"애! 이장들 중에는 부동산업자도 있어. 잘 알아보고 결정해…. 전원주택단지가 더 안전하고 싸게 먹힐 수 있어. 괜히 모르고 쌩땅 손댔다 돈은 돈대로 버리고 스트레스받는다. 너."

"하여튼 이장 쪽이 훨씬 싸게 먹히고 낫겠어. 고모님은 걱정 뚝 끊으시고 이 조카가 땅과 결혼하는 것이나 지켜보세요. 알겠습니까? 메롱"

"기집애! 너 잘난 멋에 살지만 땅은 그렇지 않아. 집 바로 지을 거면 전원주택단지가 더 쉬울 수 있으니 한 번 더 생각해봐!"

고모의 충고는 있었지만 이장이 소개해 준 땅과 비교했을 때 전원주택단지로 개발한 땅은 위치도 빠지고 비싸다는 생각이 들었습니다. 그래서 단지 옆에 있는 야산을 사기로 마음을 정하고 바로 계약을 했습니다. 마음속으로 정한 일이었기에 망설일 것 없이 잔금을 서둘러 치르고 등기 이전을 했습니다.

그런 다음 집 짓는 일을 이장과 상의를 했는데 인허가는 직접 해야 한다며 한발 물러섰습니다. 그래서 전원주택에 대해 몇 번 상담을 받은 적이 있는 잘 아는 건축회사를 찾아가 집을 지어달라며 서류를 줬습니다.

"서류상으로는 집 짓는 데 문제는 없을 것 같은데 현장을 둘러봐야 할 것 같아요. 우선 땅을 개발하는데 문제가 없어야 하는데…. 그건 알아보았어요? 저희 회사는 집을 짓는 회사라 인허가는 별도로 받으셔야 합니다. 군청 앞에 가면 토목측량설계사무소가 있는데 그곳에서 개발에 관련된 허가부터 알아보세요."

"마을 이장님 얘기가 집 짓는 데 문제가 없다고 했어요."

자신 있는 그녀의 말투에 건축회사 사장은 마을 이장 말도 다 믿을 수 없다며 인허가 상담부터 해보라며 등을 밀었습니다.

사장이 일러준 대로 서류를 챙겨들고 인허가 대행을 해주는 군청 앞의 설계사무실을 찾아갔습니다. 설계사무소 실장이란 남자는 서류를 보더니 알만한 땅이란 투로 말을 했습니다.
"그 땅 허가가 안 나는 걸로 알고 있는데… 알아보셨어요?"
"예? 마을 이장 얘기로 집 짓는데 문제없다고 했는데…"
말끝을 흐리자 실장 남자는 고개를 갸웃거리며 말을 받습니다.
"아마 힘든 땅일 거예요. 소나무 많이 심겨 있는 경사지 맞죠? 소나무가 많아 허가를 안내주려고 해요. 원래 임야는 관리지역이라 해도 소나무가 많이 심어져 있든가 경사가 좀 심하면 허가 받기 힘들어요."
설마 인허가에 문제가 있는 땅을 이장이 소개해줬을까 하는 믿음을 가지고 그 자리에서 이장한테 전화를 걸었습니다. 그러자 이장은 생뚱맞다는 투로 말을 받았습니다.
"글쎄… 허가가 나는 땅인 걸로 알고 있는데… 계약하기 전에 한번 자세히 알아보시지 그랬어요."
무성의한 상대편의 말투에 뭔가 미심쩍은 게 묻어나 이시내씨는 갑자기 걱정됐습니다. 전화를 끊자 실장은 좀 더 아는 체를 했습니다.
"허가가 나도 그 땅은 문제가 있어요. 물이 없거든요. 그 땅 바로 옆에 누가 집을 지으려다 포기를 했는데 지하수를 못 구해서 그만뒀어요. 그 땅도 물을 찾을 수 없다고 하더라고요. 그 땅이 불룩하잖아요. 그게 바위라고 하던데 모르셨죠. 택지로 만들려면 바위 깨는 공사비가 땅값보다 더 들어갈 겁니다. 확실히 알려면 군청을 한번 들어가 보세요. 아마 힘들 겁니다."
불안한 마음이 들어 부랴부랴 군청을 들러 담당자를 만나 이야기해 보았습니다. 군청 담당자도 설계사무소와 똑같은 얘기를 했습니다. 담당자는 번지수만 보고 귀찮다는 듯이 서류를 던졌습니다.
"이 땅 위치가 좋아 그런지 집 짓겠다고 많이 가지고 들어오는데 힘들어요. 소나무도 많고 경사도 있어서 허가를 내줄 수 없어요."
그러면서 이시내씨를 쳐다보지도 않고 혼잣말을 했습니다.
"그 옆에 싸고 좋은 전원주택단지도 있더구만 왜 다들 이 땅 갖고 야단이지…"
군청 직원의 이야기까지 듣고서도 이시내씨는 믿으려 들지 않았습니다. 계약 전에 이장이 했던 말을 믿고 싶었습니다. 이장한테 다시 전화를 걸었습니다. 이쪽의 심정은 다급한데 상대편은 대수롭지 않다는 투로 말을 했습니다.

"허가가 꼭 난다는 얘기는 하지 않았는데요. 내가 말씀 안 드렸었나? 허가가 안 날 수도 있으니 한번 알아보고 계약하라고…. 꼭 난다는 말은 안했거든요. 물어보지도 않았고…."

어눌한 말투로 무책임한 말만 남기고 상대편은 전화를 끊었습니다. 그제야 땅을 잘 못 샀다는 것을 인정할 수밖에 없었습니다. 땅이 싸게 나와 있었던 이유와 왜 안 팔리고 있었는지에 대한 감이 잡혔습니다.

허탈한 마음으로 건축회사를 다시 찾아가 집 짓는 것은 미뤄야겠다며 속상한 얘기를 털어놓았습니다. 그러자 사장은 그 옆에 전원주택단지가 있던데 그걸로 하지 집 못 지을 땅을 사서 마음고생이냐며 타박을 했습니다.

"전원주택단지보다 훨씬 싸고 경치도 좋아서 그랬죠."

이시내씨의 한숨 섞인 말에 건축회사 사장은 수업료 톡톡히 냈다는 생각 하라며, 가지고 있다 보면 개발할 수 있는 여건도 만들어지니 너무 속상해하지 말라고 상투적인 위로를 했습니다.

"전원주택단지로 개발해 놓은 땅이 단순 비교를 해보면 그렇지 않은 땅보다 비싸지만 실제로는 매우 쌉니다. 전원주택단지는 인허가 문제나 민원문제, 또 전기, 전화, 수도, 도로포장, 기본적인 조경 등을 다 마무리 짓고 분양을 하는데 일반 농지나 임야를 샀을 때는 개인이 이런 문제를 다 해결해야 하고 공사도 개인적으로 해야 합니다. 그러다 보면 인허가가 안 날 수도 있어 위험부담이 커요. 민원도 해결해야 하고 공사하면서 시행착오도 겪으면 비용은 몇 배 들 수 있죠. 우선 택지로 만들어 놓은 땅이 주변보다 비싸지만 결국 그게 비싼 게 아닙니다."

이장만 믿고 계약했던 땅이라 누구한테 하소연할 수도 없었습니다. 고모가 이따금 땅 어떻게 됐냐며 관심을 보이면 그냥 천천히 생각하기로 했다며 얼버무렸습니다.

그러던 중 세미나에 갔다 우연히 전원주택단지를 소개해 준 은사님을 만났습니다.

"이 박사! 전원주택은 어떻게 잘 되고 있어?"

"그냥 천천히 알아보기로 했어요. 교수님."

"그렇지? 땅 찾는 것 말처럼 쉽지 않지? 그런데 지금 생각나서 하는 말인데 내가 소개해준 전원주택단지 보러 가거든 혹 그 옆에 붙어 있는 잘 생긴 야산이 매물로 나왔을 거야. 그건 절대 손대지 말라고…. 그 땅은 바위산이라 공사하기도 힘들고 물도 얻기 힘들어! 허가도 힘든 땅이라 전원주택 지으려고 몇 사람 달려들었다 손든 땅이야. 초보자들이 딱 좋아할 땅이라 혹 실수할까 얘기 하는 거야."

이시내씨는 은사님이 소개해 준 전원주택단지에 벌써 오래전에 갔다 왔고 바로 야산을 샀다 큰코 다쳤다는 얘기를 차마 못하고 부리나케 자리를 피했습니다. 등 뒤에서 막내 고모의 웃음소리도 들렸습니다.

"너 잘 난 거 알고 잘난 남자들, 네 앞에 여럿 줄 섰을 때 고르기만 하면 됐었지만 다 놓쳤지? 땅들도 그렇게 줄 서 있으면 고르기만 하면 될 줄 알았지? 그런데 천만에 말씀이야. 사람이나 땅이나 너한테 딱 맞는 것이 좋은 것이 아니라 좀 빠지더라도 맞추어 살 수 있는 것이 좋은 거라구."

이시내씨는 막내고모의 놀림을 상상하면서 갑자기 시집이나 확 가버릴까 하는 생각이 들었습니다. 그런 생각을 하자 왠지 모르게 눈물이 왈칵 쏟아졌습니다.

PLAN

"계획 없이 건들면 위험하다"

시골에서는 뭘 하려다 실패하는 경우가 많다. 귀농하는 사람이 장기 계획 없이 잠깐 유행하는 아이템의 작물을 심고 나무를 심었다 실패한다. 마을 일도 그렇고 땅을 개발하는 것도 그렇다. 쉽게 생각해 높은 곳은 당연히 까고 뭉개고 축대를 쌓다 아니다 싶어 후회한다. 반드시 완벽한 계획이 우선돼야 하고, 그 계획에 맞춘 인허가를 받아야 하고 공사를 해야 한다. 계획이 확실하지 않은 상태에서는 뭘 하려 하지 말고 가만히 있는 것이 오히려 이익이다. 잘 못 건든 땅은 원위치하기 어렵고 살면서도 골칫덩어리다. 이웃 관계도 마찬가지다.

농지의 구입과 이용 및 관리 이해

농촌에 살려면 가장 흔하게 대하는 토지가 농지다. 농지는 지목이 전, 답, 과수원으로 되어 있는 토지를 말한다. 법적 지목과 관계없이 실제 농작물의 경작 또는 다년성식물 재배지로 3년 이상 이용되는 토지도 농지다. 지목이 임야인 토지로 그 형질을 변경해 3년 이상 다년성식물 재배에 이용되는 토지도 농지법에서는 농지로 본다. 고정식 온실, 버섯재배사 및 비닐하우스 및 그 부속시설도 농지에 해당한다.

우리나라 헌법에는 '경자유전의 원칙'을 두고 농지의 소유자격을 농업인과 농업법인으로 제한하고 자경을 의무화하고 있다. 하지만, 공익 목적 사업이나 연구용 시설, 가족 주말체험영농 목적으로 소유하는 농지, 상속이나 이농으로 인해 소유하는 농지 등 몇 가지 예외규정을 두고 있다.

농지를 매입하려면 '농지취득자격증명'을 받아야 한다. 농지 소유 자격을 확인·심사해 적격자에게만 취득을 허용한다.

신규로 농지를 취득하는 경우에는 농지 면적이 △ 고정식 온실·버섯재배사·비닐하우스가 설치되어 있거나 설치하고자 하는 농지 330㎡ 이상 △ 농업에 이용하고자 하는 농지 1천㎡ 이상 △ 농업인이 아닌 개인이 주말 등을 이용하여 취미 또는 여가 활동으로 농작물을 경작하거나 다년성식물을 재배하는 주말체험형 농지 1천㎡ 미만이다.

이렇게 농지를 구입해 자경을 하면 농업인이 된다. 단 1천㎡ 미만의 주말체험용 농지는 농민이 아닌 도시민이 주말체험영농을 위해 소유가 가능하다. 이때 농지 소유 면적의 계산은 그 세대원 전부가 소유하는 총면적으로 한다.

농지는 원칙적으로 소유자가 농사를 직접 지어야 하며 임대차를 할 수 없다. 단 농업의 생산성 제고와 농지의 합리적인 이용을 위하거나 불가피한 사정이 있는 경우에 한해 법률로 이를 인정하고 있다.

취득한 농지를 자경하지 않을 경우에는 처분해야 한다. 농지이용실태조사는 매년 1회 이상 정기적으로 시장 군수가 시행하며 처분의무가 생긴 농지는 소유주에게 처분을 통지한다. 농지 소유주가 처분명령을 받은 후 정당한 사유 없이 지정 기간 안에 처분명령을 이행하지 못하면 해당 농지 토지가액(공시지가)의 20%에 상당하는 이행강제금을 부과하고 처분명령 이행 때까지 매년 반복된다.

농지의 소유 및 이용실태를 파악하기 위해 주민등록 소재지(농지 소재지가 아님) 행정관서에서 농업인, 농업법인, 준농업법인 등은 농지원부를 작성한다. 농지원부는 소유권을 증명하는 것이 아니라 경작현황을 확인하는 것으로 소유 농지든 임차 농지든 상관없이 실제로 농사를 짓는 사람이 작성한다.

농지를 농작물의 경작, 다년성식물의 재배 등 농업생산 또는 농지개량 외의 목적(주택 건축 등)으로 사용하는 것을 농지전용이라 하며 전용하기 위해서는 허가를 받거나 신고를 해야 한다.

농업인이 주택이나 축사 등 농업용시설 및 농산물 산지 유통 가공시설, 마을 공동이용시설 등을 설치하고자 할 경우에는 허가를 받지 않고 신고로 가능하고, 그 외는 전용허가를 받아야 한다.

개인이 농지전용을 받을 수 있는 면적은 주택의 경우 1,000㎡ 미만, 신고로 가능한 농업인 주택의 경우 660㎡ 미만이다.

할미꽃
봄, 4~5월, 자주색

흰 털로 덮인 열매의 덩어리가 할머니의 하얀 머리카락같이 보여서 '할미꽃'이라는 이름이 붙었다.

056

'영농여건불리농지'의 지정과 이용

'영농여건불리농지'란 말 그대로 '농지로서 여건이 안 좋은 농사짓기 힘든 농지'를 말한다. 이런 농지는 직접 농사를 짓지 않아도 소유할 수 있고 임대하거나 사용할 수 있다. 또 시군에 신고만으로 농지전용이 가능해 다른 목적으로의 이용도 쉽다.

그래서 전원주택지나 귀농 귀촌하는 사람들이 좀 더 쉽게 구입해 이용할 수 있다. 대부분 마을과 떨어져 있거나 외진 곳, 관리가 제대로 되지 않는 농지다. 영농여건불리농지 여부는 '토지이용계획확인원'을 열람, 발급하거나 지자체에 문의하면 확인할 수 있다.

농지의 이용실태를 현장 조사해 2010년 11~12월 처음 지정됐으며 이후 민원이나 이의 신청, 추가조사 등을 통해 지역의 시장 군수가 추가로 지정하고 있다.

영농여건불리농지는 읍면 단위 지역에 소재한 농업진흥지역 밖에 있는 농지라야 한다. 또 최상단부부터 최하단부까지의 평균 경사율(수직길이÷수평길이×100)이 15% 이상이며 집단화된 농지의 규모가 2만㎡ 미만이라야 한다.

이런 농지를 대상으로 시장, 군수가 농업용수, 농로 등 농업생산기반의 정비 정도, 농기계의 이용 및 접근 가능성, 통상적인 영농 관행 등을 고려해 영농여건이 불리하고 생산성이 낮다고 판단될 경우 '영농여건불리농지'로 지정한다.

무스카리
봄, 4~5월, 남보라색

다년생 구근식물로 꽃대 끝에 보라색 꽃이 단지 모양으로 수십 개가 아래로 늘어져 핀다.

농지원부 작성과 농업경영체 등록 방법

농사를 짓는 농민의 경우에는 농자재 구입, 농지 구입, 농지 전용, 면세유 구입 등 다양한 분야에서 혜택을 받을 수 있다. 이런 혜택을 받기 위해서는 농업인이란 것이 증명돼야 하는데 이럴 때 필요한 서류가 농지원부이며 농업경영체 등록 여부다. 농지원부는 농지를 효율적으로 이용 관리하기 위해 행정관서에서 농지의 소유 및 이용실태를 파악해 비치해 놓은 서류다.

농지원부에는 농업인(농업법인) 인적사항과 소유농지현황, 임차농지현황, 경작현황 등의 사항을 기재하며 자경증명서(토지 소재지에서 발급)를 거주지 시구읍면동주민센터에 제출하면 작성할 수 있다. 농지원부는 소유권을 증명하는 것이 아니라 경작현황을 확인하는 것이다. 소유 농지나 임차 농지에 관계없이 실제로 농사를 짓는 사람이 작성한다.

2011년부터는 농업경영체등록제가 생겼다. 농지 1천㎡ 이상 자경하거나 연간 농산물 판매 120만원 이상, 연간 90일 이상 농업에 종사하는 등 어느 하나에 해당하는 경우에는 농업경영체로 등록할 수 있다.

주소지 관할 농산물품질관리원에 경작을 증명할 수 있는 서류를 제출하면 되는데 농지원부가 있는 경우 농지원부와 함께 제출하면 된다.

마삭줄
봄, 5~6월, 흰색

사철 푸른 잎과 진홍색의 선명한 단풍과 함께 꽃과 열매를 감상할 수 있어 관상용으로 키운다.

058

농지(임야) 취득세 감면받는 경우

부동산을 구입하면 내는 세금이 취득세다. 농지나 임야를 구입할 경우도 마찬가지다. 하지만 영농을 목적으로 토지를 구입할 때는 취득세를 50~100% 감면을 받을 수도 있다.

△농업을 주업으로 하고 있으며 2년 이상 영농에 종사한 사람(농지원부 보유) △후계농업경영인 △농업계열 학교 또는 학과의 이수자 및 재학생 등이 직접 경작할 목적으로 농지(논, 밭, 과수원 및 목장용지)를 취득하거나, 관계법령의 규정에 따라 농지조성을 위해 임야를 취득할 경우에는 취득세 50%를 감면한다. (지방세특례제한법 제6조 제1항)

취득세를 감면받고 취득한 농지를 정당한 사유 없이 취득일부터 2년 이내에 직접 경작하지 아니하거나, 임야의 취득일부터 2년 이내에 농지조성을 개시하지 아니하는 경우 또는 정당한 사유 없이 2

영농을 목적으로 토지를 구입할 때는 취득세를 50~100% 감면을 받을 수 있다.
영농조합법인, 농업회사법인이 법인 설립등기일로부터 2년 이내에 영농을 목적으로 농지를 취득하는 때에는 취득세를 100% 감면하고, 2년이 경과해 구입하면 50%를 감면한다.

년 이상 경작하지 않고 매각하거나 다른 용도로 사용하는 경우 그 해당 부분에 대해 경감된 취득세는 추징한다.

영농조합법인, 농업회사법인이 법인 설립등기일로부터 2년 이내에 영농을 목적으로 농지를 취득하는 경우에는 취득세를 100% 감면하고, 법인 설립등기일로부터 2년이 경과해 구입하면 50%를 감면한다.

귀농인이 자경 목적으로 취득하는 농지와 임야도 취득세 50% 감면을 받을 수 있다. (지방세특례제한법 제6조 제4항)

여기서 말하는 귀농인은 △농어촌 외 지역에서 1년 이상 실제 거주한 사람 △귀농일 전까지 계속해 1년 이상 농업에 종사하지 않은 사람 △농어촌에 전입 신고하고 실제 거주하는 사람이다.

이렇게 취득세 경감을 받아 취득한 토지를 △귀농일(전입신고 후 거주를 시작한 날)부터 3년 이내 토지 소재지 시군구 외의 주소지로 이전한 경우 △귀농일부터 3년 이내에 농업 외의 산업에 종사(식품산업과 농업 겸업 가능)한 경우 △토지 취득일부터 2년 이내에 직접 경작하지 않는 경우 △직접 경작한 기간이 3년 미만인 상태에서 매각 증여 또는 다른 용도로 사용하는 경우에는 경감된 취득세를 추징한다.

황매화
봄, 4~5월, 노란색

키는 2m 내외이며 무더기로 자란다. 가지 끝에서 봄에 잎과 같이 노란색으로 꽃이 핀다.

059

농지 담보로 생활비 지급 '농지연금제도'

정부는 2011년부터 고령농업인이 농지를 담보로 매달 생활비를 연금형태로 지급 받을 수 있는 '농지연금제도'를 시행하고 있다.

시행 초기 농지연금에 가입하려면 부부 모두 만 65세 이상이고, 농지 면적이 3만㎡ 이하인 경우에만 가능했다. 2014년부터 가입조건을 완화, 현재는 농지 소유자만 만 65세 이상, 영농 경력 5년 이상이면 누구나 가입할 수 있고 면적제한은 없다.

농지를 담보로 연금을 받다 사망 등으로 자격을 상실하면 은행은 담보농지를 처분해 농지연금채권을 회수한다. 남는 금액이 있으면 상속인에게 돌려주고 부족한 금액은 상속인에게 청구하지 않고 농지은행이 부담한다.

농지연금을 받던 농업인이 사망해 연금지급이 종료된 경우에는 배우자가 계속해 연금을 지급 받을 수 있다. 또 담보로 제공한 농지는 농업인이 직접 경작하거나 임대할 수도 있어 연금 이외 수입도 올릴 수 있다. 농지연금 신청은 한국농어촌공사 본사·도본부·지사에서 할 수 있다.

영산홍
봄, 4~5월,
홍자색·붉은색 등

꽃이 화려해 조경용으로 많이 심는다. 15~90cm 정도 자라며 가지는 잘 갈라지고 잔가지가 많다.

농지 임대가 가능한 '농지은행제도'

농지법 시행(1996년 1월 1일) 이후부터 소유한 농지는 특별한 경우가 아니라면 자기농업경영(자경)에 이용해야 한다. 하지만 '농지은행제도'를 이용하면 합법적으로 임대할 수 있다.

농어촌공사에서 운영하는 '농지은행제도'는 자기농업경영이 어려운 농지를 수탁해 임대 관리를 대신해 주는 제도다. 수탁 농지는 전업농 등에 장기 임대하여 농지위탁 수수료를 제외한 임대차료를 매년 임대인에게 지급한다.

8년 이상 농지은행에 위탁한 농지를 매각할 때는 부재지주라도 양도세 중과 대상에서 제외되며, 양도세 감면 혜택을 받을 수 있다. 농지 양도세 감면 혜택을 받으려면 8년 이상 재촌자경해야 가능하며 부재지주인 경우에는 양도세가 중과된다.

아무 농지나 '농지은행'에 임대를 맡길 수 있는 것은 아니다. △도시지역이나 계획관리지역 내 농지(농업진흥지역은 가능) △일정 면적(농업진흥지역 1천㎡, 농업진흥지역 밖 1천500㎡) 미만의 농지 △농지법에 따른 농지전용허가·협의·신고를 거쳐 전용이 결정된 농지는 위탁할 수 없다. 농지(지목이 전, 답, 과수원)에 집을 지으려면 농지법에 따라 농지전용허가를 받아야 한다.

농지를 구입할 때는 반드시 농지취득자격증명을 받아야 하지만, 산지는 누구나 쉽게 구입할 수 있다.
산지를 주택부지 등 다른 용도로 이용하려면 농지와 마찬가지로 산지전용신고나 허가 등을 거쳐야 한다.
산지전용 처리기간은 30일이다.

061

농지와 산지를 주택지로 바꾸는 '전용허가' 이해

농업인이 자신의 집을 지을 때는 신고로 가능하다. 농지를 구입한 후 곧바로 농지전용이 가능하고 전용받은 농지를 구입할 수도 있다. 수질보전대책권역에서는 6개월 살아야만 전용허가를 받을 수 있는 등 지역이나 규제에 따라 다소 차이가 있다.

주택지로 개인이 전용할 수 있는 면적은 1천㎡까지 가능하고 전용허가가 난 후 2년 이내에 집을 지어야 하고 1년 연장할 수 있다.

농지를 주택지로 개발할 경우 농지전용허가만 가지고는 안 된다. '국토의 계획 및 이용에 관한 법률'에 따라 '건축물의 건축 또는 공작물의 설치'를 하려면 개발행위허가도 같이 받아야 한다.

건축물의 건축을 위한 개발행위허가를 할 때는 건축신고나 허가(농촌 지역에서 200㎡ 미만은 건축신고대상)도 필요하다. 이때는 건축사사무소에 의뢰해 건축설계도면을 만들어 하게 된다.

농지 전용허가와 개발행위허가를 신청할 때는 전용신청서와 설계도 등의 서류가 필요하다. 이런 것들은 관에 비치된 내용과 요구하는 것을 챙겨 제출하면 되는데 개인이 하기 쉽지 않다. 도움을 받을 수 있는 곳이 시군청 앞에서 만날 수 있는 토목측량설계사무소다. 의뢰하면 건당 용역비를 받고 대행해 준다.

농지 전용허가를 받으면 공시지가의 30%에 해당하는 농지보전부담금이 부과된다. 상한액이 있어 ㎡당 5만원이 넘으면 5만원까지만 낸다. 또 복구예치비도 필요한데 보증보험으로 대체할 수 있다. 이런 비용이 마무리되면 허가증을 받는다. 그리고 난 다음에 택지 개발 공사를 할 수 있다. 허가나 신고 이전에 함부로 토지의 형질을 변경할 수는 없다.

산지(지목이 임야)는 농지처럼 취득증명이 필요 없이 누구나 구입할 수 있다. 하지만, 주택지로 이용하려면 농지와 똑같이 개발행위허가와 산지전용허가를 받아야 한다. 이때 대체산림자원조성비를 부담하게 되는데 농지처럼 공시지가는 1%만 반영하고 매년 산림청에서 고시가를 정해 준다. 주택지로 전용허가가 가능한 준보전산지의 경우 ㎡당 3,700원선이다. 복구예치비도 함께 내야 하는데 보증보험으로 대신할 수 있다.

농지(산지)전용허가신청을 할 때 건폐율 확인이 중요하다. 용도지역에 따른 건폐율규정이 다른데 일반적으로 농촌에서 집을 지을 수 있는 토지인 관리지역의 건폐율은 20~40%다.

건폐율은 대지면적에서 건축면적이 차지하는 비율인데 대지에 집을 얼마나 앉힐 수 있는 가를 결정한다. 국토의 계획 및 이용에 관한 법률에 의해 건폐율 상한선은 정해져 있다. 하지만, 지역 조례로 하한선을 따로 정해 관리한다.

주택지로 농지전용허가를 받으면 건축의 최소 면적도 정해진다는 얘기다. 주택을 크게 지어도 안 되고 작게 지어도 안 되고 건폐율 내에 맞추어 지어야 준공을 받을 수 있다.

아무 농지나 산지를 전용허가신청만 하면 허가하는 것은 아니다. 도로는 필수적으로 있어야 한다. 또 국토의 계획 및 이용에 관한 법률에서 구분하는 용도지역에 따라 차이도 크다. 농촌지역에서 농지나 산지를 택지로 전용하기 쉬운 땅은 관리지역이다.

농지에 창고용으로 짓는 농막은 농지전용이 필요 없다. 농막은 농기구 보관, 식사, 휴식 등을 할 수 있도록 농지에 20㎡ 이하 규모로 설치할 수 있는 창고다. 주택과 같은 기반시설을 할 수 없지만 전기, 가스, 수도시설은 가능하다.

겹벚꽃나무
봄, 4~5월, 분홍색

벚꽃이 여러 겹으로 피기 때문에 붙은 이름으로 잎도 크고 꽃도 큰 편이다. 꽃으로 벚꽃과 쉽게 구별할 수 있다.

농지전용부담금 면제되는 '농업인주택'

농촌지역 농민이 거주하는 집을 두고 농어촌주택, 농가주택, 농업인주택 등 다양하게 부른다. 농어촌주택은 농어촌정비법에서 '농어촌지역과 준농어촌지역에 위치하고 장기간 독립된 주거생활을 할 수 있는 구조로 된 건축물(부속 건축물 및 토지 포함)'로 정의하고 있다. 농어촌주택개량촉진법에는 '읍·면지역 중 상업지역 및 공업지역을 제외한 지역과 광역시 및 시에 소재하는 동 지역 중 주거지역·상업지역 및 공업지역을 제외한 지역(농어촌지역)에 위치하고 장기간 독립된 주거생활을 할 수 있는 구조로 된 건축물(부속 건축물 및 토지를 포함)'이라고 정의한다.

농가주택은 농어촌특별세법에 정해놓은 농어촌특별세 비과세 대상에 해당하는 주택으로 고가 주택을 제외한 영농에 종사하는 자가 영농을 위하여 소유하는 주거용 건물과 이에 부수되는 토지로서 농지의 소재지와 동일한 시군구 또는 그와 연접한 시군구 지역에 소재하는 것을 말한다.

농지법에 농업인주택이란 개념이 있는데 '농업진흥구역 내에 설치할 수 있는 주택'을 말한다. 농업인이 건축하는 주택을 통틀어 의미하는 것은 아니다.

일반적으로 농업진흥구역 내에서 주택 건축은 어렵다. 하지만, 무주택 농업인이면 농업진흥구역 내 농지를 전용 허가받아 '농업인주택'을 신축할 수 있다.

농지를 농업인주택 부지로 전용 신청하려면 농업인 1인 이상으로 구성된 농업, 임업 또는 축산업을 영위하는 세대로 △해당 세대의 농업, 임업, 축산업에 의한 수입액이 연간 총수입액의 1/2을 초과하는 세대주거나 △해당 세대원의 노동력 1/2 이상으로 농업, 임업 또는 축산업을 영위하는 세대의 세대주로 무주택이라야 한다.

이러한 세대주는 농업진흥지역 밖에서 농지전용 신고만으로 농업인주택을 지을 수 있다. 단 현재 무주택 세대주라 하더라도 이전에 건축한 주택이 있을 때는 안 된다. 해당 세대주 명의로 건축하는 최초의 시설이라야 한다. 무주택 농업인은 농업진흥지역 안에서도 농지전용허가를 받아 농업인주택을 지을 수 있다.

전용 가능한 총면적은 660㎡ 이하이며 이 면적은 5년간 농업인 주택부지로 전용한 농지면적을 합산한 것이다. 농업인주택 부지로 전용할 때는 신고나 허가 모두 농지전용부담금을 전액 감면한다. 농업인주택으로 허가받아 건축한 후 5년 이내에 일반주택 등으로 사용하거나 비농업인 등에 매도하고자 할 때는 용도변경 승인을 받아야 한다. 농업진흥지역 내에서는 행위제한 규정(기간이 경과하여도 일반주택으로 용도변경이 안됨)이 있는데 여기에 저촉되지 않아야 가능하다. 용도변경승인을 받을 때는 감면 받았던 농지보전부담금을 납부해야 한다.

낙엽 소교목으로 높이는 3m 정도로 복사나무라고도 한다. 열매는 식용하고 씨앗은 약재로 쓰인다.

산지의 구입 및 집터로 이용

법에서 정한 산지는 △입목, 죽이 집단적으로 생육하고 있는 토지나 △집단적으로 생육한 입목, 죽이 일시적으로 상실된 토지 △입목, 죽의 집단적 생육에 사용하게 된 토지 △위에 해당하는 토지 안에 있는 암석지, 소택지 및 임도 등을 말한다.

다만 △농지(초지 포함)와 주택지, 도로, 과수원, 차밭, 삽수 또는 접수의 채취원 △입목 또는 죽이 생육하고 있는 건물 담장 안의 토지 △임목, 죽이 생육하고 있는 논두렁, 밭두렁, 하천, 제방, 구거, 유지 등은 산지에서 제외된다.

산지관리법에서 산지는 보전산지와 준보전산지로 구분하며 보전산지는 다시 임업용산지와 공익용산지로 나눈다.

임업용산지는 '산림자원의 조성과 임업경영기반의 구축 등 임업생산 기능의 증진을 위해 필요한 산지로서 산림청장이 지정하는 산지'를 말한다. 공익용산지는 '임업생산과 함께 재해방지 · 수원보호 · 자연생태계보전 · 자연경관보전 · 국민보건휴양 증진 등의 공익기능을 위해 필요한 산지로서 산림청장이 지정하는 산지'다. 보전산지 이외의 산지를 준보전산지라 한다.

농지를 구입할 때는 반드시 농지취득자격증명을 받아서 구입해야 하지만 산지는 누구나 쉽게 구입할 수 있다. 다만 모든 토지가 그렇듯 토지거래허가구역 내에서는 산지도 허가받아 구입해야 한다. 허가받기 위해서는 세대주를 포함한 세대원 전원이 토지가 소재하는 지역에 허가 신청일로부터 소급해 6월 이상 계속 주민등록 되어 있고, 실제로 거주하고 자영할 수 있는 요건을 갖추어야 한다.

산지를 주택부지 등 다른 용도로 이용하려면 농지와 마찬가지로 산지전용신고나 허가 등을 거쳐야 한다. 사유림, 공유림의 경우 시(특별시, 광역시), 도, 시, 군, 구에서 국유림은 산림청, 임업연구원, 국립수목원, 지방산림관리청, 지방산림관리청국유림관리소에서 처리한다. 산지전용의 처리 기간은 30일이다.

보전산지(임업용산지나 공익용산지)는 개발이 매우 까다롭다. 주택을 예로 보았을 때 임업용산지에서는 농림어업인의 주택 및 그 부대시설만 설치할 수 있다. 농림어업인이 자기소유의 산지에 농림어업의 경영을 위해 실제 거주할 목적으로 부지면적 660㎡ 미만으로 건축하는 주택 및 그 부대시설의 설치만 할 수 있다. 공익용 산지에서는 농림어업인 주택이나 종교시설의 증축 또는 개축이 가능한데 증축은 종전 규모의 130%, 개축은 종전 규모의 100%까지 할 수 있다. 농림어업인 주택 660㎡ 이하의 신축도 가능하다.

산지를 전용할 때는 대체산림자원조성비란 전용부담금을 내야 하는데 액수는 매년 산림청에서 단가를 고시한다.

전용허가를 받지 않고 산지를 훼손했을 때는 7년 이하의 징역 또는 5천만원 이하의 벌금이 부과된다. 산지와 임야를 구분하기 힘들다. 산지관리법에서 산지라 말하고, 토지의 용도를 나타내는 지적법상에서 산의 지목을 임야로 분류한다. '임야'는 전답과 같이 지적공부에 등재하기 위한 지목의 하나이며 임야도를 작성하는 기준이 된다.

'산지'는 산지관리법에서 규정하는데 입목 등을 제외한 토지만을 의미하며 지목이 반드시 임야가 아니라도 그 이용현황에 따라 분류 한다.

으름덩굴
봄, 4~5월, 흰색

덩굴성 식물이며 잎은 손꼴겹잎으로 으름은 열매의 속살이 얼음처럼 보이는 데서 유래하였다.

집 지을 수 있는 땅 '관리지역'의 이해

농지나 산지를 전용해 전원주택을 지을 때에는 대부분 개발행위허가, 전용허가를 받아야 한다. 농촌지역에서 이런 허가를 쉽게 받을 수 있는 토지가 '국토의 계획 및 이용에 관한 법률'에서 정한 4가지 용도지역 중 '관리지역'인 곳이다.

우리나라 토지는 어느 것이든 4종류의 용도지역 중 하나에 속해 있다. 토지이용계획확인서에서 용도지역을 확인할 수 있다. 주거지역과 상업지역, 공업지역, 공원과 같은 녹지지역은 '도시지역'으로 분류한다.

☞ **도시지역의 구분**
1. 주거지역 : 거주의 안녕과 건전한 생활환경의 보호를 위하여 필요한 지역
2. 상업지역 : 상업 그 밖의 업무 편익증진을 위하여 필요한 지역
3. 공업지역 : 공업의 편익증진을 위하여 필요한 지역
4. 녹지지역 : 자연환경·농지 및 산림의 보호, 보건위생, 보안과 도시의 무질서한 확산을 방지하기 위해 녹지의 보전이 필요한 지역

농지법에서 정한 농업진흥지역이나 산지관리법의 보전산지 등과 같이 농업 생산성을 극대화하고 산림을 보전하는 데 필요한 지역은 '농림지역'이다. 평야와 같이 경지정리와 농로, 농수로 등이 잘 갖추어진 농사짓기 좋은 곳, 수목이 울창한 산지 등이 여기에 속한다.

'자연환경보전지역'도 있다. 자연환경·수자원·해안·생태계·상수원 및 문화재 보전과 수산자원의 보호·육성 등을 위해 필요한 지역이다. 국립공원이나 강변 등 경관이 수려한 곳들이다.

농사를 짓거나 나무를 심어 가꾸기 불편하고 경관도 별로이면서 도시도 아닌 토지도 있다. 이런 곳을 '관리지역'으로 분류하는데 '도시지역의 인구와 산업을 수용하기 위해 도시지역에 준하여 체계적으로 관리하거나 농림업의 진흥, 자연환경 또는 산림의 보전을 위하여 농림지역 또는 자연환경보전지역에 준하여 관리가 필요한 지역'이다. 다랑논이나 비탈밭, 돌투성이 임야와 같은 곳이다.

농지나 산지를 전용해 전원주택을 짓는 경우에는 대부분 개발행위허가, 전용허가를 받아야 한다.
농촌지역에서 이런 허가를 쉽게 받을 수 있는 토지는 '국토의 계획 및 이용에 관한 법률'에서 정한 4가지 용도지역 중 '관리지역'인 곳이다.

농촌지역에서 전원주택지를 찾는 사람들에게는 이런 토지가 인기다. 개발이 쉽기 때문이다.
도시지역은 도시화 되어 있는 곳이기 때문에 전원주택과는 거리가 있다. 도시지역 중에서도 자연녹지와 같은 곳은 전원주택지로 개발되는 경우는 있지만 흔치 않다. 또 농림지역이나 자연환경보전지역은 일반인들이 개발하려면 제한이 많다. 무주택인 농업인의 경우 농림지역에서 주택지로 전용허가를 받을 수 있지만 까다롭다. 하지만, 관리지역에서는 누구나 주택지로 쉽게 전용허가를 받을 수 있다. 그래서 관리지역의 농지나 산지에 집을 짓는 것이 일반적이며 쉽게 개발할 수 있다.
관리지역은 다시 세 가지 종류로 나눈다.

☞ 관리지역의 구분

1. 보전관리지역 : 자연환경보호, 산림보호, 수질오염방지, 녹지공간 확보 및 생태계 보전 등을 위하여 보전이 필요하나, 주변의 용도지역과의 관계 등을 고려할 때 자연환경보전지역으로 지정하여 관리가 곤란한 지역
2. 생산관리지역 : 농업·임업·어업생산 등을 위하여 관리가 필요하나, 주변의 용도지역과의 관계 등을 고려할 때 농림지역으로 지정하여 관리하기 곤란한 지역
3. 계획관리지역 : 도시지역으로의 편입이 예상되는 지역 또는 자연환경을 고려하여 제한적인 이용·개발을 하려는 지역으로서 계획적·체계적인 관리가 필요한 지역

관리지역에서는 어느 곳이든 단독주택이나 다가구주택을 짓기 위한 전용에 문제가 없다. 도로가 없으면 불가능하고 다른 규제가 있다면 안 되든가 까다로울 수 있다. 숙박시설이나 음식점, 전원카페 등의 영업을 목적으로 건물을 짓는다면 계획관리지역이라야 가능하다. 계획관리지역은 건폐율 40%, 생산이나 보전관리지역은 20%까지다.

블루베리
봄, 4~6월, 흰색

열매는 비타민C와 철(Fe)이 풍부하다. 산성이 강하고 물이 잘 빠지면서도 촉촉한 흙에서 잘 자란다.

개발행위허가와 개발을 위한 도로 기준

개발행위허가제도는 무분별한 소규모 개발을 방지하려는 목적으로 2001년도에 도입됐다. 계획의 적정성, 기반시설의 확보 여부, 주변 환경과의 조화 등을 고려해 개발행위에 대한 허가 여부를 결정함으로써, 계획에 의한 개발이 이루어지게 하려고 만든 제도다. 전원주택지 등 소규모 개발은 개발행위허가를 이용한 개발이 대부분이다.

중·대규모 개발의 경우에는 '지구단위계획'이나 '도시계획시설사업' 등 별도의 행정 절차를 거쳐 개발할 수 있다.

개발행위허가제에 대한 자세한 사항은 국토의 계획 및 이용에 관한 법률에서 정하고 있다. 법률에서 규정하고 있는 개발행위는 △건축물의 건축 또는 공작물의 설치 △토지의 형질 변경(경작을 위한 토지의 형질변경은 제외되지만, 2m 이상 절토 및 성토는 허가대상) △토석의 채취(토지의 형질 변경을 목적으로 하는 것은 제외) △토지 분할 △녹지지역이나 관리지역 또는 자연환경보전지역에 물건을 1개월 이상 쌓아놓는 행위(이를 제외한 지역에서는 물건을 1개월 이상 쌓아놓아도 허가를 거치지 않음) 등 5가지 유형이 있다.

모든 소규모 개발에서 허가를 받아야 하는 것은 아니다. 시간을 다투는 사안이거나 공공의 이익을 위해 불가피한 경우, 행위의 정도가 경미하여 주변 지역 등에 미치는 영향이 적을 때에는 허가대상에서 제외하고 있다.

도시계획사업에 의한 개발행위, 재해·복구·재난수습을 위한 응급조치, 건축법에 의한 신고대상 건축물의 개축·증축·재축과 이에 필요한 범위 안에서의 토지형질변경(도시계획시설사업이 시행되지 않고 있는 도시계획시설의 부지인 경우에 한함), 그 밖의 경미한 행위(국토계획법 제53조)는 개발행위허가 대상에서 제외된다.

개발행위허가에서는 도로와의 관계가 중요한데 사업부지가 시·군도 등 법정도로에 접하지 않고 별도 도로를 설치하는 경우에는 사업 규모에 따라 도로 폭 확보 기준이 다르다.

개발행위허가 규모가 △5천㎡ 미만은 4m 이상 △5천~3만㎡ 미만은 6m 이상 △3만㎡ 이상은 8m

개발행위허가 규모에 따라 도로규정이 다르다. 5천㎡ 미만은 4m 이상, 5천~3만㎡ 미만은 6m 이상, 3만㎡ 이상은 8m 이상의 도로 폭을 확보해야 한다. 하지만 농촌마을에서 4m 이상 도로 확보는 사실상 어렵기 때문에 기존도로로 허가할 수 있다.
사진은 통나무주택단지 모습이다.

이상의 도로 폭 확보해야 한다. 하지만, 농촌마을에서 4m 이상 도로 확보가 사실상 어렵기 때문에 지자체 실정에 맞는 규정을 마련해 놓고 있어 기존도로로 허가를 받을 수도 있다.

도로는 지적도상에 있어야 한다. 주의할 점은 시골 땅은 지적도상에 도로가 있어도 현황을 확인해 보면 하천 등으로 유실된 경우도 있고, 주민들이 장기간 다른 용도로 무단 사용하는 경우도 있기 때문에 현장 확인이 필요하다. 또 측량을 해보면 지적이 달라져 지적상 도로와 현황도로가 차이가 나는 경우도 많다.

도로가 없는 땅에 도로를 만드는 방법으로는 우선 도로에 해당하는 토지주를 만나 도로 부분만큼 매입하는 것이다. 하지만, 땅을 팔지 않든가 팔아도 비싼 값을 요구하거나 다른 조건을 달기 때문에 그만한 대가를 치러야 한다.

도로를 해결하는 또 하나의 방법은 '토지사용승낙서'를 받는 방법이다. 도로에 해당하는 토지주를 만나 토지를 빌리는 것이다. 조건을 정해 계약하고 토지주의 인감도장을 날인한 후 인감증명서를 첨부한 동의서가 있으면 도로로 인정을 받을 수 있다.

도로가 있어도 다른 사람 소유의 토지(사도)라면 경우에 따라 '도로사용승낙서'를 받아야 한다.

'토지(도로)사용승낙서'는 일정한 양식이 없다. 임의양식으로 하여 토지주의 도장과 인감증명서를 받아 인허가가 필요할 때 제출하면 된다. 다만 토지사용승낙을 받은 목적이 인허가 목적과 부합해야 한다. 도로용으로 받는다면 토지사용승낙서에 표기가 돼야 한다는 얘기다.

그리고 녹지지역 및 비도시지역에서 사업부지가 도로와 구거가 접하는 때에는 경계로부터 2m 이상 떨어뜨려 건축해야 한다.

물건을 적치할 때는 높이 10m 이하를 원칙으로 하며 적치장소가 8m 이상의 도로 및 철도부지에 접하는 경우에는 적치물 높이에 5m를 더한 거리만큼 이격해야 한다.

동의나물
봄, 4~6월, 노란색

잎을 깔때기처럼 접으면 물을 담을 수 있는 동이가 되기 때문에 '동이나물'이라고 부르다 붙은 이름이다.

죽은 자의 지상권리 '분묘기지권'

2014년 국내에서 치른 장례 10건 중 8건은 화장이었다고 한다. 20년 전과 비교해 4배 증가한 수치다. 전국 화장률은 76.9%를 기록했고 지난 1993년(19.1%)과 비교할 때 4배 증가했다. 화장에 대한 인식이 긍정적으로 변하고 있어 해마다 3% 정도 높아지고 있는데 2년~3년 후에는 선진국 수준의 화장률(80%)에 도달할 것이란 얘기다. 예전에는 매장이 일반적이었다. 그러다보니 살기 좋은 곳에는 묘지도 많다. 모르고 집 지을 땅을 샀는데 묘지가 있다. 죽은 자와 같이 살려니 찜찜하고 또 땅을 활용하는 데도 불편해 묘지를 없애려 하는데 그게 쉽지 않다.

'분묘기지권'이란 것이 있다. 분묘가 있는 다른 사람의 땅을 사용할 수 있는 권리를 말한다. 내 땅에 분묘기지권이 있다면 묘지 주인과 좋게 협의해 일정한 이장비용을 주고 이장을 시키는 것이 좋다. 분묘기지권이 인정을 받으려면 △토지 소유자의 승낙을 얻어 분묘를 설치한 경우 △토지 소유자의 승낙 없이 분묘를 설치한 후 20년간 평온·공연하게 그 분묘를 점유한 경우 △자기 토지에 분묘를 설치한 사람이 분묘를 이전한다는 특약 없이 토지를 매매한 경우 등이다.

하지만 분묘기지권이 인정된다 해도 분묘를 영원토록 사용할 수는 없다. 법에서 정한 분묘의 기본 설치기간은 15년이며 3회에 걸쳐 최장 60년까지 연장할 수 있다. 60년이 경과하면 화장 또는 납골해야 한다.(장사등에관한법률 제19조)

상당한 기간 동안 관리를 하지 않고 있는 묘지라면 토지 소유자가 이전을 청구할 수도 있다. 관리되고 있지 않는 분묘면 무연고일 가능성이 크다. 무연고 묘지는 면사무소에 개장 신고를 하고 중앙일간신문을 포함한 2개 이상의 신문에 공고 후 무연고 분묘 이장절차에 따라 처리하면 된다.(장사등에관한법률 시행규칙 제142조 참조)

문제는 분묘기지권이 있는 묘지 중 이장을 거부하는 경우다. 서로 조건을 맞추어 이장하면 좋은데 이장을 못 하겠다고 버티거나 이장비용을 과다하게 요구할 때는 힘들어 진다.

묘지를 이장하지 못하면 그대로 두고 공사해야 하는데 이때 봉분만 묘지로 보는 것이 아니다. 30㎡까지는 묘지로 인정받는다. 그래서 공사를 하더라도 봉분에서 5m 정도까지는 건드리면 안 된다.

좋은 집터에는 묘지도 많다. 내 땅에 있는 묘지 중 분묘기지권이 있을 경우에는 쉽게 이전할 수 없다. 분묘기지권이 있는 묘지라도 법에서 정한 기본 설치기간은 15년이며 3회에 걸쳐 최장 60년까지 연장할 수 있다. 60년이 경과하면 화장 또는 납골해야 한다.

보리수나무
봄, 5~6월, 흰색

키는 2~4m 정도 되며 잎은 은백색 털로 덮이거나 없는 것도 있다. 꽃은 하얗게 피었다 노란색으로 변하고 열매는 붉다.

토지 양도세와 양도세 감면 조건

사업용 토지를 팔면 양도세 기본세율이 6%~38%이지만, 비사업용 토지는 기본세율에서 10%p가 더 해진 16%~48%가 적용돼 세금 부담이 커진다. 단, '장기보유특별공제 혜택'은 비사업용 토지에도 적용된다. 3년 이상 보유한 경우 10%, 10년 이상 보유했을 때 30% 공제해준다.

토지의 양도세를 줄이려면 '사업용 토지'가 돼야 하는데 사업용 토지가 되는 조건은 까다롭다. 경작 및 거주 조건과 보유기간, 지역 요건을 모두 갖춰야 사업용 토지가 된다.

농지(전, 답, 과수원)는 지역요건부터 갖추어야 한다. '국토의 계획 및 이용에 관한 법률'에서 정한 용도지역 기준으로 도시지역이 아닌 관리지역, 농림지역, 자연환경보전지역에 있는 농지라야 사업용토지 자격을 얻을 수 있다.

사업용토지를 팔면 양도세 감면을 받는다. 이때 재촌 자경 조건도 갖춰야 하는데 재촌(在村)이란 소재지와 동일하거나 연접한 시·군·구 또는 직선거리 30㎞ 이내에 거주하는 것, 자경(自耕)이란 직접 농작물을 경작하거나 농작업의 50% 이상을 자기의 노동력으로 경작 또는 재배하는 것을 말한다.

특별시, 광역시(군 제외), 특별자치시·도(읍면 제외), 시지역(읍면 제외)에 위치한 도시지역의 농지는 원칙적으로 '사업용 토지'가 될 수가 없다는 얘기다. 다만 경작하던 농지가 도시지역으로 편입돼 3년이 지나지 않았다면 사업용 토지로 인정받을 수 있다.

재촌 자경 조건도 갖춰야 한다. 재촌(在村)이란 토지 소유주가 소재지와 동일한 시·군·구나 연접한 시·군·구 또는 직선거리 30㎞ 이내에 거주하는 것이다. 자경(自耕)이란 농업인이 자신 소유 농지에 직접 농작물을 경작하거나, 농작업의 50% 이상을 자기의 노동력으로 경작 또는 재배하는 것을 말한다.

소득세법 시행령 제168조 14항에 따라, 8년 이상의 재촌·자경 조건을 갖춘 농지를 부모님이나 배우자로부터 상속 받거나, 상속으로 취득한 농지를 상속 개시일부터 5년 이내에 양도할 경우에는 재촌·자경 하지 않아도 사업용 토지로 인정받을 수 있다.

농지와는 달리 임야는 경작여부와 상관없이 재촌 요건을 갖춰야 한다. 재촌 요건을 갖추지 않더라도 '산림자원의 조성 및 관리에 관한 법률'에서 정한 보안림, 채종림, 시험림 등 산지의 보호, 육성을 위해 필요한 임야와, 토지이용 상황, 보유기간, 면적 등을 고려해 사업과 직접 관련이 있다면 사업용 토지로 인정돼 양도소득세 중과를 피할 수 있다. 농지(논, 밭, 과수원)는 조세특례제한법 제69조에 따라 '8년 재촌·자경' 요건을 모두 갖추면 양도소득세를 감면받을 수 있다. 대신, 근로소득과 사업소득(부동산 임대소득, 경작소득 제외)의 합계액이 연간 3천700만원 초과 발생한 기간은 재촌·자경 기간에서 제외된다.

양도소득세 감면액은 한도가 정해져 있어 연간 1억원까지만 가능하다. 5년간 총 3억원까지 감면받을 수 있다.

시간 지나면 효력, '인허가 간주제'

땅 사서 집 지으려면 참 복잡하다. 개발행위허가, 전용허가, 건축신고(허가), 착공신고, 사용승인 등 서류를 만들어 해당 시군청을 수시로 들락거려야 한다.

그렇게 해도 담당 공무원이 자리를 비우거나 다른 일로 바빠서 접수를 받지 못하든가, 접수해 놓고도 검토가 늦어지고, 한참 기다린 후에도 서류 보완해 다시 오라고 한다. 다른 부서와 협의가 필요하다며 무작정 기다리라는 경우도 있다. 눈에 보이지 않는 규제들이다.

이래저래 금쪽같은 시간만 가고, 그러다 한 달을 넘기고 일 년을 넘기면서 경비는 경비대로 깨지고 스케줄은 엉망진창이 되는 경우가 많다.

접수 거부, 처리 지연, 부당한 서류 요구 등 공무원의 소극적 업무처리를 개선하겠다는 취지로 정부는 '인허가 간주제'를 시행하고 있다.

'인허가 간주제'란 처리기한 내에 허가여부나 처리지연사유를 통보해 주지 않으면 허가처리 된 것으로 간주하는 제도다.

전원주택 개발에 많이 적용되는 산지전용허가나 산지일시사용허가제도 간주제가 도입돼 처리기한이 30일로, 기한 내에 허가여부 또는 처리지연사유를 미통보하면 허가가 난 것으로 간주한다.

건축법상 건축허가기간은 15일이다. 건축물 건축할 때 의제되는 타 인허가(21개)에 대해 협의기간 내 의견 미제출 시 협의가 된 것으로 간주하는데 이것은 협의 간주다. 건축신고 및 변경신고 기간은 5일이다. 처리기간 내 수리여부 또는 지연사유 미통지 시에도 앞으로는 수리된 것으로 간주한다.

농어촌 민박사업자 신고는 법령에서 정한 형식적 요건을 충족하면 즉시 접수해야 한다.

간주제가 도입된 인허가나 신고의 경우 행정청이 아무런 조치를 하지 않고 처리기간이 지났을 경우 인허가·신고의 효력이 바로 발생한다. 민원인의 요청 시 행정청은 허가증, 신고필증 등을 교부해야 한다.

정리

문답으로 풀어본 '농지'의 이해

귀농 귀촌의 시작은 농지를 아는 것부터다. 농지를 구입해 텃밭도 가꾸고 그곳을 전용해 전원주택도 짓는다. 하지만, 농지는 누구나 쉽게 구입할 수 있는 것이 아니며 아무 곳이나 개발할 수 있는 것도 아니다. 각종 법률에 따라 농지는 다양한 종류가 있다. 개발에 따른 제한도 많다. 농지법에 근거해 농지의 구입에서 이용과 관리에 관한 모든 것들을 문답으로 정리해 본다.

문 농지법에서 정한 농지의 범위는?

답 농지법에서 말하는 '농지'란 지목이 전·답 또는 과수원, 기타 그 법적 지목 여하에 불구하고, 실제의 토지현상이 농작물의 경작 또는 다년생식물재배지로 이용되는 토지를 말한다. 다년생식물재배지란 △목초·종묘·인삼·약초·잔디 및 조림용 묘목 △과수·뽕나무·유실수 기타 생육기간이 2년 이상인 식용 또는 약용으로 이용되는 식물 △조경 또는 관상용 수목과 그 묘목(조경목적으로 식재한 것을 제외) 등을 재배하는 곳으로 재배는 제초, 시비, 전지 등 지속적인 관리행위가 있어야 한다. 단 정원조성, 시설녹지조성 등의 목적으로 관상수·잔디의 식재는 다년생 식물 재배지가 아니다.

또한, 위에서 말한 토지의 △개량시설(유지, 양배수시설, 수로, 농로, 제방 및 객토, 성토, 절토, 암석 제거를 통해 농지의 보전 또는 이용에 필요한 시설)의 부지 △고정식온실, 버섯재배사, 비닐하우스 및 그 부속시설과 농막, 간이퇴비장, 간이액비저장조 시설의 부지와 축사 및 그 부속시설(축사와 연접하여 설치된 시설로서 가축의 사육관리출하 등 일련의 생산과정에 직접 이용되는 시설)의 부지도 농지다.

다만 △지적법상 지목이 전, 답, 과수원이 아닌 토지로 위의 부지로 계속해 이용되는 기간이 3년 미만인 토지 △지적법상 지목이 임야인 토지로 형질을 변경하지 않고 다년생식물(목초·종묘·인삼·약초·잔디 및 조림용 묘목은 제외) 재배에 이용되는 토지 △초지법에 의해 조성된 초지 등은 농지가 아니다.

문 '농지법'의 적용대상이 되는 농업인과 농업법인의 범위는?

답 농업인은 △1천㎡ 이상의 농지에서 농작물 또는 다년생식물을 경작 또는 재배하는 사람 △농지에 330㎡ 이상(농업용 시설의 바닥 면적 기준)의 고정식온실·버섯재배사·비닐하우스 기타 농림부령이 정하는 농업생산에 필요한 시설을 설치해 농작물 또는 다년생식물을 경작 또는 재배하는 사람 △1년 중 90일 이상 농업에 종사하는 사람(자기의 계산과 책임으로 농업을 영위하는 것은 물론이고, 다른 사람의 농업경영을 위하여 노동력을 제공하는 경우도 포함) △대가축(소, 말, 노새, 당나귀 등) 2두, 중가축(돼지, 산양, 면양, 사슴, 개, 여우 등) 10두, 소가축(밍크, 토끼 등) 100두, 가금(닭, 오리, 칠면조, 거위) 1천수 또는 꿀벌 10군 이상을 사육하거나 1년 중 120일 이상 축산업에 종사하는 사람 △농업경영을 통한 농산물의 연간 판매액이 100만원 이상인 사람을 말한다.

영농목적으로 농지를 소유할 수 있는 농업법인에는 △영농조합법인 △농업회사법인이 있다.

문 농업경영 등 농지의 경영 및 운영의 방법은?

답 '농업경영'은 '농업인 또는 농업법인이 자기의 계산과 책임으로 농업을 영위하는 것'을 말하고, '자경'이란 함은 '농업인이 그 소유농지에서 농작물의 경작 또는 다년생식물의 재배에 상시 종사하거나 농작업의 1/2 이상을 자기의 노동력에 의해 경작 또는 재배하는 것'과 '농업법인이 그 소유농지에서 농작물을 경작하거나 다년생식물을 재배하는 것'을 말한다. 각종 조세감면에서 자경형태와 위탁경영을 차별화하기 위하여 자경의 개념이 도입되었다.

'위탁경영'은 '농지의 소유자가 타인에게 일정한 보수를 지급할 것을 약정하고 농작업의 전부 또는 일부를 위탁하여 행하는 농업경영'을 말하며 민법의 '도급'에 해당한다.

문 농지의 전용과 개량은?

답 '농지의 전용'이라 함은 농지를 농작물의 경작·다년생식물의 재배 등 농업생산 또는 농지개량 외의 목적에 사용하는 것을 말한다. 농지에 고정식온실·버섯재배사·비닐하우스·수경재배시설 및 그 부속시설(보일러실, 작업장 등 농작물 재배용 시설 내 또는 그 시설과 연접하여 설치하는 부속시설)의 설치행위와 농지에 부속한 농막(숙식에 제공되는 관리사는 제외)·간이퇴비장 또는 간이액비저장조 설치 행위는 농지의 전용행위가 아니라 이용행위다.

농지개량의 범위는 농지의 생산성을 높이기 위해 농지의 형질을 변경하는 행위로 △농지의 이용가치를 높이기 위해 농지의 구획을 정리하거나 개량시설을 설치하는 행위 △해당 농지의 토양개량이나 관개·배수·농업기계이용의 개선을 위해 농림부령이 정하는 기준에 따라 객토·성토·절토하거나 암석을 채굴하는 행위 중 어느 하나에 해당해야 한다. 인근 농지의 관개·배수·통풍 및 농작업에 영향을 미치지 않아야 한다.

문 농지의 소유 및 소유의 제한은?

답 헌법 제121조에 따라 국가는 농지에 관해 경자유전의 원칙이 달성될 수 있도록 노력해야 하며, 농지의 소작제도는 원칙적으로 금지된다. 따라서 헌법의 '경자유전원칙'에 따라 소유자격을 농업인과 농업법인으로 제한해, 농지는 자기의 농업경영에 이용하거나 이용할 자가 아니면 이를 소유할 수 없도록 규정한다. 그러나 아래의 어느 하나에 해당하는 경우에는 농업인이나 농업법인이 아니더라도 예외적으로 농지를 소유할 수 있다.

1. 국가나 지방자치단체가 농지를 소유하는 경우
2. 초·중등교육법 및 고등교육법에 따른 학교, 농림수산식품부령으로 정하는 공공단체·농업연구기관·농업생산자단체 또는 종묘나 그 밖의 농업기자재 생산자가 그 목적사업을 수행하는 데 필요한 시험지·연구지·실습지 또는 종묘 생산지로 쓰기 위하여 농림수산식품부령으로 정하는 바에 따라 농지를 취득하여 소유하는 경우
3. 주말·체험영농(농업인이 아닌 개인이 주말 등을 이용하여 취미생활이나 여가활동으로 농작물을 경작하거나 다년성식물을 재배하는 것)을 하려고 농지를 소유하는 경우 1천㎡ 미만까지 가능
4. 상속(상속인에게 한 유증도 포함)으로 농지를 취득해 소유하는 경우 비농업인은 1만㎡ 이내까지 가능(단 농지은행을 통해 임대하는 경우 임대기간 동안 소유에 제한이 없음)
5. 8년 이상 농업경영을 하던 사람이 이농한 후에도 이농 당시 소유하고 있던 농지를 계속 소유하는 경우 1만㎡ 이내까지 가능(단 농지은행을 통해 임대하는 경우 임대기간동안 소유에 제한이 없음)
6. 담보농지를 취득하여 소유하는 경우(자산 유동화에 관한 법률 제3조의 규정에 의한 유동화전문회사 등이 제13조 제1항 제1호부터 제4호까지에 규정된 저

당권자로부터 농지를 취득하는 경우를 포함)
7. 농지전용허가(다른 법률에 따라 농지전용허가가 의제되는 인가·허가·승인 등을 포함)를 받거나 농지전용신고를 한 사람이 그 농지를 소유하는 경우
8. 농지전용협의를 마친 농지를 소유하는 경우
9. 한국농어촌공사 및 농지관리기금법 제24조 제2항에 따른 농지의 개발사업지구에 있는 농지로 대통령령으로 정하는 1천500㎡ 미만의 농지나 농어촌정비법 제84조 제3항에 따른 농지를 취득해 소유하는 경우
10. 한계농지 중 시, 군의 읍, 면지역에 있는 농지로 최상단부에서 최하단부까지의 평균경사율이 15% 이상이고 집단화된 농지의 규모가 2만㎡ 미만인 농지로 해당 시장, 군수가 조사하여 고시한 '영농여건불리농지'
11. 다음 각 목의 어느 하나에 해당하는 경우
가. 한국농어촌공사 및 농지관리기금법에 따라 한국농촌공사가 농지를 취득하여 소유하는 경우
나. 농어촌정비법 제16조·제25조·제43조·제82조 또는 제100조에 따라 농지를 취득하여 소유하는 경우
다. 공유수면매립법에 따라 매립농지를 취득하여 소유하는 경우
라. 토지수용으로 농지를 취득하여 소유하는 경우
마. 공익사업을 위한 토지 등의 취득 및 보상에 관한 법률에 따라 농지를 취득하여 소유하는 경우
바. 공공토지비축심의위원회가 비축이 필요하다고 인정하는 토지로서 계획관리지역과 자연녹지지역 안의 농지를 한국토지공사가 취득해 소유하는 경우. 이 경우 그 취득한 농지를 전용하기 전까지는 한국농어촌공사에 지체 없이 위탁해 임대하거나 사용하여야 한다.

문 농지에는 어떤 종류가 있는지?
답 농지는 △농업진흥지역과 △농업진흥지역 밖으로 구분한다. '농업진흥지역'은 △농업진흥구역과 △농업보호구역으로 지정하며 국토의 계획 및 이용에 관한 법에서는 농림지역에 해당하나 생산녹지지역 등 다른 지역도 있다.

농업진흥구역은 농업의 진흥을 도모하기 위하여 집단화되어 농업 목적으로 이용하는 것이 필요한 지역으로 농지를 권역별로 지정한다. 농지 외에 임야나 잡종지, 묘지 등 비농지 일부도 포함되어 있다. 농업보호구역은 농업진흥구역의 용수원확보, 수질보전 등 농업환경을 보호하기 위하여 필요한 지역을 지정한다.

문 농업진흥구역에서 할 수 있는 행위는?
답 농지법시행령 제29조에는 농업진흥구역에서 할 수 있는 행위를 정하고 있는데 다음과 같다.

첫째, 농업진흥구역 안에서 허용되는 농업생산 또는 농지개량과 직접 관련되는 토지이용 행위
1. 농작물의 경작
2. 다년성식물의 재배
3. 고정식온실, 버섯재배사 및 비닐하우스와 그 부속시설의 설치
4. 축사와 농림수산식품부령으로 정하는 그 부속시설의 설치
5. 농막 및 간이퇴비장 또는 간이액비저장조의 설치
6. 농지개량사업 또는 농업용수개발사업의 시행

둘째, 농수산물(농산물, 임산물, 축산물, 수산물을 말한다)의 가공, 처리시설 및 농수산업 (농업, 임업, 축산업, 수산업을 말한다) 관련 시험·연구시설
1. 농수산물의 가공, 처리시설 : 국내에서 생산된 농수산물(임산물의 경우에는 수실, 대나무, 버섯에 한한다)을 주된 원료로 하여 가공하거나 건조 절단 등 처리를 하기 위한 시설로서 그 부지의 총 면적이 1만㎡(미곡의 건조, 선별, 보관 및 가공시설(미곡종

합처리장)의 경우에는 3만㎡) 미만인 시설
2. 농수산업관련 시험·연구시설 : 육종 연구를 위한 농수산업에 관한 시험·연구시설 로써 그 부지의 총면적이 3천㎡ 미만인 시설

셋째, 농업인의 공동생활에 필요한 편의시설 및 이용시설
1. 농업인이 공동으로 운영하고 사용하는 창고·작업장·농기계수리시설·퇴비장
2. 경로당·보육시설·유치원 등 노유자 시설, 정자 및 보건진료소
3. 농업인이 공동으로 운영하고 사용하는 일반목욕장·구판장·운동시설·마을공동 주차장·마을 공동취수장 및 마을공동농산어촌체험시설
4. 국가·지방자치단체 또는 농업생산자단체가 농업인으로 하여금 사용하게 할 목적으로 설치하는 일반목욕장, 운동시설, 구판장 및 농기계보관시설

넷째, 아래 각 호의 요건을 모두 갖춘 농업인주택
1. 농업인 1인 이상으로 구성되는 농업, 임업 또는 축산업을 영위하는 세대로 다음 각 목의 어느 하나에 해당하는 세대의 세대주가 설치하는 것
   가. 해당 세대의 농업 임업 또는 축산업에 따른 수입액이 연간 총수입액의 2분의 1을 초과하는 세대
   나. 해당 세대원의 노동력의 2분의 1이상으로 농업, 임업 또는 축산업을 영위하는 세대
2. 1항 각 목의 어느 하나에 해당하는 세대의 세대원이 장기간 독립된 주거생활을 영위할 수 있는 구조로 된 건축물(지방세법시행령 제84조의 3에 따른 별장 또는 고급주택은 제외) 및 해당 건축물에 부속한 창고, 축사 등 농업 임업 또는 축산업을 영위하는데 필요한 시설로서, 그 부지의 총면적이 1세대당 660㎡ 이하일 것(부지면적을 적용함에 있어 농지를 전용해 농업인주택을 설치하는 경우에는 그 전용하려는 면적에 해당 세대주가 그 전용허가 신청일 또는 협의 신청일 이전 5년간 농업인 주택의 설치를 위해 부지로 전용한 농지면적을 합산한 면적을 해당 농업인주택의 부지면적으로 본다. 단 공공사업으로 인하여 철거된 농업인주택의 설치를 위하여 전용하였거나 전용하려는 농지 면적을 제외한다.)
3. 1항 각 목의 어느 하나에 해당하는 세대의 농업, 임업, 축산업의 경영의 근거가 되는 농지, 산림, 축사 등이 있는 시(구를 두지 아니한 시를 말하며, 도농복합형태의 시에 있어서는 동 지역에 한함)·구(도농복합형태의 시의 구에 있어서는 동지역에 한함)·읍·면 또는 이에 연접한 시·구·읍·면 지역에 설치할 것

다섯째, 그 밖의 대통령령으로 정하는 농업용시설 또는 축산업용시설(단 아래 1항 및 4항의 시설은 자기의 농업 또는 축산업의 경영 근거가 되는 농지, 축사 등이 소재하는 시·구·읍·면 또는 이에 연접한 시·구·읍·면 지역에 설치하는 경우에 한함)
1. 농업인 또는 농업법인이 자기가 생산한 농산물을 건조·보관하기 위하여 설치하는 시설
2. 야생조수의 인공사육시설
3. 건축법에 따른 건축허가 또는 건축신고 대상시설이 아닌 간이 양축시설
4. 농업인 또는 농업법인이 농업 또는 축산업을 영위하거나 자기가 생산한 농산물을 처리하는데 필요한 농업용 또는 축산업용시설로서 농림수산식품부령으로 정하는 시설

여섯째, 그 밖에 대통령령으로 정하는 공공시설
1. 상하수도(하수종말처리시설 및 정수시설을 포함), 운하, 공동구, 가스공급 설비, 통신설로, 전주(유무선송신탑 포함), 소수력, 풍력발전설비, 송유설비, 방수설비, 유수지 시설 및 하천 부속물
2. 사도법 제4조에 따른 사도

일곱째, 농어촌 발전에 필요한 시설로 대통령령으로 정하는 시설
1. 부지의 총면적이 1만㎡ 미만인 양어장·양식장 기타의 농림수산식품부령으로 정하는 어업용시설
2. 국내에서 생산되는 농산물을 집하·예냉·저장·선별 또는 포장하는 산지유통시설로서 그 부지의 총면적이 3만㎡ 미만인 시설
3. 부지의 총면적이 3천㎡ 미만인 농업기계수리시설
4. 부지의 총면적이 3천㎡(지방자치단체 또는 농업생산자단체가 설치하는 경우에는 1만㎡) 미만인 남은 음식물이나 농수산물의 부산물을 이용한 유기질 비료 또는 사료의 제조시설
5. 법 제36조에 따른 농지의 타용도 일시사용 및 이에 필요한 시설
6. 국내에서 생산된 농산물을 판매하는 시설로서 농업생산자단체가 설치하여 운영하는 시설 중 그 부지의 총면적이 3천㎡ 미만인 시설

문 농업보호구역에서 할 수 있는 행위는?
답 농지법시행령 제30조에는 농업보호구역에서 할 수 있는 일을 정하고 있는데 그 내용은 다음과 같다.

첫째, 농업인의 소득증대에 필요한 시설로서 '대통령령이 정하는 건축물, 공작물, 그 밖의 시설'
1. 농어촌정비법 제2조 제9호 나목에 따른 관광농원사업으로 설치하는 시설로서 그 부지가 2만㎡ 미만인 것
2. 농어촌정비법 제2조 제9호 다목에 따른 주말농원사업으로 설치하는 시설로서 그 부지가 3천㎡ 미만인 것
3. 신에너지 및 재생에너지 개발 이용 보급에 촉진법 제2조 제1호 가목에 따른 태양에너지를 이용하는 발전설비

둘째, 농업인의 생활 여건을 개선하기 위하여 필요한 시설로서 대통령령으로 정하는 건축물, 공작물, 그 밖의 시설
1. 다음 각 목에 해당하는 시설로서 그 부지가 1천㎡ 미만인 것
    가. 건축법 시행령 별표1 제1호 가목에 해당하는 시설(단독주택)
    나. 건축법 시행령 별표1 제3호 가목, 라목부터 사목까지 및 자목에 해당하는 시설
    다. 건축법 시행령 별표1 제4호 가목(일반음식점 제외), 다목, 라목(골프연습장 제외)부터 바목까지 아목 및 자목에 해당하는 시설
2. 건축법 시행령 별표1 제3호 아목에 해당하는 시설로서 그 부지가 3천㎡ 미만인 것

문 한계농지의 정의 및 지정요건은?
답 농지의 최상단부에서 최하단부까지의 평균경사율이 15% 이상이거나 집단화된 농지의 규모가 2만㎡ 미만인 농지를 한계농지로 지정한다.
경사율 15% 이상이면 면적과 상관없고, 집단화된 2㏊ 미만인 농지는 경사도와 관계없이 한계농지다. 광업법에 의한 광업권이 기간만료 또는 취소로 소멸한 광구의 인근지역 농지로서 토양오염 등으로 인하여 농업목적으로 사용하기 부적당한 농지도 한계농지다.

문 영농여건불리농지의 정의 및 지정은?
답 한계농지 중 최상단부부터 최하단부까지의 평균경사율이 15% 이상인 농지로서 △시·군의 읍·면 지역에 있는 농업진흥지역 밖의 농지 △집단화된 농지의 규모가 2만㎡ 미만인 농지 △시장·군수가 농업용수·농로 등 농업생산기반의 정비 정도, 농기계의 이용 및 접근 가능성, 통상적인 영농 관행 등을 고려하여 영농여건이 불리하고 생산성이 낮다고 인정하는 농지 등은 영농여건불리농지로 지정한다.
영농여건불리농지는 농지법에 따라 자기의 농업경영에 이용하지 않더라도 예외적으로 소유가 허용되는 농지다. 영농여건불리농지를 취득할 때는 농업경영계획서를 작성하지 않고도 소재지 관할 시장, 구청장, 읍장 또는 면장에게서 농지취득자격증명을 발급받을 수 있

고(농지법 제8조), 농지를 임대하거나 사용할 수도 있다.(농지법 제23조)

문 농지취득자격증명을 받아야 하는 대상과 방법은?

답 농지를 취득하고자 할 때는 농지취득자격증명을 받아야 한다. 농지매수인의 농지소유자격과 소유상한을 확인·심사해 적격자에게만 농지의 취득을 허용함으로써 비농민의 투기적 농지소유를 방지하기 위해 '농지취득자격증명제도'를 두고 있다.

농지취득자격증명 규정은 강행규정으로 농지의 소유권이전 등기에 필수적인 첨부 서류이므로 농지취득자격증명이 없으면 등기를 할 수 없다. 단 토지거래허가지역의 경우는 '국토의 계획 및 이용에 관한 법률'의 규정에 따른다.

증명발급기관은 농지소재지 관할 시(구를 설치하지 않은 시, 도농복합형태의 시의 경우에는 동지역에 한함)·구(도농복합형태의 시에 설치된 구의 경우에는 동지역에 한함)·읍·면장이다. 접수 후 4일 이내에 발급되며 단 주말체험영농, 농지전용, 시험연구 목적, 영농여건불리농지는 2일이면 가능하다.

발급대상은 △농업인이나 또는 농업인이 되고자 하는 사람 △농업법인 △초·중등교육법 및 고등교육법에 의한 학교 및 농지법시행규칙 별표2에 따른 공공단체 등(특·광역시장, 도지사로부터 농지취득인정서를 발급받은 경우) △주말·체험영농을 하고자 하는 농업인이 아닌 개인 △농지전용허가를 받거나 농지전용신고를 한 사람으로 해당 농지를 취득하는 경우 △한국농어촌공사및농지관리기금법 제24조 제2항에 따른 농지의 개발사업지구 안에서 한국농어촌공사가 개발하여 매도하는 도·농간의 교류촉진을 위한 1천500㎡ 미만의 농원부지나 농어촌관광휴양지에 포함된 1천500㎡ 미만의 농지를 취득하는 사람 △한계농지 등의 정비사업 시행자로부터 1천500㎡ 미만의 농지를 분양받는 사람 △영농여건불리농지를 취득하는 사람 △비축용 농지를 취득하는 한국토지주택공사 등이다.

농지취득자격증명은 면적 제한이 있다. 신규로 농업경영을 하고자 할 경우 △시설을 설치하지 않는 일반 농지는 1천㎡ 이상 △시설(고정식온실, 버섯재배사, 비닐하우스)이 설치되어 있거나 설치하고자 하는 농지는 330㎡ 이상이라야 가능하다. 다만 취득면적이 1천㎡ 미만일 경우 이미 보유 면적이나 임차면적을 포함하여 농업경영에 이용하는 농지 면적이 1천㎡ 이상이면 취득 가능하다. 기존에 농지원부가 있는 농가는 최소면적 제한이 없으며, 농업인이 아닌 개인이 주말·체험영농 목적으로 이용하고자 농지를 취득하고자 하는 경우에는 신청 당시 소유하고 있는 농지면적에 취득하고자 하는 농지면적을 합한 면적이 1천㎡ 미만이라야 한다. (이 경우 면적 계산은 그 세대원 전부가 소유하는 총면적으로 함)

이럴 경우 영농의사와 능력만 인정받으면 거주지와 관계없이 농지취득자격증명을 발급받아 농지를 취득할 수 있다.

준비할 서류는 △농지취득자격증명 신청서 △농업경영계획서(농지를 농업경영목적으로 취득하는 경우에 한함) △농지취득인정서(초·중등교육법에 의한 학교, 농지법시행규칙 별표2의 공공단체, 농업연구기관, 농업생산자단체 또는 종묘 기타 농업기자재를 생산하는 자가 그 목적사업을 수행하기 위하여 필요로 하는 실험·연구·실습지 또는 종묘생산용지로 농지법시행규칙이 정하는 바에 의하여 농지를 취득하여 소유하는 경우) △농지임대차(사용대)계약서 △농지전용허가(다른 법률에 따라 농지전용허가가 의제되는 인가 또는 승인 등을 포함)를 받거나 농지전용신고를 한 사실을 입증하는 서류(농지를 전용목적으로 취득하는 경우에 한정) 등이다.

문 토지거래허가지역 내에서 농지취득의 방법은?

답 '국토의 계획 및 이용에 관한 법률'의 규정에 따라 토지거래허가구역으로 지정된 곳에서 500㎡ 이상의 농지를 취득하고자 할 때는 허가를 받아야 한다. 토지거래허가 지역 내에서 주말체험영농 목적으로 도시지역은 100㎡ 이하, 비도시지역은 500㎡ 이하의 농지취득이 가능하다.

이때는 세대주를 포함한 세대원 전원이 해당 토지가 소재하는 특별시·광역시(광역시의 관할구역 안에 있는 군을 제외)·시 또는 군(광역시의 관할구역 안에 있는 군을 포함)에 허가신청일부터 소급해 6개월 이상 계속 주민등록이 되어 있으며, 실제로 해당 지역에 거주하고 있어야 한다.

또 농업인 등으로 그가 거주하는 주소지로부터 20㎞ 이내에서는 취득이 가능하다. 다만 농지가 수용된 실제 경작자는 80㎞ 이내에 취득이 가능하며 이때 거리는 직선거리를 말한다.

세대원은 세대주와 동일한 세대별 주민등록표상에 등재되어 있지 아니한 세대주의 배우자와 미혼인 직계비속을 포함하되, 세대주 또는 세대원 중 취학·질병요양·근무지 이전 또는 사업상 형편 등 불가피한 사유로 인해 해당 지역에 거주하지 아니하는 가족은 제외한다.

토지거래허가를 받은 사람은 5년의 범위 이내에서 그 토지를 허가받은 목적대로 이용해야 하는데 △농업을 영위하기 위한 목적으로 허가를 받은 경우에는 취득 후 2년 △축산업·임업 또는 어업을 영위하기 위한 목적으로 허가를 받은 경우에는 취득 후 3년 △토지의 취득 후 축산물·임산물 또는 수산물 등의 생산물이 없는 경우에는 5년 △자기의 주거용 주택지로 이용하고자 허가를 받은 경우에는 취득 시부터 3년이다.

토지거래허가구역에서도 △상속 등 대가가 없는 거래인 경우 △집행력 있는 판결에 의한 명의신탁 해지를 원인으로 소유권을 이전하는 경우 △'민사집행법'에 의한 경매 △점유로 인한 시효취득을 원인으로 민법상 화해 조서에 의한 판결을 받아 소유권을 이전하는 경우 △매매예약의 가등기를 경료하고 본 계약의 성립으로 볼 수 있는 예약완결의 의사표시일이 허가구역으로 지정되기 이전인 경우로서, 허가구역으로 지정된 이후에 당해 토지에 대한 본등기를 하는 경우 등은 토지거래허가를 받지 않아도 된다.

시장·군수 또는 구청장은 토지거래허가를 받은 내용대로 이용의무를 이행하지 아니할 경우에는 3월 이내의 기간을 정하여 토지의 이용의무를 이행하도록 명할 수 있다. 정해진 기간 내에 이행되지 않을 때는 토지 취득가액의 10% 범위 안에서 이행강제금을 부과한다.

문 농업용으로 농지 취득할 때 사전에 확인할 사항은?

답 우선 농지취득자격증명 발급 가능 여부를 확인해야 한다. 농업경영 목적으로 취득할 때는 통상적으로 영농이 가능해야 한다.

토지거래허가구역에서는 허가 가능 여부를 확인한다. 토지 소재지 시군에 거주(신규일 경우) 등기부등본을 발급해 등기부등본상의 소유자와 동일한지 여부, 가등기, 근저당권, 지상권 등 설정 여부를 확인해 계약서 작성할 때 실제 내용과 대조한다. 토지이용계획확인서를 확인해 용도지역과 규제사항들을 검토한다. 현장 답사를 통해 농수로 등 수리시설, 침수지역 여부, 진입로, 주위여건 등을 확인한다. 잔금을 지불하기 전에 등기부등본 재확인해야 하는데 2중계약이나 저당권 설정 등을 확인한다.

문 취득한 농지의 강제처분명령의 경우는?

답 농지를 취득할 때 통작거리제한 폐지등 사전적 규제를 완화해 농지거래를 쉽게 한 대신 취득한 농지를 자기 농업경영 등 취득목적대로 이용하지 않을 경우 이를 처분하게 하여 농지의 투기적 소유를 막고 있다.

소유농지를 처분해야 하는 경우는 농지의 소유자가 △소유농지를 정당한 사유 없이 자기의 농업경영에 이용하지 아니하거나 이용하지 않은 것으로 시장·군수 또는 구청장이 인정한 때 △학교·공공단체·농업연구기관·농업생산자단체 또는 종묘 기타 농업기자재를 생산하는 자가 그 목적 사업을 수행하기 위해 농지를 취득한 경우 그 농지를 당해 목적사업에 이용하지 않은 것으로 시장·군수 또는 구청장이 인정한 때 △농지전용허가 또는 농지전용신고를 하고 농지를 취득한 사람이 취득한 날부터 2년 이내에 그 목적 사업에 착수하지 아니한 때 △농지의 소유상한을 초과하여 농지를 소유한 때 △농지를 소유하고 있는 농업회사법인이 법인의 요건에 적합하지 아니하게 된 후 3월이 경과한 때 △자연재해·농지개량·질병 등 정당한 사유 없이 농지취득자격증명 발급 당시 농업경영계획서의 내용을 이행하지 아니하였다고 시장·군수 또는 구청장이 인정한 때 △사위 기타 부정한 방법으로 농지취득자격증명을 발급받아 농지를 소유한 것이 판명된 때는 그 사유가 발생한 날로부터 1년 이내에 해당 농지를 처분해야 한다. 다만 △'농지법'의 규정에 따라 임대 또는 위탁이 가능한 농지를 임대·위탁하는 경우 △자연재해, 영농준비, 징집, 질병, 선거에 의한 공직취임, 3월 이상의 부상, 교도소수용, 3월 이상의 국외여행, 농업법인 청산 중, 연작피해 예상, 생산조정, 출하조정을 위해 휴경하는 경우 등에는 농지처분의무가 면제된다.

농지처분의무 부과 절차는 첫째, 매년 정기 또는 수시로 시장·군수·구청장 농지이용실태 조사를 실시하고 둘째, 시장·군수 또는 구청장은 농지의 처분의무가 생긴 농지의 소유자에게 해당 농지를 1년 이내에 처분하여야 함을 통지하며 셋째, 시장·군수 또는 구청장은 농지소유자가 처분의무기간내에 처분대상 농지를 처분하지 않을 경우 6개월 이내의 기간을 정하여 농지소유자에게 처분할 것을 명령하며 넷째, 시장·군수 또는 구청장은 처분명령을 받은 후 정당한 사유 없이 이를 이행하지 아니한 경우 해당 농지 토지가액의 20%에 상당하는 이행강제금을 부과한다. 처분명령 이행 시까지 매년 반복 부과하고, 이행강제금을 납부하지 않을 경우 지방세 체납처분의 예에 의거 징수한다.

다만 시장·군수 또는 구청장은 처분의무 통지를 받은 농지소유자가 해당 농지를 자기의 농업경영에 이용(3년)하거나, 공사와 매도위탁계약을 체결(6월)한 경우 직권으로 농지처분명령을 유예할 수 있다. 처분통지 후 3년 자경할 경우 유예되나 처분명령을 받은 농지는 다시 농사를 짓더라도 반드시 처분해야 한다.

농지를 거짓이나 부정한 방법으로 취득한 것이 적발되면, 고발되어 3년 이하의 징역 또는 벌금에 처하게 된다. 또 시장·군수 또는 구청장은 처분명령 유예기간 동안 대상농지를 자기의 농업경영에 이용하지 않거나, 농지의 매도위탁계약이 해지 또는 만료된 경우에는 지체 없이 그 유예한 처분명령을 다시 해야 한다. 처분명령을 받은 농지소유자는 필요시 한국농촌공사에 농지의 매수청구를 할 수 있다.

문 농지은행사업이란?

답 임대차가 허용된 농지와 노동력 부족·고령화로 자경하기 어려운 농민의 농지와, 농지에 부속한 농업용시설을 임대수탁 받아 전업농 중심으로 임대해 효율적·안정적 관리하기 위해 한국농어촌공사는 농지은행사업을 시행하고 있다.

농지소유자가 임대위탁을 신청하면 한국농어촌공사는 현지조사와 공고 등을 거쳐 임차인을 선정하며 임차인이 선정되면 위탁자와 공사 간에는 임대수위탁계약을, 공사와 임차인 간에 임대차계약을 체결한다.

문 농지취득 및 매매와 관련한 세금의 감면은?

답 농지를 취득하면 3%에 해당하는 취득세를 납부해야 한다. 하지만, 2년 이상 영농한 농업인, 농업회사법인, 영농조합 또는 농업계열학교 또는 학과의 이수자 및 재학생이 직접 경작할 목적으로 취득하는 농지(전·답·과수원 및 목장용지) 및 관계법령에 따라 농지를 조성하기 위하여 취득하는 임야를 취득할 때 취득세를 50% 경감해준다. 2년 이상 경작하지 않고 매각하거나 다른 용도로 사용하는 경우 또는 농지의 취득일로부터 2년 내에 직접 경작하지 아니하거나 임야의 취득일로부터 2년 이내에 농지의 조성을 개시하지 않으면 해당 부분에 대한 경감 취득세를 추징한다.

지역 농민 간의 농지를 교환 또는 분합할 때 취득세를 면제한다. 또 자경농민이 농업용으로 사용하기 위해 취득하는 양잠 또는 버섯 재배사용 건축물, 축사, 고정식온실, 축산폐수 및 분뇨처리시설, 창고 및 농산물 선별 처리시설에 대하여는 취득세의 50%를 경감한다. 단 그 취득일로 부터 1년 내에 정당한 사유 없이 농업용으로 직접 사용하지 않거나 또는 그 사용일로부터 2년 이상 농업용으로 직접 사용하지 아니하는 경우 또는 그 사용일로부터 2년 이상 농업용으로 직접 사용하지 않고 다른 용도로 사용하는 경우에는 그 해당부분에 대해 경감된 취득세를 추징한다.

토지수용 등으로 인해 대체 취득하는 경우 보상금을 마지막으로 받은 날로부터 1년 이내에 이에 대체할 부동산을 취득하는 때에는 새로 취득한 부동산의 가액의 합계액이 종전의 부동산 등의 가액의 합계액을 초과하지 않는 범위까지 취득세를 비과세하고 초과액에 대해서는 부과한다.

토지를 매매할 경우에는 양도소득세를 부과하게 되는데 8년 이상 재촌 자경 농지는 5년간 양도소득세 3억원 감면한다.(1년 최고 2억원) 도시계획에 의한 주거지역, 상업지역, 공업지역 안에 있는 농지로 이들 지역에 편입된 날로부터 3년이 지난 농지나 환지 처분 이전에 농지의 토지로 환지 예정지를 지정하는 경우에는 그 환지 예정지 지정일로부터 3년이 지난 농지는 감면대상에서 제외된다.

2년 이상 영농한 농민이 상속받는 농지의 경우 2억원(상속 재산 가액)까지 상속세 기초 공제를 인정받는다.

문 농지원부의 정의와 작성방법은?

답 농지를 효율적으로 이용 관리하기 위해 행정관서에서 농지의 소유 및 이용실태를 파악해 비치하는 것이 농지원부다. 농지원부에는 농업인 인적사항과 가족사항, 소유농지현황, 임차농지현황, 경작현황 등의 사항을 기재하며 자경증명서(토지 소재지에서 발급)를 시구읍면동주민센터에 제출하면 조회 없이 바로 작성한다. 농지원부는 소유권을 증명하는 것이 아니라 경작현황을 확인하는 것으로 소유 농지나 임차농지에 관계없이 실제로 농사를 짓는 사람이 작성한다.

작성대상은 농업인과 농업법인, 준농업법인 등이며 작성하는 방법은 소유권을 증명할 수 있는 것(등기부등본, 토지대장. 지번)이나 임대차를 확인할 수 있는 서류(토지주 확인)를 주소지 시구읍면동주민센터에 제출하면 된다. 토지 소재지가 타 시군구일 경우 경작현황을 토지 소재지 관서로 조회 후 결과에 따라 작성하므로 일정한 시간이 필요하다.

농지원부는 농지를 신규 소유 및 임차가 확인되는 시점에 바로 작성(최초 작성일, 소유·임차농지 현황 등) 하고, 경작상황은 향후 확인되는 즉시 갱신한다. 기존에 농사를 직접 했어도 농지원부를 작성하지 않았다면 소급해 작성할 수는 없다.

문 농막의 정의와 설치방법은?

답 농지에는 농지전용 절차를 거치지 않고 농막을 설치할 수 있다. 농막은 농지에 설치하고자 하는 건축물, 공작물 또는 콘테이너 등의 시설로 △농업생산에 직접 필요한 시설로서 자기의 농업경영에 이용하는 토지에 설치하는 시설이라야 하며 △주거목적이 아닌 시설로서 농기구, 농약, 비료 등 농업용 기자재 또는 종자의 보관, 농작업 중 휴식 및 간이취사 등의 용도로 사용하는 시설 △연면적 합계가 20㎡(약 6평) 이내 △전기, 가스, 수도 등 새로운 간선공급시설의 설치는 가능하다.

농막은 자체가 농지이므로 건축법이나 국토의 계획 및 이용에 관한 법 등에 따른 인허가(가설건축물축조신고, 건축물기재사항 신청, 건축신고, 개발행위허가 등 해당되는 경우에 한한다) 절차는 이행해야 한다.

문 농지 임대차가 가능한 경우는?

답 농지의 임대차는 원칙적으로 불가능하다. 다만 '농업생산성의 제고와 합리적인 농지의 이용을 위하여 부득이한 사정이 있는 경우에 한하여 법률이 정하는 바에 의하여 인정'하도록 하고 있다.

농지의 임대차가 가능한 경우는 △1996. 1. 1 이전부터 소유하고 있는 농지 △국가나 지방자치단체가 소유하고 있는 농지 △1㏊ 미만의 상속받은 농지 △8년 이상 영농한 사람이 이농 당시 소유하던 1㏊ 미만의 농지 △농지이용증진사업시행계획에 의해 임대하는 농지(시장, 군수가 일정한 구역을 정하여 농지소유자와 이용자 간에 농지의 매매·임대차·교환·분합 등을 알선 조장하고 이에 필요한 지원을 함께 실시하는 사업) △질병, 징집, 취학, 선거에 의한 공직 취임, 부상으로 3개월 이상 치료가 필요한 경우이거나 교도소·구치소 또는 보호감호소에 수용 중인 경우와 3개월 이상 국외여행을 하는 경우, 농업법인이 청산 중인 경우 등 △60세 이상의 고령으로 인해 더 이상 농업경영에 종사하지 아니하게 된 자로서 시군 또는 이에 연접한 시군에 소재하는 소유농지 중 농업경영에 이용한 기간이 5년을 초과한 농지 △농지저당권자가 취득해 소유하는 담보농지 △농지전용허가나 신고를 한 농지 △토지수용에 의해 농지를 취득하여 소유한 경우 △공유수면매립법에 의해 매립농지를 취득하여 소유하는 경우 등 △주말체험농장을 하고자 하는 사람에게 임대 및 사용대하고자 하거나 주말·체험농장을 하고자 임대하는 것을 업으로 하는 사람에게 임대 사용대하는 경우 △한국농어촌공사에 농지를 임대하거나 사용대하는 경우 △영농여건불리농지 등이다.

문 농지전용의 의미와 전용의 방법은?

답 농지를 농작물의 경작·다년성 식물의 재배·가축사육 등 농업생산 또는 농지개량 외의 목적으로 사용하는 것을 '농지전용'이라고 한다.

농지전용 허가의 처리 과정은 농지전용허가 신청서를 작성해 시군에 신청하면 농지전용 허가를 심사한 후 허가를 통보한다.

건축법에 의한 건축허가나 신고 국토의 계획 및 이용에 관한 법에 의한 개발행위허가(토지형질변경허가)를 신청할 때는 시군구에서 농지전용 협의에 따라 의제 처리되므로 별도의 허가가 필요 없다.

건축허가를 위한 농지전용을 하기 위해서는 우선 토지이용계획확인서를 검토해 용도지역과 지구, 법률에 따를 제한사항등을 확인해야 한다. 또한, 국토의 계획 및 이용에 관한 법률에 의한 농지전용 허가제한 시설인지 여부도 확인해야 한다. 도시지역, 계획관리지역 및 개발진흥지구안의 농지인 경우에는 허가제한이 거의 없지만 그 외의 경우에는 제한적으로 허가할 수 있다.

농지법상의 농지구분(농업진흥지역, 농업진흥지역밖)도 확인해보아야 한다. 농업진흥지역은 농업의 진흥을 위해 일정 규모로 농지가 집단화돼 농업목적으로 이용되는 것이 필요한 지역이기 때문에 농지전용 할 수 있는 행위가 정해져 있다.

건축법을 통해 건축허가 및 신고 여부도 알아보아야 하는데, 특히 진입도로 확인이 우선돼야 한다. 보행 및 자동차 통행이 가능한 너비 4m 이상의 도로 확보가 필수이며 지형적 조건으로 차량통행을 위한 도로의 설치가 곤란하다고 인정해 시장·군수·구청장이 그 위치를 지정·공고하는 구간 안의 너비 3m 이상(길이가 10m 미만인 막다른 도로인 경우에는 너비 2m 이상)인 도로, 10m 이상 35m 미만의 경우 도로 너비는 3m, 35m 이상일 경우 6m 이상(도시계획 구역이 아닌 읍면지역에는 4m)의 도로가 필요하다.

건폐율과 용적률도 확인해보아야 할 사항이다.

농지전용 면적이 농업진흥지역에서는 7천500㎡ 이상, 보전관리지역 5천㎥ 이상, 생산관리지역 7천500㎡ 이상, 계획관리지역 1만㎡ 이상, 자연환경보전지역 및 개발제한구역에서는 5천㎡ 이상일 경우 농지 전용허가 전에 지방환경관계기관의 장과 사전 환경성 검토를 협의해야 한다.

그 외에도 경사도(시·군 조례로 정함), 오·폐수 등 환경피해여부, 오수처리시설 관련사항, 문화재보호구역에서는 현상변경심의 가능 여부, 기타 하수 하천 관련 시설 및 환경 관련법을 확인해 보아야 한다.

농지전용을 할 때는 농지보전부담금을 부담해야 한다. 농지보전부담금은 착공 전에 부과해야 하는데 전용면적(㎡)×전용 농지의 개별공시지가×30%로 계산을 하며

㎡당 5만원을 초과하는 경우 5만원을 상한액으로 한다. 건축물 준공 후에는 지목변경에 따른 취득세를 부과한다. (지목 변경 후의 공시지가- 변경 전 공시지가)×2%로 계산하며 건축물에 대하여는 별도로 납부한다. 이때는 취득세액의 10%에 해당하는 농어촌특별세도 부담해야 한다.

개발준공 후에는 개발부담금을 부과한다. △특별시, 광역시의 지역 중 도시지역에서 시행하는 사업 660㎡ 이상 △특별시, 광역시 이외의 도시지역에서 시행하는 사업 990㎡ 이상 △도시지역 중 개발제한구역 안에서 해당 구역의 지정 당시부터 토지를 소유한 자가 당해 토지에 대하여 시행하는 사업 1천650㎡ 이상 △도시지역 외의 지역에서 시행하는 사업의 경우 1천650㎡ 이상을 개발할 때는 의무적으로 부과한다.

산출방식은 부과종료시점 지가-(부과개시시점 지가+개발비용+정상지가 상승분)×25%로 하며, 개발비용이란 토지개발에 직접 투입된 비용(토목공사비)으로 사업시행자가 해당 개발사업시행과 관련해 지출한 경비를 합한 금액으로 산출내역서와 증빙서류(영수증)를 갖추어 제출한다. 건축비는 제외한다.

개발비용은 △순공사비(해당 개발사업을 위하여 지출한 재료비, 노무비, 경비, 제세공과금의 합계) △조사비(직접 해당 개발사업을 위한 측량비 기타 조사에 드는 비용으로서 순공사비에 해당하지 아니하는 비용의 합계) △일반관리비(해당 개발사업의 설계를 위하여 지출한 비용) △기타경비(토지가액에 포함되지 아니한 개발사업구역안의 건물, 입목, 영업권 등에 대한 보상비와 다른 법령의 규정이나 개발사업에 대한 인가의 조건 등에 의하여 국가, 지방자치단체에 납부한 부담금의 합계, 지목 변경에 따른 취득세) 등이 있다.

문 농업인주택의 설치 방법은?

답 농업인주택은 농업인이 건축하는 주택을 의미하는 것이 아니다. 농업진흥구역 내에 설치할 수 있는 주택을 농업인주택이라 한다.

농지를 농업인주택 부지로 전용 신청하려면 농업인 1인 이상으로 구성된 농업, 임업 또는 축산업을 영위하는 세대로 △해당 세대의 농, 임, 축산업에 의한 수입액이 연간 총수입액의 1/2을 초과하는 세대주거나 △해당 세대원의 노동력의 1/2 이상으로 농업, 임업 또는 축산업을 영위하는 세대의 세대주라야 한다.

해당 세대의 농업이나 임업경영의 근거가 되는 농지, 산림, 축사 등이 소재하는 시구읍면 또는 이에 연접한 시구읍면 지역에 설치해야 한다.

이러한 세대주로 무주택인 경우에는 농업진흥지역 밖에서는 전용신고만으로 농업인주택을 설치할 수 있다. 현재 무주택 세대주라 하더라도 해당 세대주 명의로 설치하는 최초의 시설이라야 한다.

무주택자가 농업진흥지역 안에서 농업인주택을 짓고자 할 경우에는 농지전용허가를 받아야 하며, 집이 있는 사람은 농업진흥지역 안이나 밖에 설치하고자 하면 모두 농지전용허가를 받아야 한다.

농업인주택은 장기간 독립된 주거생활을 영위할 수 있는 구조로 된 건축물이거나 그 건축물에 부속한 창고, 축사 등 농임축산업을 영위하는데 필요한 시설이라야 한다. 전용 가능한 총면적은 660㎡ 이하라야 하는데 5년간 농업인 주택부지로 전용한 농지면적을 합산한 면적이다. 농업인주택 부지로 전용할 경우 신고나 허가 모두 농지전용부담금을 전액 감면한다. 농업인주택으로 사용된 지 5년 이내에 일반주택 등으로 사용하거나 비농업인 등에 매도하고자 하면 용도변경 승인을 받아야 한다. 용도변경 승인이 가능할 때는 용도변경승인을 신청하는 사람이 감면받았던 농지보전부담금을 납부한다. 단 농업진흥지역 내에서는 행위제한 규정(기간이 경과하여도 일반주택으로 용도변경 안 됨)에 저촉되지 않아야 한다.

이런 집짓기
02

소형 이동식주택 '아치하우스'

이동식주택 제조 판매회사인 (주)져스틴하우스에서 짓는 아치 형태의 주택이다. 이동이 가능한 소형전원주택으로 주택, 펜션, 농막 등 다용도로 사용할 수 있다. 집의 구조는 아치형 경량철골조와 목구조를 혼합한 형태다. '아치하우스'의 종류는 생긴 모양에 따라 U타입, O타입, D타입 등이 있고 자유자재로 응용해 집을 지을 수 있다. 작은 집 몇 개를 연결할 경우 본채와 별채를 분리해 부분 임대가 가능한 캥거루하우스로 사용할 수도 있다. 집 지붕 전체를 흙으로 덮을 수도 있고 토굴형태로 만들 수도 있다. 주택의 별채나 펜션의 부속실, 손님방으로 활용하기 좋고 화장실이나 샤워실 전용 공간으로도 꾸밀 수도 있다. 사무실, 관리동, 작업장이나 토굴형 저온창고 등으로 응용이 가능한 집이다. 도심 공터에서도 활용할 수 있다. 공장에서 제작해 이동 후 설치하는 것을 기본으로 하며 현장여건에 따라, 규모에 따라서는 현장 작업도 가능하다. 사용하다 옮겨갈 수도 있고 중고로 판매할 수도 있다.

01

01~05_아치 모양의 소형 이동식주택을 현장에 설치한 모습

■ 설계 및 시공 : (주)져스틴하우스, www.just-inhouse.com, 033-732-5117

06~12_ 아치하우스 실내 모습
13_ 흙을 덮어 토굴 형태로 만든 아치하우스

HOUSE

"마이너스만 잘 해도 좋은 집이 된다"

돈 많이 들여 지은 크고 화려하고 다양한 기능의 집이라 하여 모두 좋은 집은 아니다. 오히려 사는 사람의 입장에게는 불편한 집이 될 수도 있다. 남 보기 좋고 다양한 기능의 집은 관리가 힘들고 살기에도 불편한 경우가 많다. 시골에 있는 전원주택은 더욱 그렇다. 처음 집을 짓는 사람들은 독특한 모양에 다양한 공간과 기능을 넣으려고 부단히 노력한다. 하지만 얼마 살아보면 다 필요 없는 것들이 되고, 오히려 부담되는 경우가 많다. 모양과 공간, 기능 등을 추가하고 덧붙이는 것보다 마이너스만 잘해도 살기 좋은 집이 된다.

069

성공한 전원주택 실패한 전원주택

부동산 상품으로 전원주택의 가장 큰 핸디캡은 관리의 어려움과 환금성 부족이다. 경관 좋은 곳에 크고 화려한 집을 짓고 사는 것은 폼나는 일이지만, 관리하는데 신경을 많이 써야 하고 비용도 든다. 팔고 나오려면 잘 팔리지도 않는다.

하지만, 전원주택을 어떻게 짓느냐에 따라 자연환경의 프리미엄을 즐기며, 투자적 측면에서도 손해 보지 않고 환금성도 있는 집을 만들 수 있다. 그러기 위해서는 몇 가지 유의할 점이 있다.

첫째, 주변 환경에 맞는 집을 지어야 한다. 서울 강남 주변에서는 고급주택들이 경제성이 있고 또 잘 팔리겠지만, 심심산골에 경관이 좋다는 이유만으로 고급주택을 지었다면 틀림없이 손해 본다. 내가 평생 살 것이라면 몰라도 나중에 필요해 팔려고 하면 주인 찾기 힘들다. 바로 옆에 유해시설이 있는데 비싼 집을 지었다면 이것도 내가 살 때는 몰라도 팔려고 하면 어렵다.

둘째, 필요한 만큼만 지어야 한다. 남 보기 그럴듯한 집, 폼나는 집, 큰 집을 지어 고생하는 사람들이 많다. 자녀들이나 친지 등이 방문했을 때를 생각하거나, 멋을 내기 위해 몇 번 사용하지 않는 공간이나 시설을 하면 집이 커지고 비용도 많이 든다. 관리할 것도 많다. 살면서 무조건 후회한다. 작은 집은 투자비도 적고 관리도 편하고 나중에 팔기도 쉽다.

셋째, 집보다 전원생활 계획을 우선한 집이라야 한다. 집의 용도가 상시거주용인지 주말주택인지, 임대형인지부터 누가 살 것인지, 무엇을 할 것인지 등 우선 그곳을 이용하는 사람의 목적이 선명해야 한다. 그렇지 않고 주변경관에 맞추고 모양에만 신경 써 집을 짓는 경우가 많은데 이렇게 지은 집은 크고 화려해 진다. 실속 없는 깡통집이 될 수도 있다. 전원에 맞춘 집보다 생활에 맞는 집을 지어야 한다. 자신이 갖고 있는 취미나 특기도 좋고, 어떤 것이든 할 수 있는 아이템을 찾고, 거기에 맞는 전원주택을 지으면 소득도 얻을 수 있다.

넷째, 수익이 나는 집을 지으면 좋다. 상황에 따라 임대를 놓거나 전원카페 등 다른 용도로 변경할 수 있는 집을 지으면 경쟁력이 있다. 관광지 주변의 전원주택 경우 평소에는 주인이 쓰고 짬짬이 관광객들에게 임대해 수익을 내는 집들이 꽤 있는 데, 살면서 펜션이 되고 카페가 되기도 한다.

070

"집과 정신을 함께 지어 봅시다"

좋은 집들은 많고, 돈만 있으면 쉽게 집을 짓는다. 원목 마루에 시스템 창호, 실크 벽지는 기본이고 월풀 욕조, 이태리제 타일, 빌트인 시스템, 편백루버 등 엄청나게 어려운 말들로 집안 곳곳을 도배한다. 드레스룸, 파우더실, 바룸, 작업실, 게스트하우스 등 실내 공간 구성도 다양하다. 두말할 것 없이 이런 집들은 참으로 살기 편한 집, 폼 나는 집일 것이다. 이렇게 좋은 집을 지으면서도 가정에서 위엄의 공간, 정신적인 공간은 없다. 가족 정신과 가문의 사상은 무시된다.

과거의 집에서는 두 칸짜리 초가집에서도 안방과 사랑방이 나뉘고 사랑방은 아버지의 공간, 위엄의 장소, 남자들이 드나들던 곳이었고 안방은 어머니의 공간, 따스함이 있는 곳, 여자들의 장소였다. 안방의 어머니는 시집가는 딸에게 반은 걱정으로 반은 흐뭇함으로 시집살이를 이야기했고, 눈물과 웃음으로 모녀는 서로 손을 잡았다.

아버지의 불호령을 받고 사랑방에 불려 가면 우선 기부터 죽어 감히 아버지 얼굴을 제대로 쳐다보지 못했다. 죄를 짓지 않았어도 사랑방에서는 아버지의 카리스마가 느껴졌고 앉아도 반듯하게, 걸어도 조심스럽게, 그래야 될 것 같은 곳이었다.

가풍이 높은 가문에서는 집을 지을 때, 집보다 우선하여 본 채 동쪽에 사당을 지어놓고 큰일이 있을 때나 좋은 일이 있을 때 그곳에 나가 고했다. 집 밖을 나갈 때나 돌아와서도 사당에 들어 조상님들 덕에 감사했다. 집안의 정신적인 지주였던 곳이다.

우리의 옛집은 그런 위엄이 있는 공간, 가족을 이끌어 갈 수 있는 카리스마의 공간, 교육의 공간, 조상의 정신이 배어있는 공간이 있었다. 요즘 짓는 집에서는 그런 공간을 찾아볼 수 없다.

이런 생각 자체가 시대에 한참 뒤떨어진 것이며, 또 효율적인 공간구성에도 많이 위배되고 비경제적이다. 하지만, 집을 지을 때 조금만 생각한다면 이런 공간 하나쯤은 마련할 수도 있지 않을까? 가문에 유명하신 분이 있다면 그런 분의 글 하나 그림 하나를 걸어둘 수 있는 공간, 유명하지는 않더라도 부모님 사진이나 유품을 모셔놓을 수 있는 공간을 만들어 보는 것도 좋을 것 같다.

071

돈을 벌어 주는 집이 아닌 마음을 얻는 집

불과 몇 년 전만 해도 집이 곧 재테크였다. 요즘도 투자처를 찾지 못한 여유자금들이 주택분양현장으로 몰려다니기도 한다. 인기 지역에 아파트 하나 분양받으면 돈이 되기 때문이다. 집이 편안하게 사는 공간이 아니라 돈덩어리다.

예전에는 더욱더 그랬다. 로또 복권 당첨을 기다리듯 분양현장에는 밤을 새워 기다린 청약자들로 장사진을 쳤다. 집값이 많이 오를 곳을 찾아 사람들은 떠돌아다녔다. 몇 번 이사하고 나면 목돈이 생겼다. 신도시 등 개발붐이 있는 곳은 이렇게 몰려든 사람들로 발 디딜 틈이 없었다. 집들은 늘 불티나게 팔렸다.

하지만, 지금은 '아파트는 재산 증식'이란 불변의 공식은 깨졌다. 집이 돈이 되는 시대에 대한 믿음도 예전 같지 않다. 요즘엔 돈 되는 집보다 살기 좋은 집, 마음 놓고 살 수 있는 곳을 찾는 사람들이 많아졌다. 집이 본연의 자리로 돌아가고 있다. 이런 사람들이 찾는 집 중에 그럴 듯한 것이 마당 있는 단독주택, 전원주택이다.

아파트 팔고 전원주택으로 옮기려는 사람들은 늘지만, 아파트가 팔리지 않아 발목 잡혀있는 사람들도 많다. 특히 요즘 같은 불황기에는 속 시끄러운 것들 다 접고 귀농 귀촌해 전원주택 짓고 살겠다는 꿈을 꾸는 사람이 많다. 은퇴자들 중에는 도시 생활비를 줄이겠다는 생각에서 움직이기도 한다. 도시를 벗어나는 것만으로도 노후 생활비를 줄일 수 있다고 여러 보고서가 주장하고 있다.

최근 세컨드하우스란 말도 자주 듣는다. 전원주택들은 이미 오래전부터 세컨드하우스화 되고 있다. 그만큼 주택 여유를 찾는 사람들이 많아졌다는 이야기다.

도시에서 열심히 일하고, 또 한편으로는 집을 잘 사고팔아 한방을 챙겨보겠다며 눈을 번득였던 사람들, 그래서 돈을 벌어 크고 좋은 아파트도 마련해 살고 있는 사람은 그것이 다 인 줄 알고 살았다. 하지만, 그 바쁜 일상의 뒷면에는 무엇인가로 허전하다. 가슴은 늘 콘크리트처럼 견고하게 굳어 있고, 사람 틈바구니에서 한 푼이라도 더 건져 올리려 전쟁을 치른 눈은 충혈돼 있다.

모든 것들을 다 이룬 줄 알았는데 그게 아니다. 때로는 봄비 내리는 마당이 그립고 바람에 실려 오

최근 세컨드하우스란 말을 자주 듣는다. 실제 전원주택은 이미 오래 전부터 세컨드하우스화 되고 있다.
때로는 봄비 내리는 마당이 그립고 바람에 실려 오는 꽃향기도 그립다. 장작 타는 소리도 듣고 싶다. 대부분 그런 집을 꿈꾼다.

는 꽃향기도 그립다. 장작 타는 소리도 듣고 싶다. 특히 세컨드하우스용 전원주택을 찾는 사람들의 심정은 그것이 절실하다. 대부분 그런 집을 꿈꾼다.

돈을 벌어주는 집이 아닌, 그동안 번 돈으로 편하게 내려놓고 쉬고 싶은 집을 찾는다. 마음을 벌어주는 집에 대한 그리움이 크다.

072

'폼' 잡다 얼어 죽는 집?

시골서 눈이 오면 주변 산과 마을은 잘 그린 풍경화 한 폭이다. 하지만, 보는 즐거움 뒤에는 생활의 불편과 치워야 하는 수고로움이 있다. 누구에게는 재해의 두려움일 수도 있다. 그래서 시골생활은 늘 이중적이다. 얻으려면 그만큼의 대가가 따른다.

자연의 좋은 그림들이 생활에 불편이 되는 경우가 많다. 그걸 가꾸고 유지하려면 수고로움을 감수해야 하고 비용도 들여야 한다. 물론 체질적으로 그것이 맞고, 또 그만큼 경제적인 여유가 있다면 문제가 되지 않겠지만, 그렇지 않다면 계획할 때 염두에 둘 얘기다.

은퇴 후 귀촌해 전원주택 지을 때 자녀들까지 생각한다. 자주 오라고 혹은 자녀들 왔을 때를 생각해 많은 돈을 들여 여러 개의 방을 만들지만 자녀들은 코빼기도 안 보인다. 그러다 보니 늘 비어있게 되고 나중에는 다른 손님들 차지가 된다.

아궁이에 장작 때는 집을 꿈꾸는 사람들이 많다. 멋으로 장작 아궁이의 황토방을 만들지만 실제 살아보면 그게 쉬운 일이 아니다. 장작도 패야 하고 불도 지펴야 한다. 손가락으로 작동하는 보일러와 비교했을 때 몇 배 수고로움이 필요하다.

마당에 파란 잔디가 깔린 전원주택은 참 보기가 좋다. 그런데 그것 깔아놓고 몇 년 후 뒤집는 사람들이 많다. 어지간한 정성으로는 관리하기가 쉽지 않기 때문이다.

전원주택을 지을 때 2층 방 앞에 발코니를 내고 싶어 하는 사람들도 많다. 예쁜 테이블을 두고 햇살 좋은 날 가끔 커피도 마시고 책도 읽고 뭐 그런 그림을 그리면서 말이다. 하지만, 그거 만들어 놓고 제대로 사용하는 사람들 그렇게 많지 않다. 오래되면 쓰레기장으로 변하고 누수 등 하자의 원인이 되기도 한다.

장작불 피고 고구마 구워먹을 생각으로 거실 한쪽에 벽난로를 만드는 사람들도 있다. 매일 고구마 구워 먹을 것 같지만 몇 번 해보면 별 재미가 없다. 거실이 추워 보조 난방을 한다면 몰라도 멋으로 만든 벽난로는 그냥 인테리어 정도로 쓰인다.

텃밭이 필요하다. 그래서 욕심을 낸다. 상추도 고추도 손수 길러 먹고 또 이따금 친구나 친지들이 오면 삼겹살 파티도 해야 하기 때문이다. 하지만, 텃밭 관리 그렇게 쉽지도 않을뿐더러 잘 길러 놓아도 나중에 처치 곤란할 때가 많다.

내 살기 편하고 다른 사람 보기도 좋고 멋스럽고 폼도 나는 집이면 더없이 좋다. 영업하는 집처럼 특별한 목적이 있는 경우에는 편리함보다 멋과 폼이 더 필요할 수도 있다. 하지만, 살아보면 아무 것도 아닌 것에 너무 가치를 두는 경우가 많다. 내가 쓰는 집, 스스로가 편하면 되는데 다른 사람들 보기에 좋은 집을 지으려 한다.

춥고 눈 오는 겨울, 겉멋만 잔뜩 부리고 나서면 시골 어른들이 "멋 부리고 폼 잡다 얼어 죽는다"고 말한다. 시골집은 따뜻하고 편한 것이 좋다. 그렇게 오래 살며 손 때 묻혀 가꾸다 보면 멋스럽고 폼 나는 집이 된다.

반송
봄, 5월, 노란색 · 자주색

소나무의 일종으로 키가 2~5m 정도로 작다. 밑 부분에서 줄기들이 갈라져 우산 모양처럼 자란다.

마이너스만 잘 해도 '좋은 집'

"자동차나 스마트폰에 있는 기능과 공간을 모두 활용하시나요?"

이 물음에 그렇다고 답할 사람은 없을 것이다. 사는 데 크게 문제가 되지 않는 기능과 공간들, 아예 있는지도 모르고 또 사용해 보려 들면 너무 복잡하고 이해할 수도 없고, 오히려 거추장스럽고 불편한 기능과 공간들도 많다.

결국, 그런 것들 때문에 자동차나 스마트폰값은 비싸고, 반면에 생활은 복잡 불편해지고 혼란스러울 때가 많다.

필요 없는 기능과 공간을 줄여 최적화한 기계를 만들 수 있다면 가격도 착해지고 또 생활도 단순명쾌해져 좋겠는데 그런 것을 찾기는 힘들다. 자동차나 스마트폰 회사에서 값을 올리고 이익을 극대

집을 처음 지을 때는 TV나 잡지에 소개되는 집처럼 지으려 '따라 하기'를 한다. 새로 나온 자재로 색다른 디자인을 한다.
이것저것 욱여넣고 설계를 한다. 하지만, 살아보면 실제 사용하는 공간과 기능은 얼마 되지 않는다.
마이너스만 잘해도 살기 좋은 경제적인 집이 된다.

화하기 위해 상품을 복잡하게 만들어야 할 것이다. 신상품도 계속 개발해 내놓아야 한다.
최첨단을 좋아하는 소비자들이야 환호하겠지만, 대부분의 소비자는 대안이 없으니 따라갈 수밖에 없다. 또 스스로 확신도 안 서기 때문에 그래야만 되는 것으로 여겨 쫓아간다.
집도 그렇다. 스마트폰이나 자동차와는 달리 나한테 맞는 집을 내가 설계해 지으면서도 그렇다. 쓸데없는 기능과 공간 때문에, 유행을 따라 최신 모델에 집을 최신 자재를 사용해 짓다 가격이 올라가는 경우가 많다. 그것 때문에 살면서 불편을 겪는 사람도 종종 본다.
집을 처음 지을 때는 TV나 잡지에 소개되는 집처럼 지으려 '따라 하기'를 한다. 모두 필요할 것처럼 여겨지고, 그러면 폼 나고 좋을 것 같고, 주변 눈치 보면 그래야 할 것 같고, 그래서 이것저것 욱여넣고 설계를 한다. 거기에 새로운 디자인에 새로 나온 자재들도 써야 하고…
하지만 살아보면 실제 사용하는 공간과 기능은 얼마 되지 않는다. 한두 번 사용 하고 애물단지가 되고 버려지는 공간과 기능들이 많다.
마이너스만 잘해도 살기 좋은 경제적인 집이 된다.

눈향나무
봄, 5월, 갈색

향나무와 비슷하게 생겼는데 원줄기가 비스듬히 서거나 옆으로 땅을 기며 퍼지듯이 자란다. 가지는 꾸불꾸불하다.

"강산은 들일 곳 없으니 둘러놓고 보리라"

토굴서 도를 닦은 제자가 스승을 찾았다. "저는 토굴 속에서 십수년간을 도를 닦아 방안에서 밖을 볼 수 있는 투시력을 얻었습니다."
스승이 대답했다. "대단한 것을 얻었구나." 그런데 난 지금이라도 그 도를 행할 수 있는데 토굴 속에서 그 고생을 했느냐?" 대수롭지 않다는 듯 스승이 말하며 창문을 가리켰다. "저 문을 좀 열어 보거라!"
제자는 스승의 신통치 않은 반응에 힘이 빠져 가리키는 문을 열었다. 그러자 스승이 말했다. "문만 열면 밖이 훤히 보이지 않느냐? 이토록 쉬운 도가 있는데 왜 방안에 앉아서 벽을 뚫고 밖을 보겠다며 십수년간 그 고생을 했느냐."
전원주택을 짓는 사람 중에는 방안에 앉아서 밖을 보는 투시력을 키우려 고생하는 사람들이 의외로 많다. 아파트 생활을 접고 전원주택을 짓는 사람들은 친환경에 대한 강박관념 같은 것이 있다. 자재도 황토나 나무를 고집하고 구조도 친환경적이라야 한다. 거기에 방안에 가만히 앉아 주변의 온갖 경치를 다 구경하려 든다. 거실 벽은 전부 창으로 하고 침대에서 하늘을 볼 수 있는 천창도 단다. 한해만 시골생활을 해보면 금방 비효율적인 것을 알지만, 시작할 때는 모두 그런 꿈에 젖는다.
예를 들어 거실에 큰 창을 달고 바깥 경치를 감상하는 것까지는 좋은데 겨울엔 춥고 난방비 걱정도 크다. "방안서 투시력을 키울 게 아니라 문 열고 나가면 될 것을…" 하고 후회한다.
전통한옥들은 바깥 경치를 보려고 큰 창을 달지 않았다. 방안에서 밖을 보는 것은 손바닥보다 작은 문살 몇 칸의 유리가 전부였다. 그것도 안에서는 한지를 붙이고 필요할 때마다 들추고 내다봤다. 바깥 경치를 보고 싶을 때는 수고롭지만 방문을 열고 나가 정자로 갔다. 경치 좋은 계곡이나 산 위에 정자나 누각을 짓고 즐겼다.
방안과 거실에 앉아 주변의 좋은 경치를 감상하려다 보니 넓은 창을 달고 높은 곳에 자리 잡는다. 경치를 다 방안에 욱여넣으려다 보니 집도 커진다. 결국, 부담되고 살기 불편한 집이 된다. 물론 그만한 가치가 있고 그것을 감당할만한 여유가 있다면 금상첨화일 것이다.

집을 계획하고 설계할 때 방안과 거실에 앉아 주변 경치를 감상하려고 넓고 큰 창을 단다.
주변의 경치를 모두 방안에 욱여넣으려다 보니 집도 커진다. 결국 비경제적이고 비효율적인 집, 불편한 집이 될 수도 있다.

하지만, 살다보면 그것이 큰 의미가 없을 때도 있다. 중요한 것은 관리가 편하고 연료비가 적게 드는 경제적인 주택이 돼야 한다. 경치를 보고 싶을 때는 현관문을 열고 밖으로 나가면 모두 자연이다. 그런 부지런함이 전원생활을 윤택하게 한다.

"십년을 준비하여 초가삼간 지어내니 / 나 한 간 달 한 간 청풍 한 간 맡겨두고 / 강산은 들일 곳 없으니 둘러놓고 보리라" 조선전기 송순의 시조다. 강산을 굳이 방안에 들이려 하지 말고 둘러놓고 봐도 좋지 않을까?

거실에 앉아 경치를 감상하는 것도 분명 전원생활의 큰 재미다. 하지만, 시골생활은 보고 즐기는 그림이 아닌 살아야 하는 현실임을 명심해야 한다.

삼색병꽃나무
봄, 5월,
백색 · 분홍 · 붉은색

우리나라의 특산식물로 병 모양의 꽃이 백색 · 분홍 · 붉은색 3색으로 피고 조경 관상용으로 심는다.

075

"집을 모시고 살려 지었습니까?"

전원주택을 가족들이 편히 살려고 짓는 것이 아니라 모시려고 짓는 사람들도 있다.

나무집을 짓고 사는 사람 중에는 살면서 집 지을 때 쓰인 나무가 갈라지든가 아니면 자재의 이음새가 벌어진다든가 하는 것에 매우 예민해 한다. 나무는 갈라지게 돼 있고 이어붙인 부분에는 자국이 남게 된다. 시공업체 중에는 집을 짓고 난 후 건축주와 이런 이유로 다투는 경우가 종종 있다. 나무는 당연히 갈라지는 것이니 이해해야 한다며 설명하느라 진땀빼는 시공업체가 많다.

나무집을 짓고 살면서 나무가 갈라지고 이어붙인 부분에 자국이 생기는 것을 용납하지 못하는 것은 시멘트와 아파트에 익숙하기 때문이란 생각이다. 거기에 집을 편안한 공간으로 대하지 못하고 잘 지켜내야 하는 공간으로 여기기 때문일 것이다.

전원주택을 짓는 데 사용하는 자재는 자연친화적인 소재가 많다. 나무를 쓰고 황토도 사용한다. 시멘트와 같이 단단하고 반듯하게 떨어지는 경우는 드물다. 이런 자재를 사용하기 때문에 좀 거칠고 불규칙한 것을 용납할 수 있는 여유로움이 있어야 나무집이나 황토집에 살 수 있고 전원생활도 편하게 할 수 있다. 집도 다른 물건과 똑같이 오래 사용하면 당연히 닳고 망가지는 것을 이해하는 여유도 있어야 한다. 집은 편하게 사용할 수 있어야 좋은 집이다.

집을 내가 편히 살기 위해 지은 것인지, 남들에게 보여주고 모시고 살려 지은 것인지를 착각하는 사람들이 있다. 비싼 집을 지은 사람 중에는 모시고 살려 집을 지은 사람들이 많다.

나무가 갈라지거나 틈이 생기는 것도 못 견뎌하고 벽에 못 하나 박는 것도 두렵다. 비뚤어지면 바로 고치거나 새것으로 갈아야 하고, 금방이라도 그 집이 어떻게 될까봐 조마조마 사는 사람도 있다.

집은 가족들의 손때가 묻고 가족들의 생활 흔적이 배어 있어야 진정한 집이다. 모셔두고 쳐다만 본다면 집이 아니다. 집을 지어 서랍 속에 넣어두지 말고 구석구석 닳을 때까지 가족들이 편하게 살아야 한다. 살며 마룻바닥이 긁혀도 마음이 편하고, 벽에 김칫국물 자국이 생겨도 덜 아깝고, 나무에 금이 가도 속상하지 않는 그런 집이 편하게 살 수 있는 집이다. 친구들이 놀러 와 막걸리 자국을 남겨도 좋고, 손자들이 놀다 벽에 흠집을 내도 마음 편하게 넘어갈 수 있는 집이 편한 집이다.

어디 하나 망가질까봐 늘 조마조마 해 한다면 그것은 모시고 사는 집이다. 가족들이 편하게 살 수 있는 집, 그런 전원주택을 지어야 한다.

"이유 없는 집은 없다"

"왜 이렇게 지었어요? 이렇게 지었으면 더 좋았을 텐데…"
집 짓다 보면 또는 집을 짓고 나면 "잘 못 지었다" "잘 지었다" "싸게 지었다" "너무 비싸게 지었다" 등 훈수를 두는 사람들이 참 많다. 집을 지을 때 주변에 그런 사람 하나 있으면, 그런 사람들 말에 휘둘려 버리면 집이 산으로 가버린다. 또 집 다 짓고 난 후에 그런 말 들으면 내 집에 문제가 있는 것 같고 속은 것 같아 불편하다.

대부분 자기만의 지식으로 또 전체보다는 한 부분만 보고 그런 말들을 하는 경우가 많다. 의도적으로 남들이 짓는 집에 대해 잘 못 됐다고 말하며 자기 기술만 옳다고 하는 업자들도 있다. 하지만, 고수들은 남이 집 지어 놓은 것 가지고 왈가왈부 하는 것을 싫어한다. 알아도 그럴 이유가 있었겠지 하고 넘어간다.

집이 그렇게 되는 이유는 많다. 돈이 모자라 그만큼만 지을 수밖에 없었을 수도 있고, 허가 요건이 그렇기 때문에 할 수 없이 그런 모양이 된 것도 많다. 또 개인적인 기호에 따라 의도적으로 그렇게 된 집도 있다. 그런 것에 대한 전체적인 정보 없이 한 부분만 보고 다른 것과 비교하면, 또 내가 아는 지식의 범위 내에서 챙기다 보니 눈에 보이는 것들이 많다. 그것 하나하나 찾아 얘기하면 한도 끝도 없다.

실제 고수들은 문제가 분명한 것들에 대해서 한마디 거들겠지만, 다른 사람의 집 지은 것 보고 쉽게 이렇다저렇다 얘기를 안 한다. 정보와 지식의 범위와 폭이 크고 넓기 때문에 그렇게 된 이유에 대해 이해할 수 있는 것들이 많다. 설령 이해가 안 돼도 그만한 속사정이 있었겠지 하고 넘어간다.

잘못된 정보나 업자한테 속아서 또는 실력이 안 돼 그렇게 된 집도 있고, 자신의 실력을 너무 믿고 혼자 어떻게 해보려다 이상해진 집들도 많다. 남에게 속거나 잘 못 지은 집이라면 틀림없는 문제다. 하지만 어쩔 수 없이 그렇게 된 집들이 더 많다. 완벽하지는 않아도 최선을 다해 지은 집, 그것이 잘 못 지은 집은 아니다.

집은 돈과 정성을 들인 만큼 만들어진다. 그렇게 안 된 집이 바로 잘 못 지은 집이다.

"자녀들은 잊으세요"

전원주택 짓고 살며 후회하는 것 중 하나가 큰 집이다. 집이 작아 후회하는 사람들보다 집이 커 후회하는 사람들이 훨씬 많다. 옛말에도 "큰 집 지어 망하지 않은 사람 없다"고 했다. 큰 집은 신경 쓸 것들이 많다. 우선 건축비가 많이 들어 초기 자금부담이 크다. 세금도 많이 내야 하고 관리비도 많다. 겨울철 난방비 부담도 커진다. 집을 팔고 싶을 때 매매하기도 어렵다. 여기에 또 하나 중요한 점은 집을 짓고 나면 집이 깔고 앉아 있는 땅은 다른 용도로 활용할 수도 없다는 것이다. 잘 못 지은 집은 집만 버리는 것이 아니라 땅까지 버린다. 그래서 집의 규모는 잘 생각해 결정해야 한다.

집이 커지는 가장 큰 이유는 자식들을 생각하기 때문이다. 터를 잡을 때도 자식들이 잘 올 수 있는 곳, 집을 짓더라도 자식들이 편히 쉬었다 갈 수 있게 만든다. 결국, 집이 커지는 무리함이 따른다. 하지만, 자식들은 생각만큼 자주 찾아 주지 않는다. 이런 이유로 애써 만든 공간은 늘 비어있게 되고 결국 쓸모없는 공간이 되어 애물단지가 되고 만다. 전원생활을 계획할 때는 자식들은 계획에서 말끔히 지우는 것이 좋다. 마음에만 담아두고 계획에서는 버려야 좋은 집을 지을 수 있고 행복한 전원생활이 될 수 있다. 은퇴 후 전원주택에서는 특히 그렇다.

집의 외관을 폼나게 만들려다 집의 규모가 커지는 경우도 있다. 작은 집은 집 모양이 나지 않는다. 어느 정도 규모가 돼야 2층 집에 그럴듯한 모양의 전원주택이 된다. 하지만, 전원주택의 아름다움은 집의 크기나 모양에 있는 것이 아니라, 정원을 얼마나 잘 가꾸는가에 있다. 그래서 집은 죽이고 땅을 살려야 한다.

전원주택 평수는 아파트와 달리 실평수다. 아파트는 엘리베이터, 계단 등 공용으로 사용하는 공간이 면적에 포함돼 있기 때문에 전용면적은 훨씬 줄어든다. 하지만, 전원주택은 실면적이 바로 전용면적이고 그 이상의 면적을 사용할 수도 있다. 다락방이나 지하실, 창고, 데크 등을 별도로 만들면 실제 사용할 수 있는 면적은 훨씬 커진다.

최근에는 주말주택, 세컨드하우스 등으로 전원주택을 찾는 수요가 부쩍 늘고 있다. 이런 용도로 전원주택을 짓는다면 특히 큰 집은 부담이 된다.

"친구도 친척도 믿지 마세요"

"나도 따라갈게 먼저 시작해봐" "나도 한 필지 살게 허가만 받아 놔"
간혹 이 말에 속아 사고 치는 사람들을 주변서 본다. 주머니에서 돈 나올 때까지는 믿을 수 없는 말들이다.

시골 가서 살고는 싶은데 막상 엄두는 안 나고, 그래서 주변 친구나 친척들에게 얘기하면 그렇게들 얘기한다. 먼저 가면 따라가겠다고, 그래서 옆에서 같이 살자고… 그러잖아도 불안했는데 그 말에 힘을 얻는다.

그래서 친구나 친척들 올 걸 생각해 좀 넓게 터를 잡는다. 하지만, 먼저 시작하면 오겠다던 사람들 올 생각은 않고 핑계만 댄다. 와이프가 반대하고 자식들이 반대한다고 한다. 또 준비했던 돈을 급하게 다른 곳에 써야 할 것 같다고 한다. 큰 땅은 내 몫이 된다.

큰 땅을 깔고 앉아 살다 보면 이따금 놀러 오거나 다녀간 친구들이나 친척들이 그런다. 개발해 놓으면 한 필지씩 사서 옆에서 집 짓고 살겠다고… 친구에 친척에 사돈에 팔촌까지 벌써 땅은 다 팔고 모자란다. 계산을 해보면 대박이다.

부푼 꿈을 안고 어렵게 허가받고 공사까지 해놓는다. 하지만, 사겠다고 한 사람들 계약할 생각은 않고 핑계만 댄다. 갑자기 몸이 안 좋아져 병원 가까이에 있어야 할 것 같다고도 하고, 다른 곳에 투자했던 돈이 반 토막나 여유가 없어졌다고 한다.

힘들게 허가받아 공사까지 해놓은 것은 고스란히 내가 안고 가야 할 몫으로 남는다.
친구도 친척도 자식들까지 같이 살자는 말에 속아 사고치는 경우가 간혹 있는데 사는 것이 늘 그렇듯, 시골생활도 결국엔 혼자 시작하고 사는 게다. 무소의 뿔처럼 혼자서 가야 자유를 찾을 수 있고, 혼자서 가는 것이 큰 의미가 있다.

(정리)

격언으로 정리한 좋은 전원주택 만들기

토지를 구입하고 전원주택을 지을 때, 전원생활을 할 때 참고 될 내용을 격언으로 정리해 본다.

■ 망설이면 놓치고 서두르면 당한다

부동산을 살 때는 '망설임'과 '서두름'의 조절이 필요하다. 마음에 드는 땅이 있으면 너무 망설이지 말아야 한다. 그런 땅은 남들에게도 좋은 것이기 때문에 망설이다 보면 다른 사람 차지가 된다. 또 좋은 땅을 만났다 하여 흥분해 서두르지 말고 서류와 현장답사를 통해 꼼꼼히 챙겨야 한다. 서두르다 큰 손해를 입을 수도 있다.

■ 땅을 구하는 것은 결혼하는 것과 같다

결혼할 때 100% 자신의 마음에 드는 상대는 없다. 그런 사람 찾다가는 혼자 사는 수밖에 없다. 학벌이 좋으면 인물이 달리고 돈을 잘 벌면 성격이 별로고 등등과 같이 뭔가 부족하다. 나에게 완벽한 상대를 만나기 쉽지 않다. 그런 사람을 차지하려면 나도 그만큼 준비가 돼 있어야 한다. 하지만, 모자라도 좋은 점을 보고 결혼하고 맞춰가며 살고 채워가며 살게 된다. 땅을 구하는 것도 똑같아서 100% 마음에 드는 것을 찾다보면 영영 못 만나거나 비싼 값을 치러야 한다. 완벽하지는 않아도 가꾸어 좋은 땅을 만드는 것이 바람직하다. 그래서 좋은 땅은 만들어진다.

■ 3W가 중요하다

귀농 귀촌에서 중요한 것은 3W다. 아내와 함께 전원생활이나 귀농을 준비해야 행복하고 성공적인 생활을 할 수 있다. 그래서 첫 번째는 Wife다. 두 번째로는 Work다. 전원생활을 통해 할 수 있는 일, 귀농을 하면 어떤 농사를 지을까 무슨 일을 할까에 대해 확실한 준비를 하라는 것이다. 세 번째로는 Water다. 물이 매우 중요한데 우선 생활에 필요한 물을 얻을 수 있는 땅을 구해야 하고 계곡이나 강변에 산다면 재해도 대비해야 한다. 특히 지역에 따라서는 강변지역이나 계곡변의 땅을 잘못 구하면 각종 규제에 묶여 집을 짓지 못할 수도 있다. 집을 짓고 난 후에는 물과 관련된 하자를 조심해야 한다. 수도나 보일러, 정화조 등에 하자가 발생하거나 누수가 생기면 당장 불편을 겪기 때문에 시공할 때와 관리상에 특별히 신경을 써야 한다.

■ 땅은 살리고 집은 죽여라

전원생활을 하면서 집 크게 지어 힘들어하는 사람들이 많다. 집은 짓는 순간부터 비용이 발생한다. 건축비는 물론 각종 인허가비, 취득세, 관리비 등이 필요하다. 하지만, 땅값은 대부분 가만히 둬도 올라간다. 시골 부동산의 투자가치는 집이 아니고 땅이다. 땅은 살리고 집은 죽여서 작게 짓는 것이 좋고, 그래야 필요할 때 쉽게 매매할 수도 있다.

■ 확실한 계획 없이 건들지 말라

대부분 땅을 구입한 후 급하게 서두르고 주먹구구식으로 개발하게 된다. 그러다 좋은 땅도 버린다. 땅에 손을 댈 때는 종합적인 계획을 세운 후 하는 것이 좋다. 비용이 들 수도 있고 시간도 필요하지만 그래야 땅을 효율적으로 사용할 수 있고 투자가치가 높은 땅이 된다. 포크레인부터 부르고 나무 자르고 하다보면 공간 효율성도 떨어지고 하자도 생기는 등 본인이 감당할 수 없을 정도로 힘들어질 수 있다.

■ 기본을 지켜라

땅을 개발하든 집을 짓든 아니면 생활하는 것까지도 기본에 어긋나는 일을 해 문제가 된다. 예를 들어 땅을 더 많이 쓸 욕심으로 물길을 제 위치가 아닌 다른 곳으로 돌려놓으면 홍수가 났을 때 꼭 문제가 된다. 물길은 제자리로 찾아오려는 버릇이 있어 장마철에는 위험하다. 집 지을 때 공법에도 없는 방법이나 시험적인 집짓기를 하든가, 제대로 된 자재를 사용하지 않고 지은 집은 문제가 생긴다. 살면서 주민과의 관계에서도 기본에 어긋난 행동을 하기 때문에 이웃과의 갈등이 생기고 힘들어진다.

■ 직접 하면 비용이 더 든다

땅 사는 것, 집 짓는 것, 중개업소나 건축회사 통하지 않고 직접 하면 비용을 줄일 수 있다. 그러려면 전문가 같은 실력을 갖춰야 한다. 땅도 집도 어설프게 알고 전문가 흉내 내다 오히려 크게 당한다. 어설픈 지식은 독이다. 자신 없으면 누구 하나 제대로 믿고 맡겨야 한다. '믿는 자에게 복이 있나니 행복한 전원생활이 너의 것'이 될 것이다.

■ 빈집 수리해 전원주택 만들기 힘들다

돈만 있으면 좋은 땅 금방 살 수 있을 것 같지만 그렇지가 않다. 빈집도 그렇다. 그런 집 만나기는 하늘의 별 따기 만큼 힘들다. 설령 마음에 드는 것을 찾았다 해도 수리, 그거 만만치 않다. 내 맘에 들게 고치려면 새로 짓는 집보다 비용이 더 많이 든다. 수리한다 해도 완전하게 수리하는 것이 어렵다 보니 살면서 늘 불편하다. 정말 돈 많이 들여 옛집을 복원할 생각이 아니라면 빨리 잊는 것이 좋다.

■ '왕따' 안 당하려면 맘대로 살라

시골살이에서 따돌림, 왕따를 걱정한다. 왕따 안 당하려면 조심조심 살라는 사람들도 많은데 그리 불편하게 산다면 전원생활은 의미가 없다. 그런 걱정하지 말고 내 살듯 살면 된다. 평소에 도덕적이고 상식선에서 경우 바르게 살았다면 그대로 사는 것이 답이다. 왕따 안 당하려고 마을 사람들과도 자주 어울리고, 친구도 많이 만들고… 하지만, 그렇게 오버하다 패가 꼬이고 마음에 상처 입는 경우도 많다. 이웃 사귀는 것, 마을 일에 참여하는 것, 먼발치서 천천히 해도 된다. 분위기 파악만 잘하고 살면 문제없다.

땅을 개발해 집을 짓고 생활하는 것 까지도 기본에 어긋나면 문제가 된다. 땅을 더 많이 쓸 욕심으로 물길을 제 위치가 아닌 다른 곳으로 돌리든가, 집 지을 때 공법에도 없는 방법으로 시험적인 집짓기를 한다든가, 살면서 기본에 어긋난 행동을 하면 나중에 문제가 된다.

화살나무
봄, 5월, 녹색

줄기가 많고 가지도 많이 갈라진다. 가지에 화살의 날개 모양을 띤 코르크질이 2~4줄이 있어 붙은 이름이다.

4자성어로 정리한 좋은 집터의 조건

■ **배산임(면)수(背山臨(面)水)**
명당을 얘기할 때 빠지지 않는 말이다. 뒤에는 산이 있고 앞쪽으로 내가 흐르는 곳이 좋은 터다. 그렇다 하여 남쪽으로 산이 있고 북쪽에 강이 있으면 북향이 돼 좋지 않다. 그래서 예로부터 배산임수보다 남향이나 남동향 집터를 더 중요하게 생각한다.

■ **북좌남향(北坐南向)**
북쪽을 등지고 남쪽을 향하는 터가 좋다는 얘기다. 결국 남향을 말한다. 추운 겨울 북서풍은 북쪽의 산이 막아주고 동남향이나 남향으로 따듯한 볕을 받을 수 있는 곳이다. 남쪽으로 강이나 내가 있다면 더욱 좋다. 풍수에서 말하는 '장풍득수(藏風得水)' 즉, 바람은 가두고 물을 얻을 수 있는 명당이다.

■ **북고남저(北高南低)**
북쪽은 높고 남쪽이 낮은 터가 좋다. 북쪽이 높아야 겨울의 추운 바람을 막을 수 있고 남쪽이 낮아야 따뜻한 볕을 충분히 받아들일 수 있다. 집터가 아무리 배산임수의 조건을 갖추었다 해도 '북좌남향'이나 '북고남저'가 아니라면 좋은 집터가 될 수 없다.

■ **전저후고(前低後高)**
집터의 앞쪽은 낮아야 하고 뒤쪽은 높아야 한다. 본채는 높은 곳에 자리 잡고, 정원과 주위에 있는 부속건물들은 낮게 배치해야 한다는 말과 같다. 평면의 집터라면 뒤쪽으로 집을 물리고 앞으로 정원을 만드는 것이 일반적이고 집을 강제로라도 높여 짓는 것이 좋다. 남쪽으로 경사진 터라면 높은 곳에 집을 앉히고 정원이나 부속건물을 낮게 자리 잡기가 훨씬 쉬울 것이다. 이래야 배수에도 문제가 없다. 집터에서 향만큼 중요한 것이 자연배수다.

■ **전착후관(前搾後寬)**
출입구는 좁고 안으로 들어갔을 때 넓어지는 터가 좋다. 예부터 이상향은 모두 입구를 찾기 힘들 정도로 좁고, 그곳을 찾아 들어가면 너른 터가 나오는 곳이다. 대문에서 마당으로 들어가는 것, 현관문을 열고 거실로 들어가는 것도 마찬가지다. 대문에 비하여 마당이 좁거나 현관문은 큰 데 거실이 좁다면 시각적으로도 불안하다.

079

"싸고 좋은 집은 없다"

전원주택에 관심 있는 사람들이 가장 궁금해하는 것 중 하나가 "평당 얼마에 집을 지을 수 있냐?"다. 실제로 가장 많이 받는 질문이다. 또 목조주택이나 통나무집은 비싼 집이고 흙집이나 벽돌집은 싸다는 식의 선입견을 갖고 있는 사람들도 많다.

하지만, 모든 건축물이 그렇듯 전원주택 건축비도 딱 잘라 말할 수 없다. 특히 골조 하나만 놓고 비싸고 싼 집이라 단정할 수 없다. 집 짓는 과정은 복잡하다. 다양한 공법과 공정, 자재가 쓰인다. 건축비는 이들 변수의 조합에 의해 결정된다. 어느 한 부분만 가지고 건축비를 계산할 수는 없다. 집 짓는 과정을 대충 짚어 보면 우선 집 앉힐 자리에 콘크리트로 기초공사를 하고 그 위에 기둥과 벽, 지붕 등의 골격을 만들어 세운다. 지붕을 씌우고 벽체를 만들고 내외부를 마감한다. 설비를 하고 보일러를 놓고 방바닥 마감 등의 과정을 거치게 된다. 이런 과정마다 다양한 공법과 자재가 쓰인다.

건축비는 자재의 종류와 공사범위, 주택의 규모에 따라서 차이가 크다. 흔히 대하는 경량목구조 주택을 예로 들면, 기본적인 공법에 의해 집을 짓는다 하더라도 외부 마감재의 종류와 내부마감 수준, 지붕마감재의 종류는 수십 가지에서 수백 가지나 되고 가격 차이도 크다. 데크를 만드느냐, 벽난로를 넣느냐, 또 만든다면 얼마 크기로 어떤 종류로 할 것인가에 따라서도 차이가 난다.

황토집을 예로 들어 보면 기둥을 나무로 할 것인가, 벽에는 심을 넣은 후 흙을 발라서 지을 것인가 아니면 황토블럭이나 벽돌로만 쌓아 지을 것인가에 따라 다르다.

싸게 좋은 집을 지을 수 있다면 물론 행복한 일이다. 하지만 매우 어려운 일이다. 들일만큼 들여야 집도 그만큼 된다.

자재를 싸게 구입해 오든가, 직접 집을 짓거나 하면 싸게 집을 지을 수도 있다. 이럴 땐 지식과 기술이 따라주어야 한다. 그렇지 않으면 실패할 확률이 높다. 어설픈 기술과 경험으로 집짓기에 도전했다 고생만 하고 돈은 돈대로 들고 집은 집대로 망쳐버리는 경우를 많이 보았다. 집에 대한 완성도가 낮다 보니 살면서도 고생이다. 집을 지을 때 단순히 낮은 평당 가격에 꽂히지 말고 어떤 공법 어떤 자재로 지을 것인지를 따져봐야 한다.

전원주택 전세살이는 바보짓

시골에 살아보면 심고 가꾸는 것이 가장 큰 재미다. 그것이 훌륭한 투자방법이기도 하다. 지금 심는 것이 투자고 내 손으로 가꾸는 것이 재테크다. 그러므로 시골에서 잘 살려면 부지런히 움직여야 하고 시간도 넉넉히 갖는 여유로움이 필요하다.

농사는 1년을 보고 짓고, 나무는 10년을 보고 심어야 하며, 교육은 100년대계다. 텃밭을 가꾸는 것도 1년은 투자해야 하고 나무를 심는 것은 10년의 세월이 필요하다. 그래야 온전히 자리를 잡는다.

전원생활을 할 생각이라면 먼저 전원주택에 전세살이를 몇 년 해보라고 권하는 사람들이 많다. 전원주택에 살 자신이 없는 경우에는 전세로 미리 예행연습을 해 보는 것이 좋을 수도 있다. 안전한 투자의 방법이 될 수도 있겠지만 정답은 아니다. 오히려 심고 가꾸는 시간만 축내는 꼴이 된다.

전원주택의 가치는 집 자체보다 주변의 환경이다. 전원주택 환경의 대표 격은 마당이고 정원이다. 정원 아름다운 전원주택이 좋은 대접을 받게 되고 가치도 높다. 앞으로는 점점 더 그럴 것이다.

돈이 많다면 돈을 들이면 된다. 값비싼 꽃나무를 사다 심고 이것저것 치장을 하면 좋은 정원을 만들 수 있다. 하지만, 직접 만들고 가꾸는 전원생활의 재미는 없다. 투자효과로 보았을 때도 별로다. 직접 내 손으로 만들어야 투자효과도 크고 전원생활의 재미도 느낄 수 있다.

전세를 산다면 이런 기회는 아예 없다. 세 들어 살고 있는 집에 내 돈과 정성을 들여 가꿔볼 생각은 없을 것이고, 내 땅도 아닌 전셋집 마당에 나무 하나 꽃 한 포기 심는 것도 아깝다는 생각이 들 것이다. 집만 우두커니 지키며 살다 보면 전원주택에 사는 것이나 아파트 사는 것이나 그게 그거고 전원생활의 재미도 못 느낀다.

나무나 꽃을 심어보면, 한 해 사이에 그들이 얼마나 부쩍 크고 몰라보게 무성해지는가를 알 수 있다. 봄이 되면 아무렇게나 뿌려놓은 꽃씨에서도 싹이 트고 스스로 자란다. 겨울 추위에 오그라들었던 나뭇가지에 꽃눈이 맺히는 것을 보면 신기할 따름이다. 그렇게 자라고 무성해지는 나무와 화초들로 주변 환경은 하루가 다르게 좋아진다. 전세살이는 결국 그렇게 좋은 환경을 만들 수 있는 시간만 축내는 것이다.

전원주택의 가치는 집 자체보다 주변의 환경이다. 전원주택 환경의 대표 격은 마당이고 정원이다.
정원이 아름다운 집이 좋은 대접을 받게 되고 가치도 높다. 앞으로 점점 더 그럴 것이다.

단순히 집이 필요해 전원주택 전세를 얻는다거나 돈이 부족해 그렇게 한다면 모르겠지만, 전원생활 예행연습을 위해 전원주택 전세살이를 한다는 것은 바보짓이 될 수도 있다. 기회비용만 높이는 꼴이다. 내 땅에 심어 놓은 것, 내 집을 가꾼 것은 결국 재테크가 되어 돌아오고, 그렇게 심고 가꾸며 사는 것이 전원생활을 통해 삶의 질을 높이는 최고의 방법이다.

081

"농촌 빈집 사 수리해 쓴다고요?"

K씨는 아내 건강도 안 좋고 도시생활도 싫어 시골로 내려가 토속카페를 운영해 보고 싶었다. 새로 짓는 것보다 빈집을 구입해 개조하는 것이 분위기가 좋을 것 같아 구하기에 나섰다. 적은 예산이지만 도시에서 가까운 곳의 예쁜 마당 딸린 집, 앞에는 실개천이 흐르고 마당가에는 느티나무 몇 그루가 있는, 그런 집쯤은 구할 수 있지 않을까 생각했다.

시골에 다니다 보면 흔히 볼 수 있는 것이 빈집인데 그 정도쯤이야 며칠이면 거뜬히 해결하겠지 하는 생각을 하고 수없이 돌아다녀 보았지만 그게 아니었다. 아무 생각 없이 시골을 다닐 때는 눈에 띄는 것이 빈집이었지만 막상 찾아 나서 보니 정말 어려웠다.

지역의 부동산중개업소에 연락해보면 모두 '끝내주는 물건'이 있다고 한다. 하지만, 막상 가보면 생각한 것과는 딴판이다.

한마디로 물이나 계곡을 끼고 있는 농촌의 빈집, 좀 괜찮다 싶은 것들은 도시 사람들이 이미 다 사 놓았고 있더라도 팔지 않는다. 간혹 물이나 계곡을 낀 집이 나오면 부르는 게 값이다.

K씨처럼 많은 사람이 "시골에 있는 오래된 농가주택이나 하나 사 고쳐서 사용할까"를 생각한다. 주말주택으로 개조해 볼까도 생각한다. 하지만 '농가주택이나 하나 쯤'으로 생각한다면 천만의 말씀이다. 좀 괜찮다 하는 빈집은 있지만, 모두 도시 사람들의 것이며 임자가 있고 팔지도 않는다. 혹 팔려고 나온 물건이라도 좀 괜찮으면 그야말로 부르는 게 값이다.

간혹 나오는 것들은 동네 한가운데 있든가 옆에 축사가 있고 혹은 비탈진 곳, 한 길가 등 환경이 안 좋고 살기에 불편한 것이 대부분이다.

농촌에 비어있는 오래된 집을 구해 간단히 수리해 사용해 보겠다는 생각을 한다면 생각을 버리는 것이 좋다. 찾아다니는 비용이 더 든다.

농촌에 오래된 집을 구해 고쳐 살 생각으로 찾는다면 몇 가지 염두에 둘 것이 있어 소개한다.

첫째는 구하기가 쉽지 않다 여기고 빨리 잊든가 아니면 평생 찾을 생각으로 느긋해야 한다.

둘째는 찾았다 하더라도 농가주택에 딸린 땅이 대지인지를 확인해 보는 것이 좋다. 집이 있어도 대

시골을 다니다 보면 흔히 볼 수 있는 것이 빈집인데 그런 집 구입해 간단히 수리해 사용하겠다는 생각으로 찾는 사람들이 많다.
막상 찾아 나서 보면 마땅한 것을 찾기 어렵다. 설령 찾았다 해도 사용할 정도로 수리하려면 새로 짓는 것 이상 비용이 든다.

지가 아닌 땅도 많다.
셋째는 대지를 구입하면 주택은 당연히 따라오는 것으로 알고 사지만 대지와 주택의 주인이 다른 경우도 있다. 대지와 주택이 같은 주인인가를 알아봐야 하고 다를 때는 따로 매입해야 한다.
넷째는 개조 가능한 주택인지 알아보아야 한다. 개조해도 될 정도로 골조가 튼튼해야 한다. 그렇지 않을 경우에는 개조할 수도 없고 또 새로 집을 짓는 것보다 비용이 더 많이 든다.

그림은 참 좋은 '동호인주택'

마음에 맞는 친구들끼리, 같은 일을 하는 사람들끼리 한 곳에 모여 산다는 것은 정말 환상적인 일이다. 그래서 전원주택을 생각하는 사람 중에는 동호인주택에 관심이 많다. 동호인주택은 마음에 맞는 사람들끼리 사는 것 이외에도 장점이 많다.

첫째, 부지를 저렴하게 구입할 수 있다. 넓은 땅은 여러 명이 함께 구입하면 부담을 줄일 수 있고 또 평수가 넓은 땅은 평당 가격 규모가 작은 땅보다 싸다.

둘째, 여러 채를 한꺼번에 짓기 때문에 시공업체와 계약할 때 한 채를 시공하는 것보다 훨씬 저렴한 공사비로 계약할 수 있다.

셋째, 인허가 등 여러 가지 까다로운 절차를 여럿이 나누어 할 수 있기 때문에 경비절감은 물론 스트레스도 줄일 수 있다.

넷째, 혼자 이주하면 지역주민과 융화하지 못해 외톨이가 될 수 있는데 동호인일 경우에는 이웃이 있어 좋다.

이렇듯 이상적이고 장점이 많은 동호인주택도 실제로는 성공하는 경우가 드물다. 시작은 하지만 추진과정에서 동호인들끼리 뜻이 안 맞아 깨지는 경우가 많다.

집을 짓는다는 것은 일생에 한 번 있을까 말까 하는, 자신의 전 재산을 투자하는 큰일이다. 신경 쓸 일도 많고 또 예민해질 수밖에 없다. 이런 것들이 동호인들끼리의 이해관계로 얽히기 쉽다.

예를 들어 필지를 나누다 보면 자신이 원하는 땅을 배정받을 수도 있고 그렇지 않을 수도 있다. 원하지 않는 땅, 못생긴 땅을 배정받으면 불만이 생겨 동호인에서 탈퇴한다. 추진하는 대표에 대한 오해, 동호인들끼리 오해가 생겨 서로 의심하게 되고 결국 깨지는 경우도 있다.

같이 살면 무조건 좋은 것만 있는 것이 아니다. 살다가 불편해지는 경우도 많다. 남편의 직장이나 친구들 위주로 동호인이 만들어졌다면 부인들의 의견이 반영되지 않을 수 있다. 남자 친구들끼리는 모여 살면 그들은 좋겠지만 부인들은 그 반대일 수도 있다. 직장의 상사가 동호인단지에서 이웃이 아닌 상사가 될 수도 있고, 부인들끼리는 경제적으로 혹은 신분적으로 비교의 대상이 될 수도 있다. 이런 불편함 때문에 살다가 떠나는 사람들도 생긴다.

형제자매끼리, 친척들과 이웃해서 살다 가도 좋지 않게 헤어지는 경우도 많다. 이렇듯 어울려 산다는 것, 동호인주택은 그림으로만 놓고 보면 좋지만 현실에서는 극복해야 할 것들이 많다.

동호인주택을 시작하는 사람은 많지만, 실제 완성해 어울려 사는 곳을 찾기 힘든 이유다. 친구나 가족끼리 어울려 살 동호인주택을 계획한다면 서로의 마음부터 잘 챙겨야 한다.

산딸나무
봄, 5~6월, 흰색

예수님이 돌아가실 때 이 나무로 십자가를 만들었다고도 하고 흰색 꽃이 십자가를 닮아 기독교에서 성스럽게 여긴다. 산딸기 모양의 열매가 열린다.

"물은 물처럼 흘러야 한다"

전원주택에서 겨울나기는 언제나 버겁다. 연료비도 걱정해야 하고 얼어 터지는 곳이 없는가 살펴야 불편하지 않게 겨울을 날 수 있다. 가장 탈이 많이 나는 것은 물이다. 잘 못 관리해 얼기라도 하면 불편을 겪는다. 기온이 떨어질 때는 비상이다. 겨울이든 여름이든 물은 늘 흘러 주어야 문제가 되지 않는다. 멈추거나 고이면 문제가 된다. 물길이 제대로 없으면 제방이 터지고 홍수가 난다. 겨울철 수돗물도 그렇다. 잠깐 집을 비운 사이 사용하지 않고 세워두면 바로 얼어버린다.

전원주택에서는 지하수를 많이 사용한다. 상수도가 들어오지 않는 마을이 많고, 마을 자체적으로 개발해 사용하는 상수도가 있기도 하지만, 물의 양이 제한적이다 보니 나중에 오는 사람들이 참여하기는 힘들다. 물이 넉넉해도 외부인들에게 잘 주지 않는다. 그래서 속 편하게 자가 펌프를 쓴다. 시골에서는 물도 직접 만들어 사용해야 한다.

예전 마을에는 공동 우물이 있었다. 우물가에 사람들이 모여들다 보니 마을의 각종 정보도 모였고, 소문들도 만들어지고 퍼져 나갔다. 죄를 짓고 도망치듯 고향을 떠나야 했던 사람 중에는 "다시는 이곳 물을 안 먹고 살겠다"며 마을 우물에 침을 뱉고 화풀이를 했다. 그렇게 떠난 사람도 객지를 떠돌다 결국 고향에 돌아와 그 물을 다시 먹고 살았다. 사람은 오락가락 변해도 물은 늘 자리를 지키고 있는 것이다. 겨울철 얼어서 사용하지 못하는 우물은 없었다. 두레박만 넣으면 길어 올릴 수 있었지만 지금은 그런 우물은 향수다.

물은 사용한 후 버리는 것도 잘해야 한다. 아무 곳에나 쉽게 버릴 수는 없다. 그것을 잘 못 했을 때 또 문제가 되기 때문에 정화조와 하수관이 필요하다. 이것도 겨울철에 관리를 제대로 하지 않으면 출구가 얼어 문제가 생긴다. 집 안에서 사용한 물은 계속 버리는데 바깥이 막혀 제대로 물이 빠져나가지 못하면 역류한다. 그래서 겨울철에는 하수관의 출구도 얼지 않도록 관리를 잘해야 한다. "물은 물처럼 흘러야 문제가 되지 않는다"는 것은 이래저래 진리다.

전원주택, 겨울철 난방비가 무서워…

봄이 되면 전원주택에서는 할 것들이 많다. 정원에 나무나 화초를 손보고 텃밭농사도 준비해야 한다. 추운 겨울을 난 집도 손볼 곳들이 많이 생긴다. 관리를 잘 못 해 얼어 터진 곳도 있다. 전원생활에서 봄을 맞으면 몸이 바쁘다. 그래도 한결 마음은 넉넉해지는 때가 봄이다. 돈 나갈 걱정을 하나 줄일 수 있기 때문이다. 바로 난방비다.

전원생활을 처음 시작하는 사람들이 두려워하거나 어렵게 생각하는 것들이 많다. 이웃과의 관계, 방범, 교통, 쇼핑시설, 의료시설 등을 주로 꼽는다. 하지만 살아보면 다르다. 그들이 무서워하는 것은 따로 있다. 바로 겨울철 난방비다. 겨울을 나려면 난방비 때문에 목돈이 수월찮게 들어간다. 그래서 따뜻한 봄이 반갑고 마음은 여유로워진다. 통장이 넉넉하면 부담은 덜 되겠지만, 나이가 들면서 통장이 얇아지면 높은 비중을 차지하는 난방비를 걱정하지 않을 수 없다.

그래서 전원주택을 지을 때는 따뜻하게 겨울을 날 방안을 꼭 염두에 두고 계획해야 한다. 요즘엔 기름보일러에서 화목보일러로 바꿔 기름값 부담을 줄이는 경우도 많다. 기름뿐만 아니라 가스, 전기 등을 사용할 수 있는 다양한 난방시스템도 개발돼 선택의 폭은 한층 넓어졌다. 겨울철에 난방비와 전쟁을 어떻게 치르느냐에 따라 편안하고 행복한 전원생활의 수위도 정해진다.

추운 겨울을 나고 따뜻한 봄이 되면 찾아오는 것이 또 있다. 각종 경조사비다. 그 비용을 대는 것도 무섭다. 도시에 살다 시골로 내려와 사는 사람 중에는 친구나 친지의 경조사를 챙기는 것이 만만치 않다고 말하는 사람들이 의외로 많다. 갑자기 도시에 사는 친구로부터 큰딸 시집보낸다는 청첩장이 왔을 때 한번 다녀올 생각을 하면 걱정부터 앞선다. 시골에 살다 보니 마을 사람들과의 관계에서 챙겨야 할 경조사들도 있다. 게다가 도시에 무슨 행사라도 있으면 경조사비에 왕복 교통비도 추가해야 한다. 그것들이 무시할 수 없는 액수이며 하루 이틀 시간도 몽땅 빼앗겨야 한다.

도시에서도 경조사비 때문에 부담을 갖는 사람들이 많다. 퇴직 후 넉넉지 않은 생활비로 소일하는 입장에서는 경조사를 하나하나 챙긴다는 것이 큰 부담이다. 전원생활을 계획한다면 이런 것들도 미리 줄여놓아야 한다.

085

자연친화형에서 에너지절약형으로 선회 중

지금까지 전원주택의 코드는 자연친화형이었다. 전원주택지를 고를 때는 산과 강이 어우러진 자연경관에 많은 비중을 두었고, 집을 지을 때도 나무와 흙 등 자연친화적인 소재를 많이 선호했다.

그러나 앞으로는 자연친화형에서 에너지절약형으로 전원주택의 코드가 바뀔 것 같다. 그런 움직임이 곳곳에서 감지된다.

전원주택을 짓고 사는 사람들에게 살면서 가장 부담되는 비용이 무엇이냐고 물어보면 앞서 말했지만 대부분 겨울철 난방비를 꼽는다. 도시가스를 쓰는 도심 아파트와는 달리 전원주택에서는 기름보일러를 많이 쓴다. 그러다 보니 유가 변동에 매우 민감하고 아무 생각 없이 보일러를 돌리다가는 기름값을 감당하기 힘들어진다.

특히 단열에 대한 개념 없이 집을 지었을 경우에는 더 그렇다. 주변 경관을 좀 더 잘 감상하기 위해 거실 창문을 크게 하였거나, 집 모양을 내려고 창문을 여러 개 만들었을 때, 오픈 거실로 층고를 높여 지었을 때는 겨울 연료비를 걱정해야 한다. 어떻게 짓느냐, 어떤 자재와 시스템을 쓰느냐에 따라 많은 차이가 난다.

최근 들어 화석연료에 대한 규제도 많고 기름값이 예전 같지 않다. 앞으로 주택에서 연료를 어떻게 효율적으로 사용할 것인가에 대한 고민은 더욱 깊어질 것이며, 에너지를 줄일 수 있는 집이 좋은 집, 잘 지은 집, 값 비싼 집이 될 것이다.

주택의 연료비에 대한 걱정은 나라에서도 하고 있다. 정부에서는 에너지를 줄일 수 있는 집을 짓도록 하기 위해 많은 정책을 만들고 있고 적극적으로 시행하고 있다.

이런 이유로 최근 전원주택시장의 이슈로 떠오르는 것이 에너지 절약형 주택 짓기다. 전원주택들은 겨울철 난방비를 줄일 수 있는 방법을 많이 고민하고 있다. 도시가스기반이 없는 전원주택은 일반적으로 기름이나 LPG가스, 전기 등을 사용해 난방한다. 기름값이 비교적 저렴할 때는 기름보일러를 많이 사용했다. 값싸게 심야전기를 사용할 수 있었을 때는 심야전기보일러가 인기를 끌었다. 하지만, 기름값은 많이 올랐고 심야전기에 대한 혜택도 없어졌다.

전원주택 자재나 공법 등이 많이 변하고 좋아졌다. 에너지를 사용하지 않는 집짓기를 고민하는 사람들은 패시브하우스에 관심이 크다. 또 공장에서 집을 지어 현장에 설치하는 이동식 주택, 모듈러 주택 등도 많다. 사진은 모듈러 주택 현장 설치 모습이다.

최근에는 나무를 사용하는 화목보일러나 목재칩을 연료로 하는 펠릿보일러를 설치하는 주택들도 많이 늘고 있다. 보일러 없이 전기필름이나 패널 등의 난방시스템을 채택해 필요할 때만 잠깐씩 온도를 높여 사용하는 사람들도 있다.

집을 아예 에너지 사용을 극소화하는 에너지 절약형 주택으로 설계해 짓는 경우도 있다. '패시브하우스'가 대표적이다. 기름이나 가스와 같은 화석연료를 사용하지 않고도 20℃ 정도의 따뜻한 실내 온도를 유지할 수 있도록 설계된 집이다. 고단열과 고기밀성을 통해 집안에 있는 열을 밖으로 빠져나가지 않게 한다. 기존 주택 대비 난방에너지를 90%까지 줄일 수 있다.

태양열이나 지열 등으로 난방을 하는데 고단열, 고기밀, 로이코팅 3중 유리 유럽식 시스템 창호, 열회수환기장치, 외부 차양장치 등 5가지 기술을 이용해 에너지를 실내에 가둬 두고 손실을 최소화하는 방식을 쓴다.

실내에 에너지를 최대한 가두려다보니 벽체는 두꺼워지고 실내공간의 천정은 낮춘다. 그래서 지붕선이 낮고 단조롭다. 열 손실이 많은 창은 크기와 개수를 줄이고 기능성이 뛰어난 창호를 쓴다.

패시브하우스에서는 창호(창문)의 역할이 특히 중요하다. 어떤 제품의 창호를 쓰느냐에 따라 건물의 단열·기밀 성능이 크게 달라질 수 있기 때문이다. 기준에 미치지 못하는 창호를 사용할 경우 열손실이 크다.

패시브하우스는 1991년 독일 남부의 다름슈타트에서 최초로 건축되었고 유럽에 1만5천 여 채가 지어졌다. 우리나라에서도 최근 패시브하우스들이 속속 등장하고 있지만, 이해와 인식이 부족해 보급은 아직 더딘 편이다. 일반 건물에 비해 30~40% 정도 비싼 건축비도 걸림돌이다.

한국 실정에 맞는 패시브하우스 건축기술개발에 신경 쓰는 업체들이 속속 생겨나고 있지만, 확산 속도가 붙으려면 좀 더 기다려야 할 것 같다.

무늬둥굴레
봄~여름, 5~7월, 흰색

높이는 30~60cm로 꽃은 줄기 밑 부분의 셋째부터 여덟째 잎 사이의 겨드랑이에 한두 개가 핀다.

(정리)

전원주택의 대지 선정과 건축 계획

주택을 건축할 때 준비해야 할 일이 많다. 그중 가장 중요한 것이 건축계획이다. 건축계획이 잘 되어야만 좋은 주택이 완성되는 것은 당연한 일이다. 주택은 주택을 구성하는 실체(벽, 바닥, 천장, 지붕 등)를 사용하는 것이 아니라, 그것들로 둘러싸인 빈 공간을 사용하는 것이다. 그 빈 공간이 얼마나 사용자의 라이프 스타일에 맞는지가 중요하다. 그러므로 주택을 착공하기 전에 시간이 좀 걸리더라고 계획을 철저하게 세우는 것이 중요하다.

■ **전원주택 계획을 위한 체크리스트**
주택을 지어보면 아쉬운 부분들이 꼭 나온다. 하나를 얻으려면 어느 것을 포기해야 하는 경우도 많다. 다 지어 생활하다 그때 가서 좀 넓었으면 좁았으면 낮았으면 높았으면 하는 것들도 생긴다. 그래서 건축계획을 할 때 다음과 같은 체크리스트를 가지고 하나하나 꼼꼼히 생각해 보는 것이 좋다.

- 사람이나 자동차의 진입에 문제는 없는가?
- 주변 시선이나 소음 등으로부터 가족의 프라이버시를 유지할 수 있는가?
- 전기와 수도, 가스 등의 위치는 적당하고 관리에 문제가 없는가?
- 가족들이 활동하고 특히 어린 자녀들이 성장하는 것은 대비했는가?
- 이삿짐이나 가전제품 등을 쉽게 들이고 설치할 수 있는가?
- 가전제품과 전기기구를 사용하기 편리하도록 위치가 정해졌는가?
- 거실 및 각 방이 거주자의 프라이버시를 확보할 수 있도록 배치됐는가?
- 실내의 통풍은 원활하고 채광에 문제가 없도록 설계했는가?
- 부엌의 음식 냄새가 집안으로 풍겨가지 않게 돼 있는가?
- 손님이 많이 왔을 때 식당이나 거실을 편리하게 이용할 수 있는가?
- 각 방의 크기는 거주자와 기능에 따라 면적이나 공간이 구성되었는가?
- 창고와 기타 수납공간을 충분히 확보했는가?
- 에너지 절감 등 관리비를 줄일 수 있는 방법을 찾아 계획했는가?
- 집안 공간마다 필요한 전등과 조명, 방범등이 설치되었는가?
- 수도와 보일러 등 응급처치에 대한 계획과 단수 시 대책은 있는가?
- 배수구와 정화조 위치가 적당하고 동결선이나 구배 등이 맞는가?

■ 대지의 선정

하나의 집이 지어지는 과정을 순서대로 보면 ①대지의 선정 ②대지 분석 ③토지 이용계획 ④건물 배치계획 ⑤평면 계획 ⑥각 실의 계획 ⑦단면 계획 ⑧입면 계획 ⑨인테리어 계획 ⑩실시 설계 ⑪견적 ⑫시공 ⑬사후관리 등이다.
전원주택 건축 첫 단계인 대지 선정에 대해 알아본다.

▲ 대지의 조건
대부분의 사람들이 집 지을 때는 토지가 필요하다. 집을 지을 수 있는 토지를 대지라고 한다. 어느 곳에 집을 지을 것인가는 개인마다 차이가 있지만, 대부분 자신의 연고지에 집을 짓기 마련이다. 즉 살고 있는 곳, 직장에서 가까운 곳, 부모님이나 형제들이 사는 곳(고향) 등이다. 그런 한계가 우선 정해졌다 하더라도 다음 사항들을 고려해야 한다.

- 사회적조건
1. 교통이 편리한 곳
2. 의료시설을 포함한 공공시설이 좋은 곳
3. 판매시설(잡화, 식료품, 공산품 등) 이용하기 좋은 곳
4. 소음공해, 수질공해 등 환경공해가 없는 곳
5. 도시 기반시설(상하수도, 전기, 통신, 가스 등)이 잘 갖추어진 곳
6. 좋은 이웃이 있는 곳

- 물리적 조건
1. 저습지, 매립지, 부식토질 등이 아닐 것
2. 북쪽으로 경사지지 않은 평탄한 부지일 것
3. 일조와 통풍이 좋은 자연환경을 갖추고 있는 곳

▲ 대지의 크기
다른 건물과 달리 주택을 지으려는 대지는 일반적으로 330~1천300㎡ 정도의 크기이며 500~990㎡ 정도가 적당하다. 하지만, 용도에 따라 달라질 수 있는데 요즘은 작아지는 추세다.
대지가 너무 크면 관리에 무리가 있고, 너무 작으면 정원, 마당 등이 협소해 갑갑함을 느낄 수 있다. 전원주택을 지으려는 사람들에게는 특히 중요하다.
대지의 모양은 남북으로 긴 형상의 장방형 대지가 동서로 긴 형상의 대지보다 좋다. 그래야 북쪽에 건축물을 배치하고 남쪽에 장방형의 마당 및 정원을 만들 수 있다.

■ 대지 분석

▲ 일조와 채광
대지가 정남향으로 경사졌다고 하여 반드시 하루 종일 해가 드는 것은 아니다. 주변의 산이나 구조물에 의해 태양이 일찍 가려지거나 일출시간을 한참 지나서 해가 드는 경우도 있다. 시간대별로 자주 방문해 체크해 보는 것이 좋다. 계절별로 가보는 것이 가장 최선이지만 아무래도 무리는 따를 것이다. 자주 방문하기가 번거롭더라도 반드시 체크해 건축계획에 반영하는 것이 나중에 후회가 없다.

▲ 바람과 통풍
일조가 좋은 대지는 일반적으로 통풍도 나쁘지 않다. 주변의 특이한 지형지물로 인해 통풍에 문제 되는 곳도 있으니 주의해서 관찰해야 한다.

▲ 소음
도로나 기찻길, 비행장이나 비행기 경로, 공장 등이 주변에 있는지 살펴봐야 한다. 특히 산간지방에는 기차의 배차시간이 길어 인식을 잘못할 수 있고, 또 군 비행장은 비행 훈련 등이 주기적이지 않고 길어 인식 못한 채 대지를 선정했다 나중에 알게 돼 곤란을 겪을 수도 있다.

▲ 프라이버시

단지형 전원주택은 10~20세대 정도의 소규모 단지에 지어지는 경우가 많다. 이때 옆집 뒷집과의 프라이버시에 문제가 생겨 불편하게 된다. 이런 점은 사전에 충분히 고려돼야 한다.

▲ 토질

대지는 배수가 잘되고 식물이 잘 자라는 토질이 좋다. 주택(특히 목조주택)은 건물 자체 하중이 그다지 크지 않으므로 다른 구조물의 건물에서 필요한 지하의 연암반 위치나 지하수위 등은 크게 신경 쓰지 않아도 된다. 하지만, 토질이 좋지 않을 경우 조경을 위한 토사를 따로 반입해야 하므로 번거로움과 비용증가가 따른다.

▲ 풍수지리

풍수에서 말하는 조건들이 몇 가지 있다. 좌 청룡, 우 백호, 남 주작, 북 현무 등이 그것이다. 요즘엔 이런 조건에 맞는 땅이 드물다.

하지만, 풍수에서 말하는 최소의 조건을 만족하게 하는 땅이면 좋다. 북쪽, 북서쪽에는 야트막한 야산이 있고, 남쪽으로 트인 곳 정도면 되겠다. 그래야 겨울철의 북서풍을 막고 햇볕이 집안으로 깊숙이 들어올 수 있다. 반면 여름에는 시원한 남동풍이 불어 쾌적한 조건을 갖출 수 있다. 이런 조건을 갖춘 토지는 앞서 말한 일조, 채광, 통풍 등도 좋으므로 관련이 매우 크다.

■ 토지이용계획

▲ 옥외 공간

건축물이 앉는 자리 바깥의 공간을 말한다. 도로와의 관계에 따라 주차공간과 보행공간을 나눈다. 또한, 적정규모의 정원 및 마당을 확보할 계획을 갖는다. 대지는 보통 한 개 이상의 도로와 접하게 되는데, 대지 전면(남측)에 하나의 도로가 접한 경우 정원 및 마당이 보도나 주차공간이 돼 반듯한 정원 확보가 불가능하다. 그러므로 남쪽에 하나의 도로만이 접한 대지는 아늑하기는 하지만 옥외공간계획에서는 불리하다.

일반적으로 옥외공간은 북쪽에 건축물을 앉히고 남는 남쪽 공간을 확보하여 이용한다. 일부는 조경을 위한 공간도 미리 계획해두는 것이 좋다. 조망이 좋지 못한 곳에 조경을 하면 좋다. 하나의 대지에 두 동 이상의 주택을 계획한다면 건축물간의 옥외 공간과 옥내 공간의 동선에 특히 신경 써야 한다.

▲ 건축물의 공간

건축물이 차지하는 면적을 전체 대지 면적으로 나눈 값의 비율을 건폐율이라 한다. 건폐율은 보통 20~40% 정도다. 건폐율을 차치하더라도 건물이 들어설 자리와 나머지 공간의 비율이 적정하고 모양이 반듯한 것이 좋다. 모양이 꼭 그렇지 않아도 계획만 잘하면 더 재미있는 정원을 연출할 수 있다. 건축물의 위치를 적절히 조절해 여러 개의 정원을 만들 수도 있다.

건물의 위치를 먼저 정하고 남는 공간에 마당을 확보하는 것이 적절한지, 반대로 마당을 먼저 확보하고 남는 공간에 건축물을 앉히는 것이 적절한지 잘 고려 해봐야 한다.

또 주택에 주로 부속되는 건물(보일러실, 창고, 주차장, 별채, 정자 등)의 위치도 함께 고려해 토지를 효율적으로 사용할 수 있게 한다.

▲ 건물 배치 계획

건축법에 규정된 건폐율에 적합하게 해야 하며 일조, 통풍, 채광, 방재, 프라이버시 등을 검토해 건물을 배치한다. 주변 위험요소(경사면, 하천의 범람 등)에 적절한 이격 거리가 필요하다. 정원과 건축물의 면적비에 대한 조화를 고려해 배치하며 경우에 따라서는 증축문제도 고려해야 한다.

주차장과 현관의 위치, 빨래 건조공간과 다용도실, 주방과 옥외 식사공간 등은 서로 밀접한 관계를 가지므로 배치계획에서 반드시 고려돼야 한다.

일반적으로 주택의 평면 상태는 대체로 동서로 조금 긴 사각형이 되며, 대지 북쪽에 앉혀 남쪽으로는 마당을 배치한다.

건축물의 배치는 대지 모양에 크게 좌우된다. 대지가 정형일 때는 정형배치, 부정형일 때는 부정형 배치가 일반적이다. 또 대지에 경사가 있으면 주택은 주로 높은 곳에 배치하는데 이때는 진입도로와의 관계를 반드시 따져보아야 한다.

■ 동선계획

동선은 일상생활의 움직임을 표시하는 '선'이다. 사람에 따라 다르고, 시간과 주거에 따라 다르다. 빈도, 속도, 하중을 동선의 3요소라 한다.

주행동의 성격과 상태, 공간의 연결과 동선관계 그리고 동선의 길이, 빈도 관계 등을 정리 분석하고 계획하는 것을 동선계획이라고 한다. 동선계획에서 유의할 사항은 다음과 같다.

첫째, 개인적 동선, 사회적 동선, 가사동선의 3개 동선이 서로 분리되며 간섭이 없어야 혼란하지 않고 독립성을 가진다. 예를 들어 거실에서 사람들이 모임을 갖고 있는데 빨래를 담은 바구니를 들고 거실을 통과하게 되는 동선계획은 바람직하지 않다는 얘기다.

둘째, 주택에서 가장 많은 비중을 차지하는 가사노동 동선은 되도록 짧고, 남쪽에 오도록 하는 것이 좋다.

셋째, 어떤 한 동선에는 공간만 계획하고 되도록 가구를 배치하지 않는 것이 좋다.

넷째, 주택내부의 동선은 외부조건과 배치계획에 의해서 우선적으로 결정한다.

■ 실별 공간계획

실들의 계획에는 건축 설계자보다 건축주가 더 많이 고민한다. 그러므로 건축주가 원하는 요소에 대해서는 사전에 건축설계자에게 충분히 전달해야 한다. 그렇지 않으면 건물이 완성된 후에 불편한 생활이 되고 심지어 다시 구성해야 할 경우가 생기는데 이때는 시간과 비용을 낭비하게 된다.

▲ 거실

거실은 가족간의 대화, 휴식, 손님 접대, TV 시청 등 생활의 중심이 되는 곳으로, 주택에서 가장 핵심이 되는 공간이며, 주택의 질을 높이는 첫 번째 공간이다. 이곳에서 각 실이 연결되는데 주택의 규모가 커질수록 독립적인 공간이 되며, 작은 집에서는 식당과 공간을 공유하게 되고 다른 공간과 대체되기도 한다.

모여서 대화하고 외부의 조경, 조망을 감상하기 좋으며 TV 및 음악 감상 등이 편한 곳에 배치하고, 안정된 분위기를 느낄 수 있어야 한다. 그러므로 주택에서 거실은 그 집의 중심이 되는 곳에 가장 밝은 곳, 가장 넓게 자리한다.

규모가 큰 집의 거실은 독립성을 확보하는 것이 좋다. 거실 자체가 하나의 독립공간이 되도록 각 실의 동선을 거실과 연결하지 말아야 한다. 독립적인 거실 그 자체로 하나의 기능을 소화해야 한다. 큰 주택의 경우 거실 주위에 각 실을 배치하다 보면 거실이 여러 가지 동선으로 교차해 실제 거실 만의 독립성, 안정성을 잃고 통로 역할을 하게 되는 경우가 많다. 거실이 주택의 중심에 있어야 한다는 것에 너무 집착하면 이렇게 된다. 거실의 면적만 확보하고 동선계획을 고려하지 않았기 때문에 그냥 커다란 다기능실이 된다. 거실의 크기는 4.8m×4.8m~7.2m×7.2m 정도가 적당하다. 너무 크면 산만하고, 너무 작으면 활동에 제약이 따른다.

아무래도 현대생활에서 거실을 결정짓는 요소는 TV 시청이다. 그래서 거실 크기를 TV시청 거리로 정한다고 가정했을 때, TV시청 거리가 TV대각선 길이의 5배라고 한다면, 40인치 TV를 기준으로 볼 때 약 5m 정도가 적당하다.

▲ 식당

식당은 침실과는 분리되는 것이 좋고, 거실과는 분리되기도 하지만 인접하는 것이 좋다. 손님이 왔을 때나 어떤 모임이 있을 경우 식사와 대화가 자연스럽게 이어지는 것이 좋기 때문이다. 주방과는 밀접한 관계가 있으므로 반드시 최소한의 동선으로 이어져야 한다. 규모가 작은 주택에서 주방과 식당을 한 공간에 두는 것은 흔한 일이다.

또 식당과 거실이 같은 공간을 공유하는 경우도 흔하지만 이때는 식사, 대화, TV 시청 등 생활에 불편할 수 있다. 간혹 식당을 통해 침실로 들어가게 계획하는 경우가 있는데, 가족 구성원 내에서도 생활시간대가 서로 다른 경우라면 매우 불편하다.

식당의 크기는 식탁으로 결정하는 데 6인용 식탁을 기준으로 최소 2.1m×3.6m 정도가 적당하다.

전원주택의 경우 야외 식사공간이 필요하며 중요한 요소다. 전원주택에서는 식당 또는 거실 앞쪽에 데크나 테라스를 두어 사용한다. 크기는 최소 2.4m×2.4m 이상이어야 한다. 테이블과 바비큐시설 등을 갖출 수 있는 최소 면적이다.

▲ 주방

주택에서 가장 핵심적인 공간 중 하나며 시공할 때 가장 비용이 많이 들고 그 집의 질과 가치를 결정하는 공간 중 하나다. 주택 내부 동선 중 가장 빈도와 하중이 높은 곳이다.

거실+식당+주방이 한 공간에 이루어지는 경우 남쪽에 거실을 두고 북쪽으로 가면서 차례로 식당, 주방이 배치돼 정작 동선이 가장 굵은 주방은 북쪽에 배치된다. 이럴 경우 주부들은 하루 종일 북쪽의 볕이 안 드는 곳에서 일해야 한다.

그래서 최근에는 주방을 남쪽의 밝은 곳으로 옮겨 배치하기도 한다. 이럴 경우 일을 하면서 주택 내외부를 쉽게 관찰할 수 있도록 해야 하고 야외식당 공간 및 식당과 연결동선이 짧아야 한다.

주방가구는 ㅡ자형, ㄱ자형, ㄷ자형이 주로 사용되고, 아일랜드 타입도 큰 규모의 주방에서는 사용한다.

냉장고, 개수대, 가스렌지의 3점을 이어주는 삼각형을 작업 3각형이라고 하는데, 이 세변의 길이의 합이 짧을수록 좋다.

재료 반입이 용이하도록 배치계획을 할 때 주차장에 가깝게 하기도 한다. 특히 다용도실, 가사실(세탁실, 청소기구함) 등 주부의 주된 가사 노동실이 근접해 있는 것이 유리하다. 주방 가까이에는 저장 공간이 많이 필요한 데 하나의 실을 두어 처리하기도 하지만 장을 이용해 저장 공간을 확보하는 것이 좋다.

최근에는 주방 식당 거실 등이 한 공간에 시각적으로 트여 있는 경우가 많아 냄새가 심한 음식은 다용도실에 보조 주방가구를 두어 조리하는 추세다.

▲ **침실**

침실은 사적 생활의 중심이다. 다른 공간은 동적이고 개방적인데 반해 사적인 공간은 정적이고 독립성이 있어야 한다. 침실의 종류에는 부부침실, 자녀침실, 노부모침실, 손님침실 등이 있다.

침대는 머리 쪽에 창을 두지 않는 것이 좋으며 만약 창을 둔다면 창을 높게 하고 야간에는 커튼이나 덧문을 설치할 수 있어야 한다.

부부침실의 경우 화장실 및 목욕시설을 대부분 갖춘다. 다른 동선의 간섭을 최대한 받지 않는 곳에 배치해야 하는 데 그래서 2층에 배치하는 경우도 있다. 규모가 큰 경우 내부에 드레스실과 파우더룸을 갖추어, 침실 2, 3개의 면적을 차지하기도 한다. 그렇지 못한 경우 내부에 붙박이장을 설치해 수납하는 게 보통이다.

또 부부침실에는 전용 데크를 두는 것도 부부만을 위한 공간을 만드는 좋은 방법인데 이때에는 외부로부터의 시선차단에 유의해 계획해야 한다.

노인침실의 경우에는 일조와 전망이 좋고 조용하며 식당, 욕실, 화장실 가까이에 두는 것이 좋다. 대부분 1층에 배치해 계단을 오르내리는 일을 줄이고 전용데크나 텃밭, 화단을 바로 앞에 만들어 주면 좋다.

자녀침실은 자녀들의 성장과 왕성한 활동성에 따라 가변성을 가지는 것이 좋다. 특히 사춘기 무렵의 자녀나 자신만의 작업 공간이 필요한 자녀가 있으면 더욱 그렇다. 그래서 자녀침실이 간단히 방 하나에 침실, 책상 정도라면 불충분할 것이다. 서재나 취미실 등이 가까이에 있어 고가의 장비 및 서적 등을 설치 보관 전시할 수 있는 것이 좋다. 자녀들만의 욕실이 별도로 있는 것도 좋다. 2층에 자녀실이 있는 경우에는 자녀들만의 거실 및 가족실, 2층 발코니 등을 설치할 수도 있다.

손님방은 주로 외부와 주차장에서 접근이 쉽고, 주택의 다른 침실과는 별도의 동선을 가지도록 계획하는 것이 좋다. 내부에는 작은 규모라도 별도의 욕실을 갖추는 것이 좋다. 또 손님방을 별채로 구성하는 건축계획

▲ 가사 및 다용도실

세탁이나 다리미질, 옷수선 및 재봉질 등을 하는 곳을 가사실이라 한다. 독립된 방을 만드는 경우와 발코니와 주방 사이의 공간을 이용해 세탁, 걸레 빨기 및 잡스러운 물건을 쌓아두는 창고를 겸하기도 한다.

주택에는 이런 기능을 하는 곳이 반드시 있어야 한다. 특히 단독주택에는 마당에도 이런 공간을 확보해두는 것이 좋다. 정원관리 및 차량관리 등을 손수해야 하는 경우가 많으므로 사용하는 연장이나 장비를 보관해 두는 곳이 필요하다. 보일러실 및 주차장 내부에 이런 다용도실을 만들기도 한다. 다용도실에는 요즘 세탁기, 김치냉장고, 보조주방 및 수납장이 설치되는 것이 대세다.

도 고려해 볼 만하다. 손님이 없을 때는 주인의 취미실, 사랑방, 응접실 등으로 사용을 할 수도 있다.

▲ 서재 및 각종 취미실

주택에서 가족들의 기호에 맞는 취미실이나 서재 공간이 필요하다. 온실이나 운동실, 서재, AV룸, 아틀리에 등 취미실에는 여러 가지 종류가 있다. 취미가 일상에서 차지하는 비중과 나름의 특성에 따라 공간을 계획하고 배치해야 한다.

▲ 욕실 및 화장실

욕실의 기본 구성은 욕조, 세면대, 양변기다. 여기에 욕조가 빠지고 샤워부스를 넣기도 한다.

부부 욕실은 주방 다음으로 주택의 질을 평가하는 부분이다. 침실에서 드레스룸을 거쳐 진입하게 되므로 자칫 어두울 수 있다. 외부공간과도 적극적인 연결을 고려해볼 만 하다.

이때는 시선 처리에 신경을 써야한다. 부부만이 사용하므로 폐쇄적이고 아늑해야 하며 일반적으로 욕조를 많이 설치한다.

공용 욕실은 거실, 식당 등 주택 내의 공용공간에서 출입이 가능한 욕실이다. 변기 및 간단한 세면 정도만 가능하게 계획해도 무방하다. 그러나 손님이 잠깐씩 다녀갈 때 사용할 수 있으므로 작지만 깔끔하고 고급스러운 인상을 줄 필요가 있다.
자녀욕실은 충분한 수납공간이 필요하며 적정크기의 욕조도 설치하는 것이 좋다.

▲ 주차장
주택의 일부 공간이나 지하, 별개의 건물에 주차장을 설치하게 되는데 최소 2대를 주차할 수 있도록 하는 것이 좋다. 주차장은 다용도실과 가까울수록 좋은데 이것은 식재료 등의 운반에 용이하기 때문이다. 지하주차장의 경우에는 지상으로 나오는 계단을 다용도실로 나오게 하도록 계획하기도 한다.
주차장은 급배수설비를 하고 바닥에는 물매를 두어 배수가 용이하도록 하며, 천장의 높이는 2.3m 이상으로 하고 통풍을 고려한 환기창을 설치한다. 차량 1대는 2.5m×5m 정도인데 승하차를 하기 위해서는 1대당 3m×6m 정도가 최소한 확보돼야 한다.
주차장에는 간단한 수리와 작업, 세차에 사용되는 것을 보관할 수 있는 창고가 필요하며, 보일러실과 인접하기도 한다.
차고 문은 주로 리모콘식 자동 개폐식 문을 설치한다. 주차장은 현관과의 연결도 자유스러워야 한다.

▲ 현관
위치와 크기에 따라 주택 내외부를 결정하는 주요한 공간이며 첫인상이다. 서양에서는 현관에서 신발을 벗지 않고 실내로 들어오지만, 우리나라는 현관에서 신발을 벗고 들어오기 때문에 신발장이 반드시 필요하다.
현관의 위치는 대지의 형태, 방위 특히 도로와의 관계에 의해서 결정된다. 작은 규모의 주택에서는 복도 없이 바로 거실과 연결돼 주방과 연결한다. 이때는 건물 중앙부가 되는 것이 동선처리에 유리하다.
현관의 크기는 주택의 규모와 가족의 수, 방문객의 예상수 등을 고려한 출입량에 중점을 두는 것이 좋다. 현관에서는 간단한 접객의 용무를 겸하는 공간 외에는 불필요한 공간을 두지 않는 것이 원칙이다. 주택의 첫인상을 결정짓는 중요한 공간이므로 길이를 길게 하거나 한번 꺾어서 거실로 진입하게 하기도 한다.

▲ 복도
100㎡ 이하의 주택에는 복도를 두지 않는 것이 경제적이다. 복도를 두더라도 중복도(복도를 중심으로 양쪽에 실들을 배치)를 두는 것이 좋다.
복도의 폭은 서로 엇갈려 통행하는 것을 고려한다면 105~150cm가 적당하다. 면적은 특별한 건축의도가 없는 한 전체 면적의 10% 이하로 한다.

▲ 계단
계단은 될 수 있는 한 작은 면적을 갖는 것이 좋으나 사람의 교행만이 아니라 때로는 대형가구도 운반해야 하므로 난간이나 천장에 걸려 불편하지 않게 해야 한다. 일반적으로 계단은 완만해야 올라가기 편하다고 생각하기 쉬우나 반드시 그렇지는 않다.

계단은 단 높이(챌판)와 단 너비(디딤판)로 구성되는데 디딤판은 280~300mm, 챌판은 150~170mm가 적당하다. 즉 디딤판과 챌판의 합이 450mm면 쾌적하다.

계단의 위치는 현관이나 거실에 가까이 근접해서 식당 욕실에 가까운 곳에 배치하는 것이 좋다. 직접 거실에 설치할 수 있으나, 따뜻한 공기가 위로 올라가는 통로 역할을 하므로 열손실을 고려해야 한다.

계단은 디자인적 요소도 많이 가지고 있어 재료 및 계단의 디자인 선택에 신중해야 한다.

■ 평면계획

평면도를 작성하기 위한 계획이다. 평면도는 주택을 높이 1.5m 정도에서 수평으로 자른 면을 위에서 내려다본 것을 가상해 작성한 것이다.

평면계획은 주택의 입면과 단면에 영향을 끼치므로 매우 중요하다. 그러므로 항상 입면 단면을 고려한 평면계획을 해야 한다.

특히 가족들이 함께 모이는 거실공간이나 성장기의 아동공간은 남쪽에 두어 겨울철에도 채광이 충분하도록 한다. 침실의 경우 북쪽에 두는 경우가 많은데 이때는 동, 서쪽에 창을 낼 수 있는 방법을 고민해야 한다.

대지가 협소할 경우 2층으로 공간을 분리해 평면계획을 고려하는데, 1층에는 주로 거실, 주방, 식당, 노인침실 등이 계획되고, 2층에는 자녀침실, 취미실, 부부침실(1층에 계획하기도 함), 가족실 등을 계획한다.

위치와 규모에 따른 배치 계획은 일반적인 것이지 반드시 그래야 하는 것은 아니다. 주택에서 중점을 두고 싶은 곳이 가장 좋은 위치에 둘 수도 있다. 가령 남쪽에 거실을 두는 것이 일반적이지만, 동쪽의 조망이 좋으면 거실을 동쪽으로 계획할 수도 있다. 또 하루 종일 집 안에서 그림 작업을 하는 화가라면 아뜰리에 등 작업실을 남쪽에 배치하는 것도 좋다.

주택 내 생활공간들의 기능에 따라 각 실을 서로 인접시키거나 멀리 떨어뜨려야 한다. 이와 같은 관계를 동선으로 잘 연결해 각 실의 기능을 만족하게 해야 한다. 일반적인 주택 대지는 크기가 한정되어 있어 모든 실들을 남쪽에 배치할 수 없다. 그러므로 남쪽을 포기해야만 하는 공간들의 선별이 우선 중요하다. 그렇지만 나머지 방위에서도 단점을 보완하는 것이 좋은 평면계획일 것이다.

▲ **방위에 따른 전원주택 공간 배치 계획**

- **동쪽** : 아침에 태양이 실내에 깊게 들어온다. 겨울철 아침에는 따뜻하나 오후에는 춥다. 침실, 식당, 거실, 가사실 등이 좋다.
- **서쪽** : 오후의 태양이 깊이 들어와서 여름철에는 무덥다. 욕실, 다용도실, 창고, 취미실 등이 좋다.
- **남쪽** : 여름철의 태양은 높기 때문에 실내까지 깊이 들어오지 않고, 겨울철에는 깊이 들어온다. 거실, 식당, 자녀실, 노인침실, 부부침실 등이 좋다.
- **북쪽** : 하루 종일 태양을 받지 않고 북풍을 받아 춥다. 광선은 종일 평균적으로 비친다. 침실, 보일러실, 다용도실, 작업실, 화장실 등을 배치하는 것이 좋다.

■ 입면계획

건축의 입면계획은 건축물의 외관에 대한 계획이다. 즉 건축물의 외관을 그대로 옮겨 도면화 하는 작업을 말한다.

건축계획에 있어 가장 중요한 것은 평면계획이다. 평면계획을 할 때는 반드시 입면계획을 염두에 둬야 한다. 평면계획에 반영되지 않는 입면계획은 억지로 짜 맞추어 놓은 듯한 느낌을 주며, 나중에 혼란을 가져 올 수도 있다.

평면 계획이 주택의 기능에 대한 비중이 크다면, 입면계획은 외관 등 조형예술적 감각에 더 비중을 둔다. 그러나 단독주택에서는 건물 입면의 중요성도 빼놓을 수 없는 계획 중 하나다. 입면 계획이 더 중요할 때도 있어 입면, 단면계획을 먼저 하고 나중에 평면계획을 하기도 한다.

집을 지으려 하는 사람들은 자신이 꿈꾸는 집의 외관을 하나 정도는 그려놓고 있다. 잘 계획된 주택의 입면은 그 집에 사는 사람뿐만 아니라 주위에서 그 집을 바라보는 사람들까지도 기분 좋게 만들어 준다. 주변 주택들의 가치도 높여준다.

주택의 입면 계획에 있어 중요한 요소는 선과 모양, 색상, 사용되는 자재의 질감 등이다.

▲ 입면 계획 요소

– 기초 및 토대

건물의 기초는 땅과 접하는 첫 번째 입면 요소다. 재료적으로는 중량감 있는 것들이 심리적으로 안정적이다. 기초부분은 외벽에 묻혀 안 보이는 경향이 있으나 경사지에 건물이 지어진 경우는 기초가 많이 드러나게 되는데 이때는 신경을 써야 한다. 대부분 콘크리트 구조체가 많은데 외벽재료와 조화를 이루는 것이 좋다. 기초 부분은 입면 계획을 할 때 소홀히 하는 경우가 많은데 외벽과 같은 계열로 마감하는 것이 무난하다.

– 창과 문

창과 문은 주택에 있어서 눈과 입이다. 주택 입면 계획의 가장 중요한 요소다. 창문이 너무 크고 많으면 기능적인 면에서 조망권 확보와 채광에 유리하지만, 주택의 단열이 떨어지고 프라이버시에 문제가 생긴다. 너무 많은 창은 주택의 외관을 너무 잘게 쪼개 복잡하고 조잡한 느낌의 집이 된다.

너무 작은 면들이 주택의 외관에 있게 되면 자연히 외장재들도 잘게 쪼개져 부착, 시공되므로 연결부위를 많이 만들게 되어 하자에도 신경써야 한다.

– 외벽

건물의 외관을 구성하는 가장 큰 면적을 차지한다. 입면계획의 첫 번째가 외벽 계획이다. 외벽의 재료, 색상을 결정짓는 것이 가장 중요하다.

바탕이 되는 주 벽면과 강조하는 벽면으로 나누거나 동별로 구분, 날개별로 구분한다. 강조할 때 주 벽면과 너무 동떨어진 색이나 재료를 택할 경우 신중해야 한다. 자칫 산만해지거나 격이 낮아질 수 있다. 동일계열 내에서 강조하는 것이 무난하다.

– 지붕

지붕도 빼놓을 수 없는 주택의 외관을 결정짓는 요소다. 지붕은 평면계획에 의해 크게 좌우된다. 지붕의 종류는 박공지붕, 모임지붕, 경사지붕, 평지붕, 다각형지붕 등이 대표적이며 주택에 많이 사용된다.

복잡한 평면계획을 지붕에 반영하면 지붕의 개수가 많아지고, 그것이 서로 만나면서 수많은 연결부위를 발생하게 되어 누수의 원인이 될 수도 있다. 지붕의 개수가 너무 많으면 입면을 아주 복잡하고 조잡하게 만든다.

처마는 선과 깊이가 중요하다. 사람의 시각에서는 지붕을 볼 수 없는 경우가 대부분이며 지붕선, 즉 처마가 먼저 시야에 들어온다. 또한 처마의 깊이는 건물에 음영을 얼마나 드리우느냐를 결정하므로 집의 느낌에 어느 정도 영향을 미친다.

기능적인 면도 중요하지만, 처마의 계획은 입면의 형상에 영향을 미치므로 계획할 때 반드시 반영돼야 한다. 지붕에서 입면 계획에 또 다른 영향을 미치는 것은

굴뚝이다. 굴뚝은 벽난로를 설치하면 생기는 것으로 그 위치가 건축의 외관에 영향을 준다. 외관에 비례해 크기와 높이가 결정돼야 한다.

– 데크 및 발코니

단독주택에서는 데크와 발코니 등을 많이 계획한다. 적절한 크기의 데크나 발코니를 갖는 것은 주택의 입면을 아름답게 한다. 데크와 발코니는 주택에서 시각적으로 매우 중요한 역할을 한다.

특히 데크에 설치되는 목재 난간대의 디자인은 데크의 상판디자인 보다 주택 입면계획에 많은 영향을 끼치므로, 너무 기능에 치우쳐 두껍고 튼튼한 자재를 사용해 투박한 느낌을 주기보다 주택의 외관에 어울리는 디자인의 선정에 신경 써야 한다.

▲ 건축 구조의 선택

전원주택은 짓는 공법이나 사용하는 자재 등에 따라 다양하게 구분한다. 시중에서는 일반적으로 구조를 어떤 소재로 하느냐에 따라 목조주택, 스틸하우스, 통나무집, 황토집, 콘크리트집 등으로 나눈다. 목조주택은 나무, 스틸하우스는 철을 구조한 집이다. 통나무로 지으면 통나무집, 황토나 흙을 쓰면 황토집 또는 흙집이라 한다. 콘크리트주택도 있고 벽돌집도 있다.

이렇게 단순하게 구분하지만 실제로 집을 짓는 공법은 간단치 한다. 나무를 골조로 하는 것은 꼭 목조주택만이 아니고 한옥이나 통나무집도 그렇다. 황토집도 기둥은 나무로 하고 벽체를 황토로 하여 짓는 집이 많다. 그러므로 주요 구조재의 소재에 따라 크게 구분해 이야기는 할 수 있지만 정확히 구분하기는 어렵다.

전원주택으로 많이 지어지는 집은 목조주택이다. 일반적으로 목조주택이라고 하지만, 정확하게 말한다면 경량목구조주택이라 해야 맞는다. 가벼운 나무를 골조로 하여 짓는 집으로 미국식이나 유럽식 등으로 구분해 부른다. 언덕 위의 하얀 집 스타일의 주택이라 생각하면 되고 뾰족지붕에 외관이 화려하고 아름답게 꾸밀 수 있다.

경량목구조와 비교되는 것이 중량목구조인데 한옥이나 통나무집과 같이 무거운 나무를 사용해 짓는 집이다.

중목구조주택보다 경량목구조주택을 전원주택으로 많이 짓는 이유는 표준화된 자재에 공법이 시스템화되어 있으며 건식공법이기 때문이다. 건식공법은 콘크리트나 흙과 같이 물을 사용하지 않아 시공이 간편하고 공기가 짧다. 2×4인치 혹은 2×6인치 규격의 각재를 40cm 정도의 간격으로 세워 벽체 골조를 만들고, 그 사이에 유리섬유 등 단열재를 채운 다음 안쪽 벽은 석고보드를 붙여 감싸고 그 위에 도배나 페인트, 나무 등으로 마감한다. 바깥쪽 벽은 OSB합판을 붙인 후 방수시트로 감싸고 사이딩(비닐판)이나 파벽돌, 통나무 등 다양한 소재로 모양을 낸다. 외부 마감소재가 나무면 관리에 신경을 써야 하기 때문에 시멘트사이딩을 많이 사용하고 있는데 최근 들어 징크패널 등 다양한 외장재를 사용하고 있다.

여기서 골조를 목재가 아닌 철로 하였을 때는 스틸하우스가 된다. 공법은 거의 비슷하다. 스틸하우스의 골조는 C자 형태의 강철로 아연도금한 것을 사용한다.

경량목구조주택이 인기 있는 이유는 앞서 말했듯 자재가 규격화, 시스템화되어 있고 건식공법으로 공사기간이 짧기 때문이다. 또 비용 대비 외관이 아름답고 공간

효율성도 높다. 외부를 다양한 소재로 마감할 수 있고 관리도 편하다.
주의할 점은 자재와 공법이 시스템화되어 있어 자재 사용이 정확하지 않고 기술력이 부족한 업체에서 제대로 된 공법으로 짓지 않으면 하자가 발생할 수 있다.

▲ 실내건축계획

입면 계획이 건물의 외관을 꾸미는 일이라면 실내건축계획(인테리어계획)은 건물의 내부를 꾸미는 일이다. 주택 실내는 거주하는 사람들의 생활과 밀접하므로 실내건축계획은 매우 중요하다.
인테리어 계획은 건축적인 합리성(내구성 견고성, 미려함) 외에 일의 능률, 안락함, 안정된 심리상태, 편안함, 휴식 등에 큰 영향을 준다. 신중한 선택과 디자인계획이 중요하다. 전원주택 인테리어계획에는 크게 두 가지를 고려할 수 있다.

경량목구조로 건축 중인 모습이다. 전원주택은 경량목구조로 많이 짓는데 표준화된 자재와 시스템화된 공법으로 건축비 대비해 디자인이 좋고, 공간효율성도 뛰어나기 때문이다. 건식공법으로 콘크리트나 흙과 같이 물을 사용하지 않아 시공이 간편하고 공기가 짧다.

인테리어디자인은 익스테리어디자인과 조화되기도 하지만 굳이 그럴 필요는 없다. 다만 인테리어디자인을 하기 전에 우선 디자인 컨셉을 갖는 것이 중요하다. 디자인 컨셉은 간단하게 모던, 클래식, 한국전통 등과 같이 기본적인 것만 정해두는 것이다.
이런 컨셉이 상당히 중요한 데 향후 디자인을 하거나 어떤 재료나 색을 선정하는데 있어 기준이 되기 때문이다. 다시 말해 선택의 기로에 놓일 때마다 선택의 기준이 되고 마감이 끝날 때까지 혼란을 막을 수 있다.
주택의 인테리어 계획에는 어떤 점을 고려해야 하는지 살펴본다.

벽체는 중목구조, 지붕은 경량목구조로 짓는 통나무주택의 모습이다.

첫째는 공간 계획을 포함한 인테리어 계획이다. 이것은 개축(리모델링)의 경우 내부 공간을 변화시켜 마감을 하거나, 신축의 경우에는 평면계획에서부터 인테리어 설계를 적극적으로 반영시킨다.
둘째는 공간은 두고 다양한 마감재료만으로 작업하는 소극적 인테리어 계획을 말한다.

▲ 단면계획

평면도가 건물을 일정높이(약 1.5m)에서 수평으로 잘라낸 위에서 들여다 본 것을 그린 도면이라면, 단면도는 건물을 수직으로 잘라서 옆, 또는 앞에서 본 것을 그린 도면이다. 단면도에는 각 실의 천정고, 층고, 지붕의 용마루의 높이, 처마높이, 처마의 깊이, 계단상세, 기타 벽, 바닥, 천장의 상세도가 표기되기도 한다.
인테리어 계획에서는 단면계획이 우선 돼야 한다. 각 실의 층고(혹은 천정고)를 정해야 하기 때문이다. 천정고(바닥에서 천정까지의 높이)는 실내 공간의 느낌을 크게 좌우한다. 천정이 높으면 시원하고 트이고 환하지만 반대로 산만해지기 쉬우며 연료비가 많이 든다. 주택에서는 주로 거실을 1, 2층 터서 천정고를 높이고 지붕의 경사도를 그대로 반영해 경사 천정을 계획한다. 반면 침실은 평천정으로 약 2.4m 내외로 계획하는 것이 일반적이나 주인침실의 경우 천정고를 높여 경사 천정으로 하기도 한다.

단면계획은 계단을 확인할 때 반드시 필요하다. 계단은 평면상에서는 완성된 듯해도 단면상에서는 문제를 일으킬 소지가 있다. 보행자의 머리가 상부에서 닿는 경우가 생기는지 확인할 필요가 있을 때는 반드시 단면을 확인한다. 또 평면상의 계단수가 단면상에서 볼 때 단 높이가 적절한지도 확인해야 한다. 또 설비 배관의 관계도 단면계획상에서 이루어져야 정확한 계획이 된다. 단면계획에서 가장 중요한 것은 바닥의 높이 관계 설정이다.

주택에서는 각 실마다 바닥의 높이가 조금씩 차이가 나는데 그 차이는 보통 100mm 내외다. 100mm라고 무시해서는 절대로 안 되며 생활에 불편을 느낄 때가 많다. 바닥의 높이가 잘 계획되었을 때 주택이 쾌적하다.

먼저 주택전체 바닥의 기준높이를 거실바닥으로 보면 침실은 거실보다 7~10mm 정도 낮거나 거실바닥과 동일한 높이가 된다. 7~10mm 낮을 경우는 거실의 마감재료를 온돌마루로 하고 침실의 바닥을 비닐장판으로 할 경우다. 이때는 침실의 문이 닫힌 상태에서 거실 쪽에서 재료분리대를 사용한다.

욕실은 거실보다 50~70mm 낮아야 한다. 욕실은 물을 사용하는 곳이므로 같은 높이에 거실이나 침실이 있다면 누수 피해가 생길 수 있기 때문이다. 욕실문이 욕실 안쪽으로 열릴 때 슬리퍼가 문에 걸리는 것도 막을 수 있다.

현관은 거실보다 50~70mm 낮아야 한다. 이것은 특별한 설명이 필요 없다. 현관은 주로 신발이 놓이는 곳이므로 반드시 거실보다 낮아야 한다.

주방에서 다용도실이 이어지는 경우 주방 바닥 높이와 동일하게 한다. 혹 다용도실이 전적으로 물을 사용하는 공간으로 계획되는 경우 욕실처럼 50~70mm 낮춘다.

경사지 주택 계획에서 대지의 경사를 이용해 주택을 설계하는 경우가 종종 있다. 이때는 평면 계획 못지않게 단면계획이 중요하다. 계단을 이용해 반 층, 혹은 계단 서너 단 차이를 두고, 식당, 거실, 다락방 등을 계획하는 경우 단면계획을 정확히 하지 않으면 실제 시공할 때 많은 어려움이 따른다. 이것은 평면도 상에서는 수치로밖에 표기되지 않아서 놓치는 일이 빈번하므로 반드시 단면계획에서 확인해야 한다.

지금까지 말한 단면계획은 모두 골조공사 때 반영되어야 하는 것들이다. 즉 인테리어 공사가 성공적으로 이루어지려면 골조공사 때 이런 계획들은 미리 반영시켜야 나중에 차질이 없다.

▲ 내장재의 선정

내장재는 실내외 문, 창문, 천장재, 바닥재, 벽과 바닥(base molding), 벽과 천장(ceiling molding), 벽과 문(door frame, door trim), 벽과 창(window trim)을 분리하거나 이어주는 재료를 말한다. 주로 원목을 켠 것이나 무늬목을 입힌 것, 필름을 입힌 것 등이 사용된다.

내장재의 선택은 두 가지 방법이 있다. 거실의 바닥재와 직접 닿는 것이 있으므로 거실 바닥재를 먼저 선정하고 그에 맞는 내장재를 선택한다. 이것은 거실의 바닥재가 주택 실내의 느낌을 좌우하기 때문이다.

거실 바닥재를 가장 나중에 시공하므로 나중에 선정한다면 내장재와 조화가 잘 이루어지지 않는 경우가 많다.

내장재는 실내에 다양한 선을 만들어 낸다. 그래서 바탕이 되는 벽이나 바닥재와 너무 상이한 색이나 재료는 혼란스러울 수 있다. 몰딩 등 일부 내장재를 생략해 깔끔한 마감을 하기도 한다.

내장재를 원목으로 하는 경우 선택의 폭은 그리 넓지 않다. 대부분 수입에 의존하고 있다. Walnut, Birch, Bubinga, Oak, Teak 등 활엽수류도 사용되기도 하나 상당히 고가고 구하기도 쉽지 않아 주로 Pine, Fir계열의 침엽수를 많이 사용한다.

그러나 바닥재인 온돌마루의 경우는 얇은 무늬목을 합판 위에 입힌 경우가 대부분이다. 그 수종이 생각보다 훨씬 다양하다. 만약 바닥재를 Walnut 온돌마루로 정했다면 그것과 맞닿는 Base molding, Door frame이 같은 Walnut으로 시공되는 것이 좋지만, 실제는 그런 원목 내장재를 구하기도 어렵고 구한다고 해도 가격이 높다. 수종이 다른 것으로 내장재를 선정하고 나중에 Walnut 고유의 색을 도장으로 처리하는 방법을 써야 한다. 시중에는 Walnut 등 고가의 내장재 고유의 무늬와 색을 모방한 필림 제품이 많이 나와 있다.

벽면에는 주로 신발장이 설치되는데 신발장은 충분한 수납이 되는 것이 좋다. 중문과 바닥재와 어울려야 한다. 신발장의 경우 예전에는 큰 의미를 두지 않고 적당한 것을 선택했으나 최근에는 주택의 첫인상이기 때문에 신경을 많이 쓴다.

- 거실

전원주택 등 단독주택에서의 거실은 주로 경사천장을 이루며 목재 루버로 많이 마감한다. 서까래나 대들보가 노출되는 경우도 많다.

목재가 노출되면 미관도 좋지만, 편안하고 안락한 친환경 실내 분위기를 연출하며 습도 조절도 가능하다. 천장, 벽까지 전부를 목재 루버로 마감한다면 자칫 어지러움과 혼란스러움을 느낄 수 있다. 특히 군데군데 옹이가 많은 목재 루버의 경우는 더욱 그렇다.

루버를 사용할 경우 벽이나 천장 한두 곳만 사용하는 것이 보기 좋다. 만약 벽과 바닥 전체를 목재로 마감하고 싶다면 옹이가 없는 무절 루버를 사용하는 것이 좋다.

거실 벽의 마감재로는 벽지나 수성 페인트 등을 사용하는데, 수성페인트는 친환경인지 아닌지 확인하고 사용하는 것이 좋다. 벽 마감재의 색이나 재질은 바닥과 천정에 공통으로 조화를 이뤄야 편안하다. 그래서 주로 백색계열의 마감재를 많이 쓰는데 이는 천정의 목재루버나 바닥의 온돌 마루와 큰 트러블 없이 무난한 조화를 이루기 때문이다. 거실을 밝고 넓게 보이게도 한다. 거실 천정이 높은 경우, 거실 조명을 길게 늘어지는 타

▲ 각 실의 인테리어 계획

- 현관

현관은 주택의 첫 번째 인상을 주는 곳이므로 주택 전체 컨셉을 한 번에 짧게 보여주는 디자인이 좋다. 현관 문과 함께 거실을 나누는 중문의 디자인이 매우 중요하며 바닥재 또한 중요하다.

중문은 거실을 볼 수 있도록 투명하거나 부분적으로 투명해야 한다. 문의 디자인은 주택 전체의 컨셉을 대변할 만한 것이 좋다.

바닥은 통상 자연석이나 비슷한 느낌의 타일(석재타일)을 많이 쓰는데 자연석은 느낌은 좋지만, 표면에 흠집이 잘 생기므로 주의해야 한다.

- 침실

침실은 휴식과 수면을 취하는 곳이다. 그러므로 차분히 집중할 수 있는 분위기를 갖는 것이 중요하다. 벽과 천정은 대개 벽지로 마감하는데, 천정에는 주로 백색 계열의 무늬가 없는 벽지를 붙이면 실내를 보다 밝게 하고 천정을 더 높게 보이는 효과가 있다. 조명은 전체 조명과 국부 조명을 별도로 설치하는 것이 좋다.

바닥재는 온돌마루와 강화마루 등을 많이 사용하지만, 최근에는 고급 장판재가 많이 나와 장판재로 마감하는 경우도 늘고 있다.

침실문에 문지방이 없다면 거실의 것과 같은 바닥재로 하는 경우가 많지만 재료분리대를 이용해 다른 재료를 깔기도 한다. 거실과 다른 재료를 쓸 때는 내장재와의 조화에 신경 써야 한다.

주인침실의 경우 실내에 욕실과 붙박이장, 드레스룸을 갖추는 경우가 있다. 욕실이나 드레스룸은 문으로 분리되어 있어 신경이 덜 쓰이지만, 붙박이장의 경우는 바닥재, 벽지 등과의 어울리게 해야 한다.

입을 사용한다. 이런 조명은 대개 6~24개의 전구를 가진 것이 많다. 그 종류 또한 너무 많아 딱히 어떤 것이 좋다 말하기 쉽지 않다.

거실 디자인은 주택이 갖는 전체적인 컨셉을 정한 후 거기에 따르면 쉬워진다. 거실 바닥재는 대부분 벽보다는 색이 진하다. 벽보다 더 밝은 것을 선택하면 좀 들뜬 느낌이 들고 벽보다 진한 것을 사용하면 안정적인 느낌이 든다. 그러나 거의 검은색에 가깝다면 실내를 좀 좁아 보이게 할 수도 있고 한편으로는 매력적일 수 있다. 검은색 바닥재는 빛의 반사로 인해 검은색으로 보이지 않을 때도 있는데 다른 색들도 마찬가지다.

거실에 놓이는 것들을 보면 소파, TV, 벽난로, 장식장 등이 있다. 이것들은 주택내부 컨셉에 맞는 것을 선정해야 하며 특히 벽난로가 중요하다. 거실 인테리어의 중요한 역할을 하므로 디자인에 특별한 주의를 기울여야 한다.

또 TV가 놓이는 벽면에는 포인트를 주는데 이때는 신중히 계획해야 한다. 너무 많은 디자인요소를 끌어다 놓으면 조잡해지기 쉽다. 한 두 가지 특별한 재료로 깔끔히 마감하는 것이 좋다.

이런 집짓기
03

목조주택 건축공정

가구식 구조인 목조주택을 짓는 과정은 대지의 기초를 다지는 토공 및 기초공사, 기둥·보·서까래 등의 주요 구조부를 만드는 목구조공사, 창호공사, 단열공사, 외장공사, 지붕공사 등이 있다. 건물 내부마감재로 바닥, 벽, 천정을 꾸미는 인테리어 및 수장공사, 방수·미장공사, 이 외에도 도장공사, 타일공사, 냉·난방공사, 전기·설비공사, 배관·배선공사, 기타 부대공사, 조경공사 등 건축공정별로 목조주택 짓기 시공과정이 이루어지고 각 공정별로 사용하는 자재나 공법 등도 다양하다. 기초부터 완성까지 목조주택을 짓는 과정을 소개한다.

01_ 부지정리   02_ 바닥철근공사
03_ 기초공사   04_ 벽체세우기

05_ 벽체세우기
06_ 외벽 OSB공사
07_ 지붕골조공사
08_ 설비공사
09_ 바닥난방공사

10, 11_ 외벽 방수시트공사
12_ 지붕공사
13, 14_ 단열공사

15, 16_ 외벽마감공사
17_ 방바닥 마루공사
18_ 외부설비공사

19, 20_ 완성

이런 집짓기
04

개성 있는 천장 디자인

비슷비슷한 실내 구조, 특히 거실에서 색다른 공간감을 주고 싶다면 개성 있는 천정을 연출하면 좋다. 독특한 천정 디자인과 조명을 통해 밋밋함을 없애고, 더욱 넓어 보이는 공간감을 얻을 수 있다.

01 천정 컬러, 벽지
벽과 동일한 벽지나 페인트를 사용해 천정을 마감하면 천정이 높아 보일 뿐만 아니라, 시선이 끊이지 않고 자연스럽게 이어져 넓은 공간감이 든다. 또 무늬나 그림이 들어간 벽지나 문양을 이용하면 시선이 천장으로 향해 천정이 높아 보이는 효과를 줄 수 있고 인테리어 효과 또한 뛰어나다.

02 격자천정
천정을 밋밋하게 두기보다는 격자무늬로 디자인하거나 정사각형 또는 직사각형의 상을 걸고 무늬를 넣으면 단조로움을 극복할 수 있고 개성있는 천정을 연출할 수 있다.

03 우드천정

바닥에서 사용하는 목재를 천정에 사용하면 목재에서 느낄 수 있는 특유의 따뜻하고 자연스러운 분위기를 연출 할 수 있다. 목재는 천정에 사용해도 좋은 인테리어 소재다.

04 우물천정

단 차이를 이용해 디자인하는 우물천정은 비교적 흔히 볼 수 있는 디자인이다. 단 사이에 간접조명을 설치하면 은은한 분위기를 낼 수 있어 어떤 인테리어에도 잘 어울려 활용도가 높은 디자인이다. 곡선을 이용한 천정은 더욱 개성 있고 독특한 인테리어로 부드러움과 웅장함을 함께 표현할 수 있다.

05 복합 디자인 천정

천정을 한 가지 자재만 쓰지 않고 두 가지 혹은 그 이상의 자재를 사용해 마감하면, 상반된 느낌으로 다른 공간처럼 느껴지는 독특한 인테리어 효과를 나타낼 수 있다. 벽이나 다른 분리시설이 없어도 천정을 이용해 실이 분리된 느낌을 줄 수 있다.

이런 집짓기
05

침실, 안방 (Bedroom, Master Room)

주거생활의 패턴과 생활양식이 점차 서구화되면서 거실이라는 공공성을 띤 공간이 발달했다. 그러면서 안방은 수면만을 위한 순수한 의미의 침실 기능만 극대화되고 있다. '안방은 침실이다'라는 개념으로 이해되고 있으며, 한 발 더 나가 지극히 개인적인 공간으로서 화장실이나 서재, 드레스룸, 파우더룸 등이 부속된 경우가 많아지고 있다. 인간은 인생의 1/3을 잠을 자면서 보낸다. 따라서 침실은 인간이 살면서 가장 많은 시간을 보내는 곳이므로 충분한 고민과 배려가 있어야 한다.

01_ 파란색 계열의 창문 블라인드와 침구류를 사용해 특색있게 포인트를 주었다.

02_ 2층 안방 전체적으로 화이트컬러로 밝게 마감하고, 침대 헤드 벽면을 그레이컬러 벽지로 변화를 주었다.

03_ 삼면이 시원하게 트인 밝은 침실이다. 침대 헤드보드 쪽은 고정창으로, 좌측은 환기용 창문, 우측은 베란다로 나갈 수 있는 슬라이딩도어를 설치했다.

04_ 통나무 벽면과 조화로운 벽지마감과 펜던트등을 설치해 따뜻한 분위기를 더하고, 침구류 등 감각적인 조합으로 세련되고 아늑하게 꾸민 침실이다.

05_ 침대 양 사이드에 아트 램프를 놓아 분위기를 더했다. 침대 헤드보드 위에 블랙 프레임의 그림을 부착해 모던하면서도 앤틱한 침실 분위기를 연출했다.

06_ 레드 패턴이 들어간 침구류로 잔잔한 분위기의 침실에 포인트를 주고, 다락으로 올라가는 접이식 계단의 핸드레일에도 레드컬러를 입혀 쉽게 구별할 수 있게 했다.

07_ 여유 있는 공간에 거울 슬라이딩도어 붙박이장을 설치해 시각적인 확장효과를 주었다.

08_ 앤티크한 가구와 클래식한 패턴의 포인트 벽지가 조화롭게 표현된 부부침실이다. 침대 헤드 벽면에 환기를 위한 작은 창을 냈다.
09_ 아치형 가벽으로 침실과 가족실을 구분하고, 격자무늬 천정에 샹들리에를 설치, 럭셔리한 분위기로 부부만의 안락한 보금자리를 꾸몄다.
10_ 히노끼(편백) 루버로 우물천정과 징두리판벽을 마감해 방안 전체에 나무향이 가득하고 따뜻함이 배어나는 황토방 침실이다.

이런 집짓기
06

커튼을 이용한 침실 꾸미기

침실은 집안에서 가장 사적인 공간이다. 집에서 다른 사람들의 눈에 가장 먼저 들어오는 공간은 아니지만, 머무르는 시간이 가장 길고 휴식을 위한 공간인 만큼 매우 중요하다. 이런 침실을 더욱 편하고 아늑하게 꾸미는 방법을 알아본다.

01 아늑한 침실을 위한 커튼 설치

아늑한 침실을 위해 커튼을 설치하는 것은 많은 공간이 필요치 않다. 얇은 봉이나 줄을 설치할 수 있는 벽만 있다면 어느 곳에서나 적용할 수 있는 방법이다. 얇은 천이지만 침실을 개인적 공간으로 연출하면 아늑함을 더해 줄 수 있다.

02 커튼으로 캐노피 효과 내기

평소 캐노피를 설치하고 싶었으나 번거로운 설치방법과 관리가 걱정되었다면 커튼을 이용해도 캐노피와 같은 효과를 낼 수 있다. 네 귀퉁이에 커튼을 설치하는 것이 포인트이다. 길게 늘어뜨리거나 타이백을 이용해 묶어 놓으면 캐노피를 설치한 것과 같은 인테리어를 완성할 수 있다.

03 지붕 경사를 활용한 침실 꾸미기

지붕으로 인해 집안에 경사진 공간이 생겼다면 침실로 활용해 볼 수 있다. 경사진 부분과 커튼의 조합으로 아늑한 개인적인 공간을 만들 수 있어 경사진 다락에 적용하면 나만의 멋진 침실 공간을 만들 수 있다.

04 침실 벽을 커튼으로 설치하기

침실에 아늑함을 더하는 방법으로는 침대 머리 부분의 벽을 커튼으로 설치하는 방법이 있다. 침대와 같은 색상의 커튼은 인테리어 효과뿐만 아니라, 창문이나 머리 위로 들어오는 빛을 막아주어 침실 본연의 기능을 살릴 수 있다.

05 커튼으로 분리된 침실 만들기

하나의 실로 넓게 이루어져 있는 공간에 침대를 설치해야 한다면 커튼을 이용해 공간을 효과적으로 분리할 수 있다. 다른 공간의 영향을 받지 않고 온전히 침실의 기능만을 원한다면 커튼을 이용해 분리된 공간으로 만들면 된다. 드레스룸을 따로 두고 싶을 때도 커튼을 이용하면 좋다.

06 게스트룸과 2층 침대를 위한 커튼

자녀의 방에 2층 침대를 두었거나 게스트룸을 위해 다수가 이용하는 공간으로 만들었다면 침대에 커튼 설치를 고려해 보아야 한다. 여러 명이 사용하는 데 불편한 점을 커튼으로 보완할 수 있다.

- 주방 및 식당

주방은 주부가 많은 시간을 보내야 하는 곳으로 벽과 천정은 밝은 계열이 좋다. 주로 거실과 이어져 있는 경우가 많기 때문에 하나의 마감으로 연결하는 것이 무난하다.

조명의 경우 주방가구 앞 작업을 위한 조명과 식탁만을 주로 비추는 국부조명이 필요하다. 식탁 조명은 천정고가 낮아도 매달리는 타입의 조명을 일반적으로 선택한다.

주방 및 식당의 인테리어는 가구 디자인이다. 주택에서 가장 중요한 주방가구는 그 집의 격을 좌우한다. 주부들이 가장 많은 시간을 머무는 곳이므로 심사숙고해 선정하는 것이 좋다.

주택내부 컨셉을 따르는 것도 좋지만 주방만의 색다른 분위기를 연출해 보는 것도 좋다. 주방가구는 무엇보다 기능이 편리해야 한다. 디자인도 좋아야 하지만 기능적인 것이 우선이며 주부의 동선을 잘 고려해 설계해야 한다.

일반적으로 바닥재와 비슷한 색으로 주방가구 전체를 계획하기도 하지만 요즘엔 상부장은 밝은 계열로 하부장은 어두운 계열로 하여 전체적으로 안정감 있게 설계하기도 한다.

식당은 주방 옆에 계획되기 때문에 주방과 동일하거나 조화로운 인테리어 계획을 세워야 한다. 식탁은 주방가구에 맞는 선택을 한다.

이런 집짓기
07

주방, 식당 (Kitchen, Dining Room)

예전의 주방이 단순히 음식을 준비하기 위한 공간이었다면 지금의 주방은 좀 더 넓은 의미로 이해된다. 1인 가구 문화, 식생활문화의 발달, 가족의 가사작업에 대한 의식변화 등으로, 주방은 단순히 음식만을 위한 장소가 아니라 가족 간의 모임과 대화를 위한 공동생활 공간, 아이들이 모여서 즐기는 놀이 공간, 주부의 취미생활 공간 등, 가족 구성원들의 다양한 생활을 담는 복합적인 생활공간으로 변화하고 있다.

01_ 주방 입구에 아치형 통나무 프레임을 시공해 특색있는 멋과 함께 주방과 식당의 분리 효과를 냈다.
02_ 메인 주방 옆의 보조주방에도 흰색의 하이글로시로 빌트인 수납장과 상·하부장을 설치하고 냉장고, 세탁기 등을 안으로 들여앉혀 깔끔함이 돋보인다.
03_ 화이트 붙박이 상부장과 화이트 포인트 조명으로 주방은 더없이 밝다. 벽면 타일과 같은 오렌지색의 스툴을 아일랜드 테이블에 세팅해 조화를 이루었다.
04_ ㄷ자형으로 설계한 주방이다. 가스레인지가 설치된 조리대를 식탁 쪽으로 개방해 가사를 돌보면서도 가족과 소통할 수 있는 공간을 연출했다.

05_ 미니홈바를 설치한 주방. 와인컬러의 상·하부장과 다크 브라운 마루 바닥재를 사용해 무게감이 있는 차분한 느낌의 주방이다.
06_ 아일랜드 테이블을 적용한 화이트톤의 주방으로, 개수대 앞에 창호를 크게 하여 시원한 조망감을 확보했다.
07_ 블랙 사각 레일등을 포인트로 달아 공간별 밝기와 방향을 조절할 수 있다. 화이트 톤의 하이글로시 상·하부장을 설치해 화사하고 깔끔함을 강조했다.
08_ 천장에 매립등과 블루컬러의 간접등, 벽면에는 오렌지 브라운컬러 타일을 시공해 흰 벽면에 포인트를 준 모던하고 따뜻한 분위기의 주방 인테리어다.
09_ 화이트 앤 블랙 콘셉트로 모던하게 표현한 주방으로, 동선 단축 면에서 효율성이 높은 ㄱ자형 주방이다.
10_ 상부장은 흰색 하이글로시, 하부장은 꽃무늬 패턴이 들어간 블랙컬러로 매치해 안정감과 세련된 멋이 묻어나는 주방이다.

이런 집짓기
08

깨끗한 주방을 위한 백스플래쉬(Backsplash)

백스플래쉬는 주방 싱크대, 가스레인지 뒤편의 더러움이나 물 튀김을 방지하기 위해 설치하는데 주로 타일로 시공하는 경우가 가장 많다. 깨끗한 주방을 위해서 반드시 설치해야 하는 백스플래쉬의 다양한 사례에 대해 알아보자.

01 우드 패널
순수한 목재는 물에 약하기 때문에 사용하지 않고 인테리어 효과를 위해 목재의 느낌을 주면서 오염과 방수에 뛰어난 합성목재 패널을 이용한다.

02 석재 백스플래쉬
클래식한 느낌의 중후함을 더하고 싶다면 석재를 이용하여 시공하는 것이 좋다. 석재 특유의 질감과 색감이 분위기를 더해줄 것이다.

03 메탈 타일

메탈 백스플래쉬는 최고의 재질이다. 오염에 강하고 빛을 반사하여 좀 더 화사하고 넓어 보이는 주방으로 만들어 줄 것이다.

04 컬러 선택

대부분 주방가구는 화이트컬러로 선택하는 사람이 많다. 화이트 가구에 더하여 백스플래쉬에 컬러를 넣어 포인트를 주면 인테리어 효과는 극대화된다. 다양한 컬러로 주방에 포인트를 줄 수 있다. 한 가지 색이 아니라 다양한 색상을 함께 이용하여 컬러풀한 주방으로 인테리어 하는 방법도 있다.

05 패턴 타일

패턴이 있는 타일은 세련된 느낌을 준다. 컬러와 패턴을 잘 조화시키면 세련되고 개성 있는 주방을 연출할 수 있다.

06 모자이크 타일

작은 모자이크 타일을 이용한 백스플래쉬는 컬러의 조화와 재질 선택에 따라 다양하게 연출할 수 있다. 규칙적인 배열로 심플함을 강조하거나 색의 조화를 이용해 독특한 인테리어가 가능하다.

이런 집짓기
09

다양한 컬러를 사용한 욕실 인테리어

만족스러운 기능과 원하는 디자인의 욕실을 만든다는 것이 생각했던 예산과 맞지 않는 경우가 많다. 하지만 공간을 장식하는 방법에 따라서는 비용을 얼마 들이지 않고도 차별화된 욕실을 만들 수 있다. 한 가지 예로 색상만 잘 선택해도 개성있는 분위기의 욕실을 만들 수 있다.

01 크림 & 화이트
평범하지만 산뜻한 욕실을 선호한다면 크림톤과 화이트톤으로 계획해 보자. 소품으로 더욱 근사한 욕실 인테리어를 할 수 있다.

02 핑크 레드 & 화이트

붉은 광택의 타일, 빨간색 욕실 매트는 명랑하고 밝은 느낌을 준다. 이런 디자인은 청결한 느낌이 들며 관리가 쉽다. 로맨틱한 분위기로 연출하면 욕실로 향하는 길이 즐겁고 야외 중정과 연결하면 하나의 특별한 공간으로 연출할 수 있다.

03 민트 & 화이트

신선하고 맑은 매력이 돋보이는 색상의 욕실로 발랄하면서 정리정돈이 잘 된 느낌을 준다.

04 블루 & 화이트

밝은 블루와 화이트컬러의 조합으로 신선한 느낌을 줄 수 있다. 분리형 욕조를 사용하면 공간이 더욱 돋보이고 전창의 채광으로 욕실을 항상 밝게 유지할 수 있다. 가는 모자이크 타일은 예술작품과 같은 욕조를 더욱 특별하게 꾸밀 수 있다.

05 블랙 & 화이트

고전적이고 평범하지만 꾸준한 사랑을 받는 블랙 앤 화이트의 욕실이다. 평범해 보일 수 있는 색상이지만 화려한 샹들리에를 설치해 보는 이들의 눈을 즐겁게 한다.

06 차콜 그레이 & 화이트

낭만적인 느낌의 욕실이다. 액자를 통해 미술관으로 착각할 수 있는 분위기이다.

07 라벤더 & 화이트

세련되고 현대적인 느낌의 욕실이다. 사랑스러운 느낌의 욕실을 원한다면 라벤더 색상으로 포인트를 주는 것을 추천한다.

08 로즈핑크 & 화이트

세련된 디자인을 원하는 여성들 사이에서 단연 인기 있는 욕실 컬러다. 아침에 일어나서 욕실에 들어갔을 때 기분이 좋아질 것만 같은 디자인이다.

이런 집짓기
10

욕실 (Bath Room)

욕실은 단순히 생리 활동을 위한 기능적인 공간에서 벗어나 거실, 침실, 주방 등과 같이 하나의 '실'의 개념으로 간주하고 있고, 고급화, 차별화의 바람이 불면서 휴식을 취할 수 있는 공간으로 그 의미가 바뀌었다. 요즘은 욕실은 휴식을 위해 큰 욕조를 두거나, 아예 욕조를 제거하고 샤워부스만 설치해 공간을 활용하기도 한다. 욕실과 인접한 드레스룸이나 파우더룸 등을 설치해 불필요한 동선을 없애는 등 사용자의 생활패턴과 주거패턴에 따라 다양한 형태를 보인다.

01_ 돔천장으로 높은 공간감을 주고, 입체감 있는 앤틱한 문양의 금색 거울 세트와 세면대 뒤를 포인트타일로 마감해 고풍스럽고 중후하게 연출한 욕실이다.
02_ 세면대 쪽 벽면은 베이지&브라운컬러의 네추럴 스톤타일, 욕조 벽면은 브라운 계열의 마블타일, 바닥은 그레이 톤의 포세린타일을 사용했다.
03_ 긴볼 3등 직부등을 설치해 세련미를 더하고, 그레이 톤의 석재타일로 포인트를 주어 차분하고 모던한 분위기로 연출했다.
04_ 파티션으로 샤워 및 세면 공간을 분리하고, 샤워부스 안쪽 벽면에 다채로운 색채가 섞인 타일로 포인트를 주어 개성 있게 마감했다.
05_ 벽면과 바닥재를 같은 베이지 마블 타일을 사용해 통일감을 주고, 깔끔한 화이트 거울과 수납장을 설치했다. 벽면에 알루미늄 잡지꽂이를 부착해 인테리어 요소를 더했다.

06_ 샤워부스 파티션은 세면대 옆으로만 좁게 설치해 답답함을 덜고, 긴 다리 세면대를 설치해 최소 공간으로 좁지만, 시각적으로 넓게 보이는 효과를 냈다.
07_ 파스텔 믹스 포세린타일로 시공해 산호색 바다를 연상케 하는 특색있는 욕실이다.
08_ 넓은 창호로 욕실 채광과 시원한 공간감을 얻고, 벽면 전체를 복합대리석 타일로 마감하여 모던하면서도 세련미가 있는 색다른 느낌의 욕실 인테리어다.

09_ 욕실의 평수가 넓지 않을 때 수납공간 확보가 인테리어에 중요한 관건이다. 바스켓은 수납용으로 욕실에서 유용하게 쓸 수 있는 소품 중 하나이면서 인테리어 요소가 될 수 있다.

10_ 욕실 전체를 블랙 타일로 마감하고 붉은색으로 강한 포인트를 주었다. 샤워부스의 샤워기 헤드도 레드컬러로 색을 맞추어 특색 있게 꾸민 욕실이다.

11_ 욕실 코너에 여분의 작은 세면대를 만들었다. 코너의 데드스페이스를 이용한 좋은 아이디어다.

12_ 테라스를 넓게 시공하여 노출된 공간에 월풀(Whirlpool)욕조와 선베드(Sunbed)를 갖춰 휴양지에서 느낄 수 있는 쾌적한 휴식공간을 만들었다. 테라스 난간은 강화유리로 시공하여 눈앞에 펼쳐지는 바다를 한눈에 볼 수 있다.

13, 14_ 베이지색 타일과 다크브라운 월넛 수납장이 따뜻하고 안정감이 드는 욕실 디자인이다.
15_ 일반적인 타일 위에 포인트타일을 얹어 예술적인 감각을 표현한 디자인이다.
16_ 우드 선반을 겹겹이 설치해 수납공간을 확보하면서 독특한 인테리어 효과를 낼 수 있는 일석이조의 아이디어다.

- 욕실

대형 욕실도 있지만, 대부분의 욕실은 욕조 1개, 변기 1개, 세면대 1개로 오밀조밀하게 구성된다. 욕실의 벽과 바닥은 타일이 대세다. 하지만 샤워를 할 수 없는 화장실의 기능만 갖출 때는 벽면 타일 대신 도장처리나 벽지로 하기도 한다. 이때 바닥은 마루를 깔기도 한다.
욕실은 타일을 대부분 사용하게 되는데 단색의 바탕이 되는 타일에 한쪽 벽을 강조해 다른 문양이나 색의 타일을 사용하는 것이 지루함을 방지하고 시각적으로 쾌적함을 줄 수 있다. 너무 여러 가지 색과 문양을 사용하는 것은 오히려 혼란스럽고 조잡하다. 어느 공간이든 한 공간에 너무 많은 재료의 사용은 자제하고 한두 가지 정도로 조화시키는 것이 좋다.

욕실은 위생기구, 거울, 위생장, 샤워기, 컵받침, 칫솔꽂이 등 부착물들이 많다. 이런 공간일수록 배경은 단순한 것이 인테리어 디자인의 성공적 결과를 가져오고 오래 두고 보아도 질리지 않는다. 특히 욕실에 타일이 아닌 대리석으로 시공할 경우 포인트 작업을 신중히 해야 한다. 대리석 자체의 문양이 있는데 거기에 또 많은 포인트 작업을 하게 되면 고급재료를 쓰고도 크게 효과를 보지 못하는 경우가 많다.
욕실 천장은 기성 PE재질로 된 것이 습기에 강하고 내구성도 있지만 자칫 가벼워 보여 싸구려로 느낄 수 있다. 수분에 강한 목재(삼목류, 편백류)를 사용하기도 하는데 이런 목재들은 수분을 머금고 있다가 증발하면서 목재 특유의 향을 발산한다.

- 기타

복도, 계단실, 다용도실, 창고 등이 있는데 대부분 이들의 디자인은 인접한 공간 디자인을 연장하는 것이 일반적이고 무리가 없다.

계단실의 경우 디딤판 챌판은 거실의 바닥재와 유사하게 마감하는 것이 일반적이나 특이하게 대리석이나 철판, 유리 등 다른 재료를 쓰기도 한다.

계단은 주택에서 벽난로와 마찬가지로 디자인 포인트 역할을 한다. 공을 들여 계획하는 것이 좋다.

이런 집짓기
11

다락 (Attic)

단독주택으로 이사 혹은 건축을 계획하고 있다면 일반적인 아파트나 연립주택에는 없는 특별한 공간이 바로 다락이다. 주택의 지붕은 평지붕으로 하는 경우도 있지만, 수명이나 내구성 그리고 관리 측면에서 경사지붕으로 하는 경우가 대부분이다. 이 경우 2층 천장과 지붕 사이에 공간이 생기게 되고 공간 활용의 목적으로 다락을 만든다. 침실이나 게스트룸으로 활용하기도 하고, 휴식공간이나 아이들을 위한 놀이방, 개인적인 취미 공간으로 활용하는 등, 사용자의 사용 목적에 따라 다양한 공간으로의 변신이 가능한 곳이다.

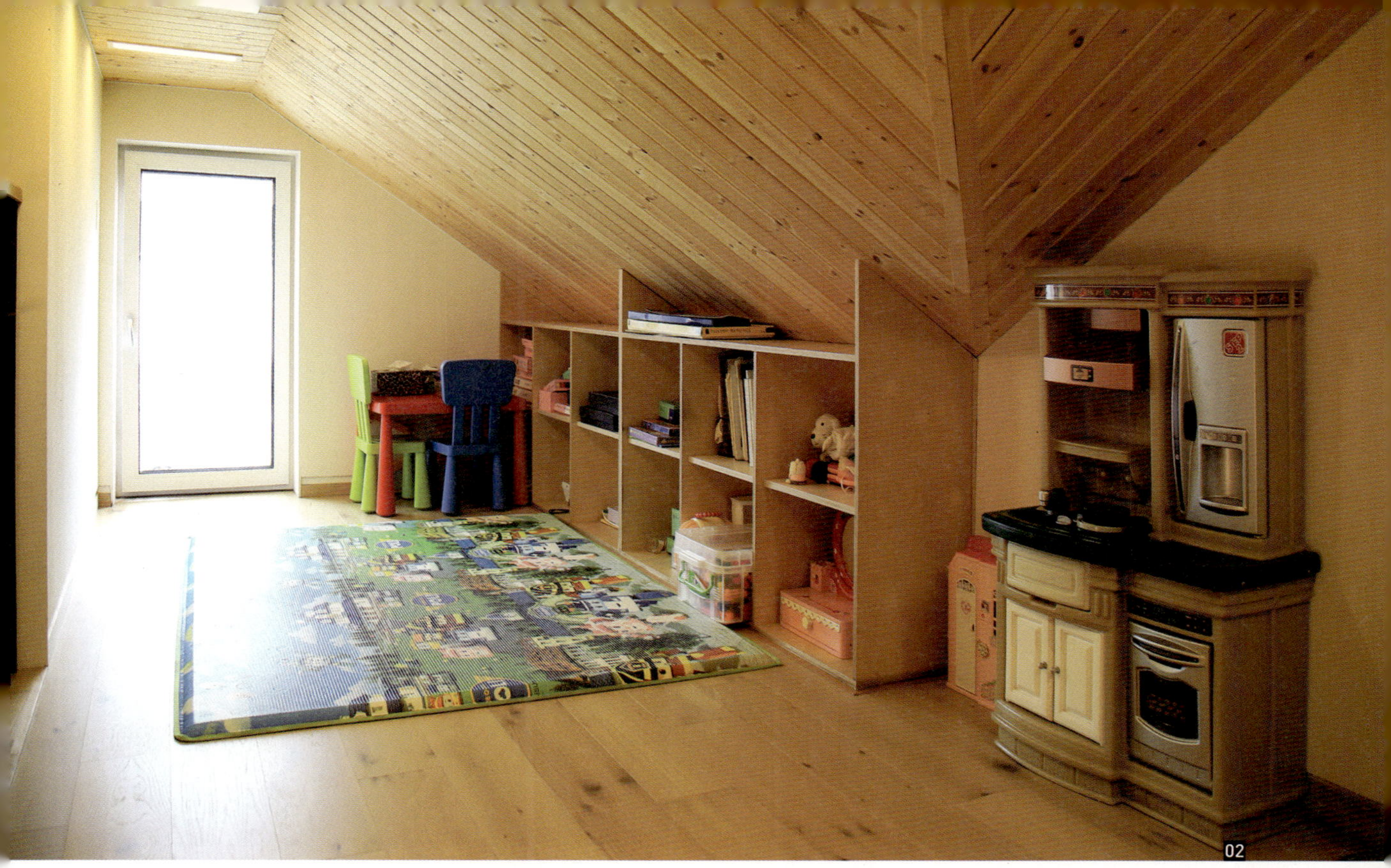

02

03

04

05

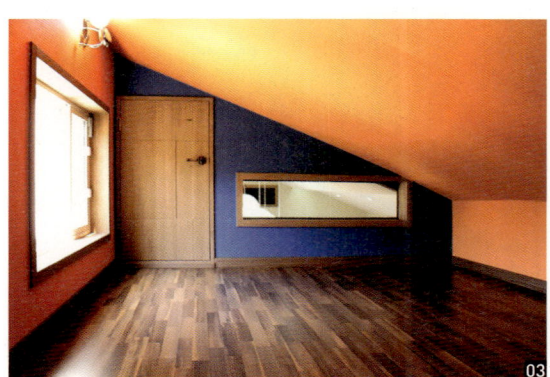

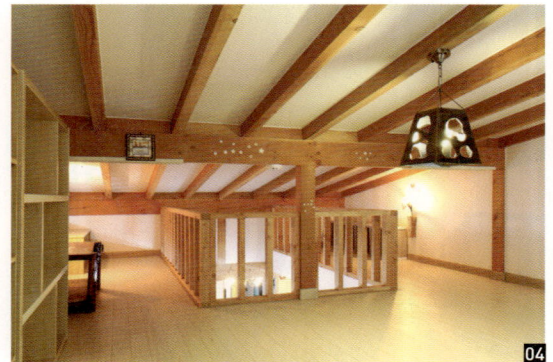

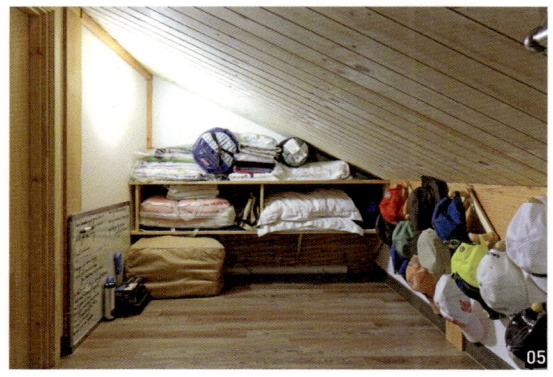

01_ 협소한 공간일수록 밝은 색의 컬러를 사용해야 공간이 넓어 보이는 효과를 얻을 수 있다. 화이트컬러로 도배하고 창문에도 같은 흰색 커튼을 달아 넓게 보이는 효과를 냈다.

02_ 우드 루버로 천정을 시공해 자연스러움을 더하고, 한쪽에 맞춤 수납장을 짜 넣어 물건들을 깔끔하게 정리 · 정돈할 수 있게 했다.

03_ 아이들이 사용할 다락으로 빨강, 노랑, 파랑의 삼원색으로 벽면을 마감해 아이들이 좋아하는 공간을 연출했다.

04_ 흰색과 나무색상으로 밝게 꾸민 다락으로 서까래의 구조미가 돋보이는 다락이다.

05_ 주인의 생활용품들을 깔끔하게 정리하여 보관하는 다락이다.

06_ 천정에 낸 두 개의 천창을 통해 낮에는 뛰어난 채광 효과, 밤에는 누워서 하늘의 별들을 헤아리며 꿈 많은 아이가 동심의 세계를 펼칠 수 있는 공간이다.
07_ 집의 맨 위쪽에 있는 다락방. 마치 하늘을 보는 듯하게 하늘색 벽지로 포인트를 주고, 화이트 띠 몰딩으로 깔끔하게 마감했다.
08_ 천정은 우드 루버로 마감하고, 채광을 위해 천장에 고정창을 달았다.
09_ 양쪽 벽면에 오각형으로 특색 있게 뻐꾸기창을 설치하고, 코너에 반달창을 달아 입체적인 아기자기함을 실은 다락이다.
10_ 협소한 공간의 다락인 만큼 넓은 창호로 실내를 밝게 했다. 벽면에 앤틱한 책장 뮤럴벽지로 도배해 개성 있게 벽면에 포인트를 주었다.

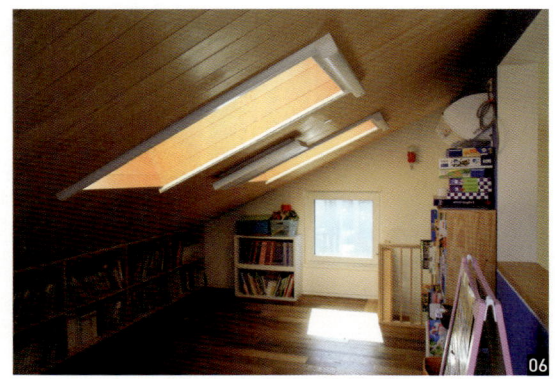

이런 집짓기
12

계단 (Stairs)

실내에서의 계단은 주택을 2층으로 계획했을 때나 다락으로 가기 위한 계단 등이 일반적이다. 실내계단은 외부계단보다 공간효율이 높고 낭비하는 공간이 적을수록 주거 면적이 그만큼 넓어지고 동선이 짧아져 생활하는데 효율적이다. 그러므로 실내 계단은 각 방이나 공간의 기능적 동선이 가장 유리한 가까운 곳에 배치한다. 일반적으로 현관이나 거실에 인접해 있는 것이 보통이다. 계단의 폭은 최소 900㎜ 이상이 돼야 이동이 편리하고 법규상으로 높이 3m마다 계단참을 설치해 사용자를 쉬게 하고, 1m를 초과하는 높이의 계단에는 난간을 설치해 안전성을 확보해야 한다.

01_ 오크집성목 디딤판에 화이트 챌판으로 깔끔하게 마감한 꺾인 계단으로 투명과 반투명이 혼합된 유리난간을 설치해 계단실에 개방감을 줬다.
02_ 계단 초입에 넓은 계단참을 만들어 인테리어 효과를 주면서 벤치처럼 걸터앉을 수 있는 공간으로 활용할 수 있게 했다.

03_ 오픈형이라 계단실 밑의 공간을 활용할 수 있고, 지그재그 디자인으로 포인트를 주어 인테리어 효과를 높였다.
04_ 벽 부착형 핸드레일은 계단의 폭을 넓게 사용할 수 있는 장점이 있다.
05_ 화이트 챌판에 블랙컬러의 계단바닥은 모던하면서 시크한 느낌을 준다. 블랙컬러 물결 문양의 철재난간 역시 계단을 멋스럽게 꾸며주는 요소다.

06_ 벽면 부착 돌림계단으로 미송 디딤판과 심플한 일자블랙 철재난간이 시원하게 트인 공간감을 준다.
07_ 몰딩과 계단 전체를 오크 패널과 목재로 통일해 목재가 주는 따뜻함이 느껴지는 계단이다.
08_ 철재난간은 견고하고 디자인에 따라 다양한 연출이 가능하여 인테리어의 좋은 구성요소이다.
09_ 사다리 형태의 계단에 천장부터 바닥까지 닿는 루버를 대어 핸드레일을 대체하고 인테리어에 포인트를 주어 감각있게 디자인한 곧은 계단이다.
10_ 노란 톤의 통나무 벽체에 밀착하여 시공한 계단으로 나무 특유의 재질감과 자연미로 편안 느낌을 준다.
11_ 매입 LED 센서등을 설치해 계단 이용 시 자동으로 작동하여 전력 낭비를 줄일 수 있다.

12_ 디자인 패턴벽지로 포인트를 준 벽면에 빌트인 진열대를 넣어 미송으로 몰딩하고 인테리어 소품을 진열했다.
13_ 노출콘크리트 벽에 화이트&그레이 마블 대리석으로 계단 디딤판을 시공하고, 투명 강화유리 난간을 대어 완성했다.

14_ 블랙 철제 계단에 목재 핸드레일을 설치한 꺾은 계단으로 묵직하면서도 견고한 느낌을 준다.

15_ 블랙&화이트컬러의 조합으로 모던하면서도 세련된 꺾은 계단이다.

16_ 블랙 넝쿨 철재난간에 오크 핸드레일을 붙여 고급스러움을 더했다. 자유로운 나선형 곡선의 핸드레일에서 예술적인 감각을 엿볼 수 있는 계단 디자인이다.

집 지을 때 시공업체 선정과 계약 방법

내 집 지을 때 어떤 식으로 할 것인가를 결정해야 하는 데, 우선은 직접 시공하는 방법이 있을 것이다. 집 짓는 기술이 있다면 직접 자재를 사고 공구를 준비해 집을 지으면 된다. 이때는 기술력이 충분해야 한다. 어설프게 아는 지식으로 집짓기를 시작했다가는 돈은 돈대로 들고 집의 완성도도 떨어져 결국 스트레스를 받게 된다. 하자보수도 생각해야 한다.

혼자 짓는 것이 힘들기 때문에 전문가의 도움을 받는다. 전문가 도움을 받을 때도 어느 부분은 건축주가 직접하고 그렇지 못한 부분만 도움받는 방법이 있고 시공 일체를 건축회사나 전문가에게 맡겨 짓는 방법도 있다.

자재를 건축주가 사서 주면 기술자들은 일만 하는 경우나 기초공사나 골조공사, 지붕, 내부인테리어, 설비, 전기, 도배장판 등과 같이 시공 순서대로 일을 구분지어 기술자들을 직접 불러서 집을 짓는 방법을 택하기도 한다. 이때도 건축주가 일에 대해 잘 알아야 한다. 특히 시공하는 기술자들끼리 호흡이 잘 안 맞을 경우에는 시공책임 소재가 불분명해 다툼이 생길 수 있고, 주택 완성 후 하자보수에 대한 책임소재도 불분명해질 수 있다.

마지막으로는 전문가나 전문시공업체에 전체를 맡겨 집을 짓는 방법이 있는데, 건축지식이 없이 집을 짓는 건축주들이 일반적으로 택하는 방법이다. 자재비와 건축공사비를 주면 시공업체에서 계약한 대로 집을 짓고 완공 후 키만 넘겨받으면 된다.

시공업체를 선정할 때는 업체에서 제시하는 자료를 무조건 믿지 말고 업체가 제시하는 건축비나 공사내용에 타당성이 있는가를 우선 검토해야 한다.

건축비는 천차만별이다. 얼마의 면적을 어떻게 짓느냐에 따라 가격이 달라진다. 단순하게 가격만 비교해 업체를 선택할 경우 문제가 될 수 있다. 싸다고 무조건 좋은 것이 아니다. 특히 건축비를 지불할 때는 자재 구입과 공사 진행 상황을 잘 체크해 적절하게 안배하는 것이 좋다.

시공업체와 계약을 할 때는 당연히 도면에 따른 시방서와 건축계획서가 있어야 한다. 세부항목별로 자재사양이나 건축공정이 얼마나 꼼꼼하게 기재되어 있는지 확인한다. 하자보수에 대해서도 반

전원주택과 전원생활도 트랜드가 있다. 최근에는 집도 땅도 작아지고 있으며 같이 어울려 살 수 있는 이웃에 대한 고민도 많이 한다. 특히 귀농이나 특별한 일을 하기 위한 목적으로 짓는 집은 일과 맞는 집이라야 한다.

드시 체크해야 한다.

시공업체의 시공능력을 판단하는 방법으로는 해당 업체가 시공한 주택을 미리 답사해 보는 것이 가장 좋다. 그 집에 살고 있는 건축주를 만나 보는 것도 좋은 방법이다. 지은 집을 살펴보면 시공업체의 시공능력을 가늠해 볼 수 있다.

공사계약을 할 때는 사용자재의 종류, 공사기간과 공사금액, 공사대금지불방식, 하자보수기간 및 지체상금지급률 등에 대해 꼼꼼히 체크해 보아야 한다. 또 공사 중의 사고나 손해에 대한 책임, 추가공사에 대한 부분, 공사 중단 등에 대한 분쟁 해결 방안도 마련해 계약서에 명기하는 것이 좋다.

시중에서 말하는 전원주택 종류들

'전원주택'은 건축용어나 법률용어, 행정용어도 아니다. 시장에서 자연발생적으로 생겨난 말이다. 연구 논문들에서 정리한 예를 보면 '전원과 주택의 개념이 합쳐진 용어로 도시주거의 상대적 개념으로 등장한 주거형태'(원경호, 전원주택 수요특성분석을 통한 수요촉진 방안, 강원대학교 부동산학 박사학위 논문), '도시형 주택인 아파트, 연립, 빌라 등 공동주택과는 대별되는 논과 밭, 그리고 정원 등 주위에 충분한 녹지공간과 오픈스페이스가 확보된 단독주택 형태의 개별주거공간'(박선규, 수도권 단지형전원주택 개발실태 분석 및 개선방향에 관한 연구, 서울대학교 환경대학원 석사학위 논문), '도시생활영역권의 사람이 도시를 벗어나 자연환경이 양호한 교외지역 및 교외를 벗어난 시골지역에 지은 상시거주용 단독주택'(박태규, 중산층을 위한 전원주택 설계에 관한 연구, 공주대학교 건축공학과 석사학위 논문) 등이다. 이렇게 애매한 전원주택은 짓는 자재나 공법 등에 따라 목조주택, 스틸하우스, 통나무집, 흙집, 황토집, 한옥, 콘크리트집, 벽돌집, 조립식주택 등 시중에서 통용되는 종류가 많고 그 경계 또한 애매하다.

목조주택은 '경량목구조주택'을 말한다. 가벼운 나무를 구조로 하여 짓는 집을 의미한다. 이와 비교해 한옥이나 통나무집처럼 굵은 나무를 사용할 때는 '중목구조'라 한다. 흙집, 황토집 등도 목구조로 짓는 경우가 많다. 경량목구조주택에서 '나무'가 '쇠'로 바뀌면 경량스틸구조라 하고 흔히 '스틸하우스'라 부른다.

흙집, 황토집은 황토를 벽체로 하여 짓는 집을 말하는데 기둥을 나무(목구조)로 한 후 벽체를 황토벽돌이나 블록 등으로 하는 경우가 많다.

통나무집은 말 그대로 통나무로 짓는 집인데 똑같은 크기로 나무를 가공해 짓는 기계식통나무집, 나무의 생긴 그대로 껍질만 벗겨 짓는 수공식통나무집 등이 있다. 통나무를 판자식으로 켜서 짓는 통나무집도 있다. 조립식주택이라 하는 것은 일반적으로 샌드위치패널로 벽체를 세워 짓는 집을 말하는데 공장이나 창고 등을 지을 때 많이 사용하는 자재다. 요즘은 주택용에 맞는 샌드위치패널의 종류도 많다. 내외부 마감을 해놓으면 목조주택, 스틸하우스 등과 차이가 없다.

집은 자재의 종류와 공법 등에 따라 붙는 이름이 많다. 구조가 나무면 목조주택이고 철인 경우에는 스틸하우스, 흙인 경우에는 황토집이나 흙집 등으로 부른다. 하지만 그 경계는 애매하다. 사진은 오래된 한옥을 해체한 후 옮겨 지은 집이다.

시멘트나 흙, 황토 등을 벽돌로 만들어 짓는 벽돌집도 종류가 많다. 거푸집을 대고 콘크리트를 타설해 벽체를 만들어 짓는 집을 콘크리트집이라 한다. 고강도 스치로폼을 거푸집으로 해 콘크리트를 타설해 짓는 집도 있다. 그 외에도 단열성이 좋은 ALC블럭으로 짓는 집도 있다.
이러니 자재 사양과 공사 범위 등을 다 뜯어보지 않고, 단순히 어떤 집의 건축비가 얼마라고 잘라 말하기는 어렵다.

088

'농어촌주택표준설계도'로 집짓기

농림축산식품부는 농촌 주거환경 개선을 위해 농촌주택 표준설계도 26종을 만들어 보급하고 있다. 농촌지역에서 주택건축을 희망하는 주민이면 누구나 쉽게 활용할 수 있도록 도면은 물론 표준설계도 활용가이드, 조감도, 시방서를 함께 제공한다.

농촌주택 표준설계도는 총 26종인데 2014년에 신규 개발한 표준설계도 8종은 농촌지역 주거수요자의 변화를 반영한 '농촌형 적정주택'으로 계획했다.

'농촌형 적정주택'은 주거전용면적이 85㎡ 이하인 중·소규모로 보급형·고급형의 두 유형으로 만들었다. 보급형은 경제성과 실효성 확보에 중점을 뒀고 고급형은 건축재료, 구조, 설비방식 등 수요자의 기호에 따라 선택할 수 있도록 했다.

난방에너지 절감은 물론 내진설계를 적용해 지진에 취약한 단층주거건물의 약점을 보완하는 등 안전까지 고려해 개발했다.

농어촌표준설계도서는 누구나 무료로 이용할 수 있는데 설계도 작성 비용을 줄일 수 있고 건축설계기간도 단축할 수 있다.

전국의 읍·면·동 자치센터 등 3천여 곳에 설계도 관련 안내서가 있으며, 귀농귀촌종합센터나 한국농어촌공사 본사와 지사 등을 통하면 표준설계도를 구할 수 있다.

왕보리수
봄, 5~6월, 황백색

보리수의 일종으로 3~4m 정도 자란다. 어린 가지와 잎은 흰색 비늘털로 덮여 있다. 노란빛을 띤 흰색의 꽃이 피고 열매는 붉다.

주택 부지 얼마 크기가 적당할까?

일반적인 살림형 전원주택은 대부분 1층에 방 2개와 거실, 화장실, 주방, 다용도실, 보일러실 등이 있고 2층에는 방 1개에 화장실이 있다. 이렇게 설계하면 주택 폭이 10~12m 이상 나온다.

이 경우 부지 폭은 조경과 주차여건 등을 감안한다면 최소 20m 이상이 적당하다. 다시 말해 주택 부지의 한 변이 20m 이상 되면 좋다는 얘기다. 예를 들어 부지가 660㎡(200평)이면 20m×33m이다. 집을 앉히고 전면에 마당이 있으면 좋기 때문에 장방형의 부지를 선호한다.

물론 그 이하인 경우이거나 부지의 모양이 반듯한 장방형이 아니라면 독특한 구조나 외관을 연출할 수도 있다. 요즘엔 경사진 부지를 생긴 모양대로 다듬어 2단 3단 등의 마당을 만들기도 하는데, 평지보다 훨씬 아름답고 활용도가 높은 경우도 많다. 하지만, 일반적으로 주택의 외관이나 평면이 독특하다는 것은 건축비 상승과 생활의 불편함이 따를 수도 있다는 점을 감안해야 한다.

또, 주말주택이나 별장과 같이 상시 거주가 아닐 때는 주택의 규모가 작아도 된다. 방 1개, 거실, 주방과 화장실 정도의 크기로 구성 한다면, 주택 폭이 7m 정도 나오는데 이때 부지의 폭은 최소 14m 이상이 좋다. 부지 330㎡(100평)을 기준으로 하면 14m×24m의 면적이다.

하지만, 이렇게 작은 크기의 부지는 찾기가 힘들다는 것이다.

백화등
봄, 5~6월, 흰색·노란색

바위나 나무에 붙어 올라가는 덩굴나무로 약 5m 정도 자란다. 꽃은 백색으로 피었다가 황색으로 변한다. 열매는 백색 털이 있다.

090

소형 전원주택이 잘 나가는 이유는?

전원주택을 찾는 소비자의 생각이 바뀌면서 그 모습도 많이 달라지고 있다. 잔디 마당이 있는 언덕 위 하얀 집은 물론이고 농장 한가운데 놓인 컨테이너로 지은 작은 집까지 전원주택으로 대접받는다. 전원주택에 대한 생각의 폭이 그만큼 넓어졌다는 얘기다.

최근 들어서는 전원주택의 극소화 경향이 뚜렷하다. 공장에서 제작해 이동하는 주택인 소형 이동식 전원주택이 인기를 끌고 있다. 특히 귀농 귀촌 인구가 늘고 실용적인 전원주택에 관심이 커지면서 소형화를 부추기고 있다.

귀농 귀촌을 하더라도 도시생활을 정리하는 것이 쉽지 않다 보니 농촌에 땅이라도 있는 사람들은 도시와 농촌을 오가며 사는 구도를 짠다. 실제로 이런 사람들은 점점 늘고 있다. 평소에는 도시에

사진은 소형 이동식 목조주택을 설치하는 모습이다.

살고 필요할 때마다 시골에 있는 농장을 찾아 잠깐씩 머물다 가는 사람들이다.

이렇게 도시생활을 하며 짬짬이 전원생활도 즐기겠다는 사람들이 만드는 농촌의 공간을 주말농장이나 주말주택, 세컨드하우스 등으로 부른다. 이와 같이 두 집 살림을 하는 주거구도를 '멀티해비테이션(Multihabitation)'이라고 한다. 이렇게 두 집 살림을 위해 가장 알맞은 것이 작은 전원주택이다.

국민소득이 높아지고 휴일과 휴가 일수가 늘어나면 고소득층을 중심으로 주말용 주택인 세컨드하우스 수요가 늘 것이란 연구보고서도 있다. 여기에 전원주택의 주 수요층인 은퇴자들의 '주택 다운사이징'은 불가피한 선택이 될 것이란 분석도 있다.

2012년 6월 KB금융지주경영연구소의 '고령화 시대, 주요국 사례를 통해 본 주택시장 변화 점검'이란 보고서에 따르면 우리나라는 '연령대가 높을수록 가구원수 및 소득수준 감소로 인해 거주주택 면적은 점차 축소하는데, 50~60대 가구의 거주주택 전용면적은 평균 80㎡로 가장 확대되나 이후 연령대가 높아질수록 거주면적은 점차 축소되는 추세'라고 분석했다. 80세 이상 고령가구의 경우 거주면적은 63.6㎡로 50~60대에 비해 21.4%나 축소했다.

이렇게 볼 때 나이가 들면서 선택하는 전원주택의 '다운사이징'은 불가피한 선택이 될 수밖에 없다. 물론 일부 여유층의 전원주택은 일정 규모 이상을 유지하겠지만, 베이비부머 세대들이 은퇴 후 선택하는 전원주택이나 젊은 직장인들이 선호하는 세컨드하우스 등은 앞으로도 소형화가 대세를 이룰 것으로 보인다.

(정리)

소형 이동식 주택에 대한 궁금증 몇 가지

소형 전원주택 짓기가 관심을 끌면서 그와 관련해 궁금한 것들에 대해 질문을 많이 받는다. 소형 이동식 전원주택에 관해 궁금해하는 사항들을 정리해 본다.

■ **전원주택도 건축허가를 받아야 하는가?**
농촌지역에서는 연면적 200㎡ 이상의 주택을 지을 때는 건축허가를 받아야 한다. 그보다 작은 집은 건축신고로 가능하다. 신고라 하여 쉬운 것은 아니다. 토지가 대지라야 한다. 농지나 임야인 경우에는 전용허가를 받아야 가능하다. 짓고자 하는 주택을 도면화하여 신고를 해야 하는데 건축사사무소에 의뢰하는 것이 일반적이다.
일반 농지나 임야에 건축허가나 건축신고 없이 '농막'은 지을 수는 있다. 농막은 먼 거리에서 농사를 짓는 농업인이 농기구·농약·비료·종자를 보관하거나 잠깐의 휴식을 취하기 위해 농지에 설치하는 가건물을 말한다. 농지전용허가 절차를 거치지 않고 20㎡(6평) 규모까지 지을 수 있고 내부에 전기, 수도, 가스설치도 가능하다.

■ **시골집 마당에 이동식주택을 추가로 더 갖다 놓을 수 있나?**
마당이 대지로 돼 있기 때문에 쉬울 것이라 여기지만 꼭 그렇지만은 않다. 대지라 하더라도 추가로 이동식주택을 설치해 주택으로 사용할 경우에는 증축신고를 한 후 준공을 받아 사용해야 문제가 없다. 이때 주의해야 할 점은 건폐율이다.
건폐율은 대지면적에서 건축면적이 차지하는 비율인데 용도지역에 따라 다소 차이가 나지만 20~40% 정도 된다. 마당에 기존 건물이 건폐율을 모두 사용하고 남은 공간이 없다면 아무리 작은 집이라도 추가 설치가 불가능하다.

■ **이동식 주택을 운반하고 설치할 때 주의할 점은?**
공장에서 제작해 판매하는 이동식 소형 전원주택을 구입해 주택의 별채나 농막 등으로 사용하는 사람들이 많다. 작은 집이라 하여 주문과 이동 및 설치에 대해 쉽게 생각하는 경우가 있는 데 몇 가지 주의할 점이 있다. 이동식 주택들은 일반적으로 트럭에 실려 현장까지 오는데 주택가격에는 공장의 상차도 비용까지만 포함되어 있다. 운반비와 현장 설치비는 별도다. 현장여건에 따라 추가비용이 많이 발생할 수도 있다. 이동거리와 이동 중 도로 폭이나 지하차도, 전선이나 전화줄 등이 걸리지 않을지에 대해 미리 알아보고 주문하는 것이 좋다.
운반 후 현장작업여건도 확인해 보아야 한다. 설치하려면 크레인이나 지게차 등을 이용하는데 현장에서 작업할 공간이 있어야 한다. 현장 도착하는 과정이나 도착 후 작업과정에서 이런 문제들이 해결되지 않아 비용만 허비하는 경우도 많다.
주택으로 사용하려면 앞서 말했듯이 대지에 설치해야 한다. 농지나 임야의 경우 농지(산지)전용허가를 받은 땅이라야 문제가 없으므로 미리 인허가 사항들을 짚어봐야 한다. 또 수도와 전기, 전화, 정화조 시설 등 기반시설도 필요하다. 주문하기 전에 이런 것들을 완벽하게 갖추어 놓아야 한다.

01~03_ 이동식주택 사례
04~06_ 소형주택 사례

HOUSE "마이너스만 잘 해도 좋은 집이 된다" 307

땅 얻기 꿀팁

"친구야 같이 살자"

* 이 이야기는 땅 구하는 초보자들에게 도움이 될 수 있는 내용으로 저자가 지어낸 것입니다.

벌써 나이가 오십하고도 둘. 이 나이 되도록 이룩한 것 없이 시간만 축냈다는 생각으로 몹시 우울하던 새해의 어느 날 퇴근 무렵이었습니다. 고등학교 때 친구 몇이 모여 신년회를 한다는 전화를 받고 이강산씨는 회사문을 나섰습니다. 함박눈이 소담스럽게 내리고 있었습니다.
눈길을 더듬거려 술집에 도착했을 때는 이미 식탁 위에 소주병이 몇 병 비어있었습니다. 고등학교 때부터 친했던 친구들의 모습은 언제 봐도 편하고 반가웠습니다. 졸업한 지 벌써 30년이 돼 가고 있지만, 형제보다 더 자주 만나 어울리는 친구들입니다. 가족들끼리도 서로 잘 알고 지냅니다.

"3년 후배 되는 놈이 이사를 단다는데 걱정이야. 회사에서 나가란 얘긴데 갈 곳은 없고…"
소주 몇 잔을 연거푸 입속에 털어 넣던 광고회사 부장인 친구가 한숨을 섞어 말을 꺼내자 와자지껄 떠들던 분위기는 갑자기 소강상태로 접어듭니다. 우울한 화제에 모두 말이 없고 술잔만 만지작거립니다. 불과 2~3년 전만 해도 이런 얘기라도 나오면 술맛 떨어진다며 곧바로 핀잔을 주었는데 오늘따라 서로 얼굴만 쳐다보며 조용합니다. 몇몇 친구들이 말은 안 하지만 자신들 이야기처럼 공감 표정을 짓자 서로 눈치만 보고 있습니다. 그만큼 회사생활이 만만찮은 나이들입니다.
"그래도 괜찮은 줄 알아라. 난 내년에 아예 경비실 옆으로 자리가 옮겨질 분위기야. 평생 글쟁

이로 살았던 나보고 빌딩관리를 하라니 더러워서…"
잠깐의 침묵을 깨고 신문사 국장이 하소연을 덧씌우자 술자리 분위기는 더욱 가라앉고 그중 누군가는 한숨마저 쉬었습니다.
"나 봐! 걱정들 말어. 이가 없으면 잇몸으로 사는 거라구. 기분 좋게 술이나 마시자구."
40대 중반에 일찌감치 은행에서 명퇴하고 편의점을 하는 친구가 수습을 해보지만, 분위기는 쉽게 살아나지 않고 빈 술병만 늘어갔습니다. 창밖으로 내리는 눈송이는 더욱 굵어져 있었습니다. 이강산씨는 함박눈을 보며 화제를 돌려보았습니다.
"야~ 눈이 엄청 오는 구먼. 너희들 생각나냐? 우리 시골집 말야. 겨울방학 때 너희들 우리 집에 왔다 눈이 엄청 와서 꼼짝없이 갇혔던 거. 그때 골방에서 우리 아버지 담배 훔쳐 피우다 걸리기도 했잖아. 눈 오는 거 보니 고향에 가고 싶다. 지금쯤 눈이 엄청 왔을 텐데…."
함박눈 덕분에 친구들은 덩달아 이강산씨 시골집 추억으로 기분이 전환돼 좋아했습니다. 분위기는 다시 원래 자리로 돌아갔습니다.

이강산씨의 집은 시골이었습니다. 고등학교 때부터 도시에 나가 유학을 했는데 도시에 살던 친구들은 방학만 되면 이강산씨의 시골집으로 놀러 왔었습니다. 여름에는 같이 소꼴도 베고 겨울에는 장작을 패 아궁이에 불을 때며 소죽도 끓였습니다.
"그러지 말고 주말에 우리 강산이네 시골집에 놀러나 가지? 동해바다에서 해돋이도 보고 어때? 어머님께 세배도 드리고…. 경비는 내가 쏠게."
한의사로 돈을 많이 벌어 물주노릇을 도맡아 하는 친구가 기분 좋게 발의를 하자 모두들 박수를 쳤습니다. 그렇게 결정이 나는가 싶었는데 진도를 한 발짝 더 나가는 친구가 있어 삼천포로 빠졌습니다.
"강산네 집에 가는 것도 좋지만 그것보다 우리 죽을 때까지 시골에서 같이 모여 살면 어떨까?"
식품회사 공장장인 친구였습니다. 술을 잘 마실 줄 몰라 뒤치다꺼리를 도맡아 하는 친구였는데 그날도 진지했습니다.
"지금도 잘 모이고 잘 먹고 잘살고 있는데 모여 살자니? 우리가 언제 흩어져 살았냐? 짜샤."
술도 잘 마시고 기분 좋게 취하는 신문사 국장이 뚱딴지같은 소리 하지 말라며 손 사래를 치자 공장장 친구는 몸을 다른 친구들 쪽으로 바짝 당기며 더욱 진지하게 말을 이었습니다.
"그게 아니라 요즘 왜 동호인들이 같이 전원주택을 짓고 산다며 신문, 잡지에 자주 나오잖아.

우리도 그렇게 한번 해보자는 거지. 회사에서 잘리든가 퇴직하면 공기 좋고 물 좋은 곳에서 모여 살면 좋잖아?"
이미 전원생활 준비를 하고 있던 이강산씨가 가장 먼저 말을 받아 "동호인으로 전원주택을 지으면 비용도 절감할 수 있다"며 맞장구를 쳐주자 다른 친구들도 참 좋은 생각이라며 호응했습니다.

고등학교 친구 여섯이 만든 전원주택 동호회는 그렇게 졸지에 탄생했습니다. 건설회사에 다니는 이강산씨가 비슷한 업종에 종사한다는 이유로 추진위원장을 맡았고, 말을 꺼냈던 공장장 친구가 총무를 맡아 적극 추진하기로 했습니다. 건배하고 손가락을 몇 번씩 걸며 동호인의 성공을 위한 파이팅을 외쳤습니다.
한의사인 친구가 "오늘처럼 기분 좋은 날 한잔 더 해야 한다"며 자신이 단골로 가는 술집으로 동호인 동지들을 이끌었습니다. 서울 시내서 한의원을 두 개나 열고 있어 친구들을 만날 때면 "가진 것은 돈밖에 없다"고 너스레를 떨며 기분 좋게 돈을 쓰는 호기로운 친구입니다. 한의사 친구의 손에 이끌려 간 동지들은 마이크를 잡고 노래까지 한 곡조 불렀고 헤어질 때는 모두 전원주택을 한 채씩 장만한 양 의기양양했습니다.
목화송이처럼 내리던 함박눈은 그치고 도시는 하얗게 변해 있었습니다. 거리의 불빛은 눈빛에 반사돼 더욱 요란했습니다.

다음날부터 이강산씨는 동호인 전원주택 추진위원장으로 바빠졌습니다. 규약을 만들어 친구들에게 한 부씩 보내주고 토지매입비 갹출을 통보했습니다. 곧바로 전원주택 지을 땅 찾기에 매달렸습니다.
친구들 대부분이 서울로 출퇴근하고 있어 용인지역이 좋겠다 싶었는데 두 친구가 양평이 좋겠다며 고집을 피는 바람에 양평과 용인 중 적당한 땅이 나오면 매입하기로 했습니다.
땅 구하는 것이 결혼할 배우자 찾는 것과 같다는 말이 있듯이 쉽지 않았습니다. 한쪽이 좋으면 다른 것이 모자랐습니다. 맘에 딱 들어맞는 땅은 없었습니다. 그러다 찾아낸 것이 솔밭이었습니다. 소나무가 많아 마을 사람들이 솔밭이라 부르는 땅이었습니다. 1천500평 정도 되는데 한 사람이 250평 정도씩 나누어 가질 계획이었습니다.

그렇게 땅을 결정하기까지는 함께 모여서 살자는 의견을 모은 후 꽤 많은 시간이 흐른 이듬해 봄이었습니다. 계약하고 잔금을 치를 때쯤 되었을 때까지 신문사 국장인 친구는 토지매입비를 입금하지 못하고 있어 전화를 넣었습니다.

"양평 땅 잔금 처러야 하는데…. 땅값 오늘 중으로 안 되겠냐?"

"근데 말이야. 난 빠져야 할 것 같애. 돈이 안돼서…. 아들놈이 유학간다고 고집을 피는데 그것도 해결 못하고 있어. 미안하다."

빌려줄 테니 같이 하자는 제안을 했지만 신문사 국장은 부담된다며 결국 빠졌습니다. 한 친구가 빠져 나가자 기회다 싶었는지 용인 땅을 고집했던 광고회사 부장도 포기를 했습니다. 양평에서 출퇴근을 하기도 어렵고 지금 전원주택에 자금을 묶어둘 형편도 안 된다는 이유였습니다.

그렇게 땅 구하는 과정에서 동호인으로 모였던 친구 두 명이 탈락하고 네 명만 남게 되었습니다. 1천500평의 땅은 각각 300평씩 나누고 한의사인 친구가 600평을 갖기로 최종 결정을 했습니다. 땅이 생긴 모양에 따라 300평 3필지 600평 한 필지로 나누어 제비뽑기로 땅의 위치를 정했습니다. 제비뽑기를 하는 가족들까지 합세해 분위기는 매우 좋았습니다.

문제는 제비뽑기로 땅을 결정하고 난 후 생겼습니다. 결정에 따르기로 했지만 막상 결정이 난 후 불만이 생겼습니다. 땅이란 것이 내가 좋아하는 곳으로 옮겨놓을 수 있는 것이 아니고 고정돼 있는 물건이다 보니 누구는 자리가 좋은데 그렇지 못한 것도 있다는 것입니다. 좋지 않은 자리를 잡은 친구 아내 불만이 심해 땅값은 좀 덜 부담하는 것으로 합의해 넘어갔습니다.

집 짓는 일을 가장 먼저 시작한 이는 한의사 친구였습니다. 땅이 결정되자마자 집 짓는 것에 매달리며 마냥 신났습니다. 60평짜리 목조주택을 평당 500만원에 예산을 세웠다며 친구들에게 자랑했습니다. 올여름 휴가는 전원주택에서 보낼 것이라며, 그러려면 빨리 공사를 마쳐야 한다며 들떠있었습니다.

이강산씨는 집 짓는데 빠듯한 예산을 세워두고 있었습니다. 20평 정도가 고작이었고 공사는 이듬해 봄부터 시작할 계획이었습니다.

한의사 친구가 유명 건축사에게 맡긴 설계도면이 완성되었으니 한번 봐 달라며 메일을 보내던 날 퇴근하여 집에 갔을 때 아내는 이강산씨를 거실 소파로 불렀습니다.

"여보, 우리 양평 전원주택 포기하면 안 될까? 아무리 생각해도 무리인 것 같아서 말이야. 그냥 다른 사람한테 팔고 우린 빠지자고…"

"그게 무슨 말이야. 전원주택 노래를 부른 사람은 바로 당신이었어. 이제 와서 빠지겠다면 친구들 보기도 그렇고…. 게다가 명색이 내가 추진위원장인데 위원장이 빠지는 게 말이 돼?"

이강산씨가 직장을 퇴직하고 애들 다 크면 전원주택에서 살자고 노래를 불렀던 사람은 바로 아내였습니다. 그래서 이강산씨는 퇴직하면 당연히 전원생활을 할거라 여겼고 그래서 미리미리 준비한다는 생각에서 이번 동호인 주택을 적극적으로 추진했는데 아내가 마음을 바꾸자 당황할 수밖에 없었습니다.

"실은 그게 말이야 우리 집이 너무 초라해 보일 것 같아서… 생각해봐 한의사네 집은 60평으로 호화찬란하게 짓는데 그 옆에 있는 우리집이 고작 20평이면 너무 차이가 나잖아. 게다가 그 집은 부지도 600평이고…."

"아니 그렇다고 지금 와서 어떻게 해. 친구들하고 한 약속은 지켜야지. 그리고 좀 차이나면 어때. 마당만 예쁘게 꾸며 놓으면 오히려 아담해 좋을 거야."

말은 그렇게 했지만 이강산씨도 내심으로 아내와 똑같은 걱정을 하고 있던 터였습니다. 옆집과 밸런스를 맞추어야 하는데 현실적으로는 방법이 없었습니다. 그렇다고 신이나 집을 짓고 있는 친구에게 줄여 지으라 할 수도 없어 고민하고 있는데 아내가 먼저 말을 꺼낸 것입니다. 이후 몇 번에 걸쳐 아내가 문제 제기를 해왔지만, 이강산씨는 그때마다 뾰족한 대안없이 아내를 설득했습니다. 그러던 어느 날 한의사 친구가 양평 전원주택 상량식을 한다며 가족들을 초대했습니다. 도로는 녹음이 짙었고 늦은 봄꽃들도 만개해 한껏 아름답던 봄날이었습니다.

현장에 도착해 보니 공사를 시작한 것이 어제 같은데 골조는 이미 완성돼 대궐 같은 모양의 집이 우뚝 서 있었습니다. 60평 규모가 그렇게 클 줄 몰랐습니다.

"여기는 홈바 자리고 여기에다 벽난로를 놓을 거야. 그리고 여기, 바로 여기가 드레스룸이고 이층에는 손님방이 두 개야."

한의사는 친구들에게 자신의 집 구석구석을 설명하며 자랑이 늘어졌습니다. 이강산씨는 그 뒤를 따라 다니며 다른 친구들의 표정을 보았습니다. 내색은 못하고 있지만 속이 썩 편치 않은 느낌이었습니다. 특히 친구 아내들은 하나같이 주눅이 들어 있었고 입들이 부어 있었습니다. 그때 아내가 다가와 이강산씨 귀에다 대고 퉁명스럽게 한마디 했습니다.

"이런 집 옆에서 살 수 있겠어?"

친구의 상량식에 다녀온 후 추진위원장이란 직책 때문에 꿋꿋이 버텼던 이강산씨의 마음도 흔들렸습니다. 편안하게 살아보자고 시작한 일인데 서로 불편해지면 안 하니만 못하다는 생각을 하며 심란해졌습니다. 자칫 잘못하다간 친구 간 의도 상할 수 있겠다는 생각이 들었습니다.
"부담 없는 곳에 자리잡고 편안하게 살자고. 같이 붙어살면서 계속 옆집과 비교가 되면 안 되잖아. 다른 친구들한테 얘기하면 오히려 문제가 될 수 있으니깐 우리만 빠져나오는 것이 좋을 것 같애. 지금 얘기하면 괜히 판 깨는 것밖에 안 되잖아."
며칠 고민 끝에 아내의 말이 옳다는 생각이 들어 땅을 팔기로 했습니다. 양평에 있는 중개업소에 매물로 내놓는 것이 좋을 것 같아 일요일을 택해 아내와 함께 양평으로 갔습니다.

서울서 한 시간만 벗어났는데도 분위기는 다릅니다. 곁에 이렇게 맑은 공기와 좋은 경치를 두고 혼탁함 속에 산다는 것이 참으로 서글퍼지는 날이었습니다. 하지만, 그런 먼지 구덩이를 벗어나기도 쉽지 않다는 생각이 들어 이강산씨는 쓴웃음이 나왔습니다.
번듯해 보이는 부동산 가게 앞에 차를 세우고 입구 문을 밀고 안으로 들어갔습니다.
"어? 어? 너?"
문을 열고 들어서는 순간 이강산씨는 식품회사 공장장 친구 부부가 소파에 앉아있는 것을 보고 깜짝 놀랐습니다. 상대편도 얼마나 놀랐는지 자리에서 벌떡 일어날 정도였습니다. 그리고 동시에 두 가족이 입을 열었습니다.
"무슨 일로 여기에?"
그러면서 서로 몸둘 바를 몰라했습니다. 특히 공장장 부부는 탁자위에 놓았던 서류 뭉치를 주섬주섬 챙기며 무엇인가 황급히 숨기려는 분위기였습니다. 마침 그때 출입문이 다시 열리며 젊은 부부가 들어섰습니다. 그러자 부동산 가게 주인인 듯한 사람이 젊은 부부를 공장장 부부에게 인사를 시켰습니다.
"이 분들이 그 땅 주인 부부세요. 급해서 싸게 드리는 거니 잘사시는 거예요. 도장은 챙겨 오셨죠? 계약금은 통장으로 입금시키면 되고…"
젊은 부부가 "좋은 땅을 싸게 주셔서 고맙다"며 악수를 청하자 공장장인 친구는 악수하는 둥 마는 둥 이강산씨만 쳐다보며 무안해했습니다.
그제야 이강산씨는 사태 파악이 되었습니다. 공장장 부부는 자신의 땅을 팔기 위해 이곳에 왔고 젊은 부부는 땅을 사는 사람들이었습니다. 계약서에 도장을 찍으며 친구가 말했습니다.
"집 사람이 건강이 안 좋아져서 말이야. 그래서 우리 땅 말이야 그거 할 수 없이 팔기로 했어. 미리 말하려고 했는데 괜히 분위기 망칠 것 같아 얘기를 못했어. 그런데 넌 어쩐 일로 여기에

온 거야?"

공장장 부부는 말까지 더듬으며 못내 무안해했습니다.

미안해하는 친구를 보자 이강산씨가 더 무안해졌습니다.

"그게 말이야. 우리도 그 땅 처분해 볼까 해서 말이지. 우리 애가 아직 대학을 못 마쳤잖아. 아무래도 올해는 같이 있어 줘야 할 것 같아서 말이야."

애꿎게 애 대학 핑계를 대며 이강산씨는 부동산 중개를 하는 사람을 보며 내쳐 말을 이었습니다. 쓸데없이 목청을 높였습니다.

"사장님 우리 땅도 좀 팔아주세요. 이 친구 바로 위에 있는 건데 이 친구만큼만 받아 주시면 돼요."

"그러면 그곳에 있는 땅은 현재 집 짓고 있는 것 말고는 다 나와 있네요?"

"다른 땅도 나왔어요?"

"그럼요. 다른 분도 팔아달라며 내놓았는데… 벌써 며칠 됐어요."

공장장 친구는 이미 알고 있는 눈치였지만 이강산씨는 더는 상황을 알려고 들지 않고 혼잣말처럼 뇌까렸습니다.

"그 친구는 웬 집을 그렇게 크게 짓는지? 궁궐을 짓는 것도 아니고 말이야. 거기나 들려 얼마나 잘 짓고 있나 집구경이나 하고 가자고…"

"그러지 뭐…. 그 집 참 크기는 크더라. 돈이 많으니 뭘 못하겠어."

그러면서 두 친구는 동시에 옆에 있는 아내들의 얼굴을 쳐다보았습니다.

부동산 가게를 나서면서 이강산씨는 한의사 친구에게 이런 상황들을 어떻게 정리해 얘기해야 할지가 고민되었습니다. 아마 공장장 친구도 같은 고민을 하고 있을 것이란 생각을 했습니다.

좋은 친구들끼리 어울려 사는 것도 힘들다는 것을 절실히 느끼며, 이것이 바로 '이상과 현실'의 극명한 차이란 생각을 했습니다. 부동산 가게를 나오며 이유 없이 하늘을 쳐다보니 옆에 있던 아내도 하늘을 올려다보았습니다.

"날씨 참 좋다."

뒤 따라오던 친구가 괜히 목청을 높였습니다. 정말 모든 것 다 잊고 요만큼의 쪽빛 하늘 아래서 눌러살고 싶은 맘이 굴뚝같이 드는, 맘 싱숭생숭하게 만드는 날씨였습니다.

이런 집짓기
13

각 실마다 색감으로
변화 준 목조주택

경기도 남양주 전원주택단지에 있는 이 집은 대칭구조로 균형감과 안정감을 주는 외관이다. 128.18㎡(39평) 규모의 2층 집으로 1층 87.18㎡(26.4평), 2층 41㎡(12.4평)이다. 경량목구조의 가벼운 느낌을 파벽돌과 적삼목사이딩으로 외벽에 포인트를 주어 집에 중량감을 더했다. 지붕은 아스팔트싱글이다. 내부는 전체적으로 밝은 톤을 선택해 강화마루에 실크벽지로 마감하여 실내가 넓어 보이는 효과를 냈다.

이 집의 인테리어의 특징은 각 실마다 다른 색상으로 포인트를 주었다는 점이다. 거실은 브라운톤의 아트월로 차분함이 느껴지도록 연출했고, 주방은 붉은색의 아일랜드식탁 의자와 등갓으로 다른 분위기를 냈다. 욕실은 오션블루 색상으로 포인트를 주어 해변에서와 같은 청량감이 느껴진다. 가족실은 보라색 벽지로, 아이들방은 아이들 취향에 맞는 민트색으로 꾸몄다.

01, 02, 03_ 남양주금곡리주택 대칭의 박공지붕과 적삼목, 인조석 등으로 포인트를 주어 마감한 외벽은 세련미를 더한다.
04, 05_ 전체 화이트톤 벽체에 아트월, 블라인드, 주방 등 요소요소 컬러를 달리해 변화를 줬다.

■ 설계 : 엔디건축사(주), 시공 : 엔디하임(주), T.1544-6455, www.ndhaim.co.kr

06, 07, 08_ 2층 난간으로 클래식한 블랙 철제 단조난간과 화이트 실내가 밝고 세련된 분위기를 자아낸다.
09_ 브라운 멀바우 집성목 계단과 흰 벽체가 대조를 보이는 아늑한 느낌의 계단실이다.

10_ 주방에 설치한 빨간색 펜던트 갓등이다.

11_ 식탁 겸 홈바로 이용하는 테이블에도 빨간색의 의자를 색감을 입혔다.

12_ 빨간색 펜던트 갓등과 의자로 색감을 주어 강한 포인트로 변화를 준 주방 디자인이다.

13, 14_ 오션블루컬러 타일로 시원한 느낌을 강조한 욕실이다.
15_ 아이들 취향에 맞춰 보라색을 입혀 꾸민 가족실이다.
16_ 푸른 꿈을 가진 아이들에 맞춰 꾸민 그린 컬러의 아이들 방이다.

ITEM

"할 일이 없는 것이 아니라 찾을 눈이 없다"

경치 좋은 곳에 잘 지은 전원주택에서 사는 것은 폼나는 일이다. 하지만, 그것보다 중요한 것은 그곳에, 그 집에 살며 '무엇을 할 것인가?'다. 무엇을 해야 할 것인지에 대해 마땅히 손에 들어오는 것이 없다. 귀농 귀촌하는 사람들의 가장 큰 고민거리다. 농촌과 농업이란 고정관념에서 벗어나 생각을 조금만 바꾸면, 또 눈높이를 조금만 낮추어 주변을 둘러보면 할 일이 없는 것은 아니다. 거기에 발상을 전환하면 주변에서 재미있고 유익하게 할 수 있는 좋은 아이템은 얼마든지 찾을 수 있다.

091

"내가 사는 전원주택은 언젠가 펜션이 된다"

경치 좋은 곳에 전원주택을 짓고 전원생활을 하다 보면 도시 손님 맞을 일이 많다. 친구에서부터 친지까지 수시로 찾아오고 심지어 지나가던 사람들도 집 구경하겠다며 들른다. 이런 사람 중에는 간단히 만났다 헤어지는 사람들도 있지만, 숯불에 고기 한 점 구워놓고 소주잔을 기울이며 하룻밤을 묵고 가는 사람도 있다.

도시에 살다 전원주택 짓고 시골로 온 전원생활자 중에는 이런 손님맞이로 지치는 경우도 있다. 먼 곳에서 찾아오는 친구나 친지도 몇 년에 한두 번 정도야 만나서 반갑고 기쁘고 시골생활의 재미와 활력소가 되겠지만, 시도 때도 없이 다니러 오는 사람이 많을 때는 그것도 큰 짐이 된다. 특히 조용히 전원생활을 하려고 계획했던 사람에게는 손님 치르는 것이 큰 스트레스다.

청소라도 제대로 해놓고 가면 그나마 괜찮지만, 뒷생각 없이 어질러 놓으면 화까지 난다. 애지중지 가꾼 정원이 망가지거나 소중히 다루던 물건에 흠집이라도 생기면 더욱 속상하다.

이렇게 손님들이 많이 드는 집 중에는 어느 날 펜션으로 바뀌는 경우도 있다. 처음부터 펜션을 할 생각이 아니었지만, 몇 년 살며 손님을 맞다 자연스럽게 펜션으로 변하는 것이다. 그렇게 하면 시골생활을 하며 수익도 얻을 수 있기 때문이다.

아예 전원주택을 지을 때 손님이 찾아오면 언제든 펜션을 할 수도 있겠다는 생각을 하면 좋다. "내가 사는 집이 언젠가 펜션이 된다"는 것을 염두에 두고 집짓기 계획을 하는 것이다. 손님이 왔을 때는 주인과 동선이 겹치지 않도록 별도의 방을 꾸며 놓으면 필요할 때마다 펜션으로 활용할 수 있다. 그렇게 계획된 집에 살며 짬짬이 운영하는 펜션은 생활에 큰 도움이 된다. 평소에는 전원주택으로 이용하다 휴가철이나 손님이 온다고 할 때 부분적으로 펜션처럼 활용할 수 있고 수입도 짭짤하다.

그래야 전원주택을 짓고 살면서 찾아오는 손님도 부담스럽지 않고, 먼 곳에서 친구가 찾아오면 기쁜 마음으로 맞을 수도 있다. 생활비에 보탬도 된다.

펜션과 민박 차이 그리고 영업 범위

경치 좋은 계곡이나 산속, 강가나 바닷가, 스키장 주변 등에는 어김없이 펜션이 들어서 있다. 강원도나 제주도처럼 휴가지로 인기 있는 곳, 유명관광지는 더욱 그렇다.

은퇴 후 전원주택을 짓고 펜션을 하면서 살고 싶어 하는 사람도 많다. 이런 사람은 펜션 허가를 어떻게 받고 어떻게 운영하는가에 대해 많이 궁금해한다.

우리가 여행지에서 흔히 볼 수 있는 펜션은 별도의 제도가 있어 허가되고 관리 운영되는 것이 아니다. 펜션은 우리가 오래전부터 알아왔던 민박이 법적 근거다.

농어촌정비법 제2조에 '농어촌민박사업'이 있다. '농어촌지역과 준농어촌지역의 주민이 거주하고 있는 주택을 이용해 농어촌 소득을 늘릴 목적으로 숙박·취사시설 등을 제공하는 사업'으로 정의하고 있다. 여기서 말하는 '민박'이 바로 농어촌지역에서 흔히 대할 수 있는 '펜션'이다.

농어촌지역 주민은 자신이 직접 거주하는 연면적 230㎡ 미만의 단독 또는 다가구주택으로 민박업(펜션업)을 할 수 있다. 다만 수동식 소화기를 1조 이상 구비하고, 객실마다 단독경보형감지기를 설치해야 하는데, 객실 내 스프링클러 등 단독경보형감지기를 대체할 시설이 설치된 경우는 제외한다.

펜션(민박)사업자가 이용객에게 제공할 수 있는 영업범위는 숙박과 취사시설, 농산물 판매 등이며 식사 제공은 할 수 없었다. 하지만, 2015년 7월 7일부터 농어촌민박에서도 돈을 받고 아침 식사를 제공할 수 있도록 법을 개정해 시행하고 있다. 다만 점심·저녁식사는 제공할 수 없다.

농어촌민박에서 투숙객에 대한 조식 제공을 허용하면서 농어촌민박사업자의 준수사항을 마련했다. 준수사항에 따르면 농어촌민박사업자는 신고필증 및 요금표를 잘 보이는 곳에 게시하고, 서비스·안전기준을 준수하는 동시에 매년 서비스안전교육을 이수하도록 했다. 또 투숙객 대상 조식제공 요금은 민박요금에 포함해야 한다.

서비스안전교육은 의무사항으로 미수료 시 1차 20만원, 2차 40만원, 3차 80만원 벌금이 부과된다.

민박과 달리 관광진흥법(시행령 2조)에서 정한 관광펜션업이란 것이 있다. 관광펜션업이란 '숙박시설을 운영하고 있는 사람이 자연·문화 체험관광에 적합한 시설을 갖춰 관광객에게 이용하게 하는

업'으로 정의하고 있다.

관광펜션을 하려면 지정기준을 갖춰 공중위생관리법에 의한 숙박업으로 신고해야 한다. 해당 숙박업소 이름을 여관, 모텔이 아닌 관광펜션으로 붙이고 싶을 땐 관광펜션업으로 지정받으면 된다.

관광펜션의 지정기준은 △자연 및 주변환경과 조화되는 3층 이하, 객실 30실 이하의 건축물로 △취사 및 숙박에 필요한 바비큐장 및 캠프파이어장 중 한 종류 이상의 시설을 갖추고 △숙박시설 및 이용시설에 외국어 안내표기를 해야 한다.

관광펜션은 숙박업 허가를 받은 경우에 해당되지만, 농촌지역의 강가나 계곡, 산속에서 흔히 볼 수 있는 펜션은 숙박업 허가를 받은 숙박업소(2종 근린생활시설)가 아닌 내가 사는 단독주택이나 다가구주택이다.

한마디로 펜션은 별도의 제도나 법적인 근거가 있는 것이 아니라 민박이다. 내가 살고 있는 집으로 할 수 있는 사업으로, 숙박과 취사시설 제공 및 농산물과 아침식사 판매 등이 가능하다.

펜션은 부동산 투자나 큰 수익이 목적이 아닌 전원생활의 일부분이다. 펜션에 투자를 원하는 사람들이라면 이런 생각으로 접근해야 한다.

높은 수익률을 기대하고 돈을 벌겠다는 생각으로 펜션에 투자한다면 실망하기 쉽다. 전원생활을 우선하면서 소일거리라 여기고 작은 수익이라도 올릴 생각으로 시작하면 펜션은 기대이상의 수익을 가져다준다. 실제 그렇게 시작해 규모를 키운 곳들도 많다.

잎의 색이 처음에는 녹색이지만 자라면서 차츰 황금색으로 변한다. 꽃은 연한 분홍색이거나 드물게 흰색도 핀다.

경량목구조공법으로 공장에서 집을 완성한 후 현장으로 이동해 지은 펜션이다. 공장 제작으로 현장에서 시공하는 것보다 건축비를 줄일 수 있고, 특히 건축주 입장에서는 2~3일이면 설치할 수 있어 건축기간이 짧아 신경 쓸 일이 없다.

(정리)

농촌 휴양관광 시설의 종류와 허가기준

농촌에서 개인들이 운영할 수 있는 관광시설들을 정리해 본다.

■ **관광농원**

관광농원은 도시민, 일반인에게 영농체험을 겸한 관광휴양에 적합한 시설이다.

▲ 시설기준
- 부지면적 10만㎡ 미만
- 필수시설 : 전체면적의 20% 이상을 영농체험시설로 할 것(최소 2천㎡ 이상)
- 자율시설 : 지역특산물 판매시설, 운동시설, 휴양시설, 관리소, 숙박시설, 음식점, 야영장, 연수시설 등 배치(유흥, 위락시설은 제외)

▲ 허가 대상
- 농어업인 또는 농어업회사법인, 영농조합법인

▲ 인허가 절차
- 사업계획서, 시설물 배치계획 도면, 자금계획 등 첨부하여 시장, 군수에게 사업승인 신청
- 사업 승인 소요 기간 3~6개월 소요

▲ 개발 유형
- 자연학습형, 주말농원형, 심신수련형, 효도농원형 등 다양한 형태 가능

▲ 관광농원 시설 및 운영자금 지원
- 연리 3%, 5년 거치 10년 상환, 매년 1~2월에 신청, 농협 농업종합자금취급사무소에 신청

■ **민박(펜션)**

농어촌지역에 직접 거주하면서 민박시설을 운영하는 경우다.

▲ 시설기준
- 연면적 230㎡ 이하(약 70평)
- 연면적은 주인 거주공간, 창고 등 부대시설 면적 모두 포함됨
- 면적 초과 시 숙박업 허가를 받아야 하며 계획관리 지역이어야만 가능함

* 면적초과로 영업정지 및 벌금 부과 사례 많음(2년 이하 징역 또는 3천만원 이하 벌금형)

▲ 인허가 사항
- 농지(산지)전용허가
- 단독다가구주택으로 건축허가 또는 신고
- 연면적 200㎡ 이상은 건축허가, 200㎡ 미만은 건축신고 대상

■ **숙박업소**

숙박업소는 건축법상 2종근린생활시설로 건축하여 숙박업소로 허가를 받아 영업을 하는 경우다.

▲ 시설기준
- 건축법상 숙박시설 기준을 충족
- 외부 피난 계단, 소방시설 필수

▲ 인허가 사항
- 농지(산지)전용허가와 건축허가를 동시에 진행

살던 시골집을 음식을 조리하고 주류를 판매하는 전원카페로 이용하려면 일반음식점허가를 받아야 한다. 일반음식점은 주택에서는 불가능하고 건물이 2종 근린생활시설이라야 하기 때문에 우선 용도변경을 해야 한다. 이때는 토지의 용도지역이 계획관리지역이라야 가능하다.

- 계획관리지역의 경우 연면적 660㎡(약 200평) 미만까지 가능
- 주로 국도, 지방도에서 50m 이상, 하천에서 50m 이상 떨어질 것 (각 지자체 조례에 따라 다름)

■ 관광펜션

관광펜션은 관광진흥법상 관광펜션 시설기준에 적합하게 신축해 등록한 경우로 외국인 관광객이 이용할 수 있는 시설을 갖춘 펜션을 말한다.
▲ 시설기준
 - 자연 및 주변환경과 조화를 이루는 3층 이하, 객실수 30실 이하일 것
 - 바비큐장, 캠피파이어장 등 주인의 환대가 가능한 1종 이상의 이용시설을 갖출 것
 - 외국어로 된 간판, 안내문을 구비할 것
 - 자연환경에 잘 어울리는 건축 형태로 되어 있을 것
▲ 허가절차
 - 민박형과 숙박형 펜션의 허가 절차와 동일
▲ 관광펜션 등록
 - 민박형과 숙박시설형 펜션 모두 관광펜션으로 등록 가능
 - 공사 준공 및 외국어 간판, 안내문 비치 후 등록 신청
 - 관광진흥기금 대출 가능(연리 3.5-4.25%, 4년 거치 5년 상환, 시설비의 80%)

■ 전원카페

전원카페는 농어촌지역에 일반음식점 또는 휴게음식점 영업을 하는 경우다.
▲ 시설기준
 - 건축법상 근린생활시설 기준에 맞게 시설
▲ 인허가 사항
 - 농지(산지)전용허가와 건축허가를 동시에 진행
 - 계획관리지역, 자연녹지지역 등에서 주로 가능함
 - 주로 국도, 지방도에서 50m 이상, 하천에서 50m 이상 떨어질 것을 지자체 조례로 지정(지자체 조례에 따라 제한 거리가 다름)
▲ 시골집을 전원카페로 변경하는 방법

음식을 조리해 판매하고, 주류도 판매할 계획이라면 일반음식점으로 영업허가를 받아야 한다. 그러려면 건물이 주택이 아닌 2종근린생활시설이라야 하고, 변경하려면 토지의 용도지역이 계획관리지역이라야 가능하다. 오래 된 시골집은 무허가로 증축된 공간이 많다. 무허가 부분이 있으면 용도변경이 안 되기 때문에 양성화하거나 없애야 한다.

건물의 용도변경 후에는 일반음식점 영업허가를 따로 받아야 하는데, 2종근린생활시설로 건물용도를 바꾸어도 다른 규제를 받고 있다면 일반음식점 영업허가를 받지 못하는 경우도 많다.

정리

법률서 정한 주택의 종류

각종 법률에서 정의하거나 행정 혹은 관행적으로 사용하는 주택 용어들이 많아 혼란스러울 때가 많다.

■ 단독주택과 공동주택

건축법에서 단독주택과 공동주택을 정리하고 있는데 우선 단독주택은 '한 세대가 단독으로 생활하기 위한 시설 및 규모를 갖춘 주택'을 의미하며 가정보육시설 공동생활가정 및 재가노인복지시설도 포함한다. 다중주택, 다가구주택, 공관 등의 종류가 있다.
- 단독주택 : 일반적인 단독주택
- 다중주택 : 학생 또는 직장인 등 다수인이 장기간 거주할 수 있는 구조로 되어 있을 것, 독립된 주거의 형태가 아닐 것(실별로 욕실 설치는 가능하지만 취사시설 설치는 안 됨), 연면적이 330㎡ 이하이고 층수가 3층 이하일 것
- 다가구주택 : 주택으로 쓰이는 층수(지하층을 제외)가 3개층 이하일 것(단 1층 바닥면적의 1/2 이상을 필로티구조로 하여 주차장으로 사용하고 나머지 부분을 주택 외의 용도로 사용하는 경우에는 해당 층을 주택의 층수에서 제외), 1개동의 주택으로 쓰이는 바닥면적(지하주차장 면적을 제외)의 합계가 660㎡ 이하일 것, 19세대 이하가 거주할 수 있을 것
- 공관 : 공적인 거처로 쓰이는 주택

공동주택은 하나의 건축물에서 설비의 전부 또는 일부를 여러 세대가 공동으로 사용하며 각 세대마다 독립된 주거생활이 가능한 구조로 아파트, 연립주택, 다세대주택 등이 있다.

- 아파트 : 주택 사용 층수가 5개 층 이상인 것
- 연립주택 : 주택으로 쓰는 1개 동의 바닥면적(지하주차장 면적 제외) 합계가 660㎡ 초과, 4개 층 이하인 주택
- 다세대주택 : 주택으로 쓰는 1개 동의 바닥면적(지하주차장 면적 제외)의 합계가 660㎡ 이하, 4개 층 이하인 주택
- 기숙사 : 학교 또는 공장 등의 학생 또는 종업원 등을 위해 사용되는 것으로 공동취사 등을 할 수 있는 구조로 독립된 주거 형태를 갖추지 않은 것

■ 농어촌주택

농어촌주택은 농어촌정비법과 농어촌주택개량촉진법에서 정리한 개념이다. 농어촌정비법에서 '농어촌지역과 준농어촌지역에 위치하고 장기간 독립된 주거생활을 할 수 있는 구조로 된 건축물(부속 건축물 및 토지포함)'로 정의한다. 농어촌주택개량촉진법은 '읍·면지역 중 상업지역 및 공업지역을 제외한 지역과 광역시 및 시에 소재하는 동지역 중 주거지역·상업지역 및 공업지역을 제외한 지역(농어촌지역)에 위치하고 장기간 독립된 주거생활을 할 수 있는 구조로 된 건축물(부속 건축물 및 토지를 포함)'로 정의한다.

■ 일반주택 농가주택 고가주택

일반주택은 법률용어가 아니고 '한 가구가 거주할 목적으로, 건축, 개축 또는 개조된 영구건물 또는 영구건물

내의 일부로서 구조적으로 분리되고 독립된 거주 장소'를 의미한다. 농어가주택도 법률상 용어가 아니고 농어촌지역에 있는 집을 의미한다.

농어촌특별세법에 농가주택을 정리하고 있는데 농어촌특별세 비과세 대상이 되는 주택으로 '고가 주택을 제외한 영농에 종사하는 사람이 영농을 위해 소유하는 주거용 건물과 이에 부수되는 토지로 농지의 소재지와 동일한 시군구 또는 그와 연접한 시군구 지역에 소재하는 것'을 말한다.

소득세법에서 정한 고가주택은 '주택 및 이에 딸린 토지의 양도 당시 실제 거래가액의 합계액이 9억 원을 초과하는 주택'을 말한다.

붉은인동
여름, 5~6월, 붉은색

덩굴식물로 5m까지 뻗는다. 줄기는 연초록 혹은 분홍빛을 띠며 거친 털이 나 있다. 푸른 잎으로 겨울을 날 정도로 추위에 강하다.

(정리)

1세대 2주택 양도세 비과세 조건

부동산을 팔 때 내는 세금이 양도소득세다. 매매하면서 생긴 양도차익을 표준으로 내는 세금이다. 주택의 양도세 적용 세율은 보유기간이 1년 미만은 양도 차액의 40%, 1년 이상은 과세표준에 따라 6~38% 적용된다. 1세대 1주택자가 2년 이상 보유한 주택은 양도세가 없다. 1세대 1주택자라도 주택 실거래가액 기준 9억원 넘는 집을 양도해 양도차액이 생기면 초과분에 대해서 양도세를 낸다.

3년 이상 장기 보유한 주택은 양도차익에 대해 장기보유특별공제 혜택을 받는다. 보유기간이 길수록 양도세 부담은 줄어든다. 보유기간이 3년 이상~10년 미만까지 1년 단위로 양도세 장기보유특별 공제율이 8%씩 상승해 24%~72%까지 적용된다. 10년 이상 보유했을 경우 특별공제율은 80%로 동일하다. 다주택자 장기보유특별공제율은 1세대 1주택자 비율보다 낮아진다. 보유기간이 3년 이상~10년 미만은 10%에서 27%까지 1년 단위로 공제율이 커지고, 10년 이상은 30%까지 공제를 받는다. △신규취득 △결혼 △노부모 봉양 △상속 △농어촌주택 구입 등으로 인해 일시적으로 1세대 2주택자가 된 경우 양도세 비과세 혜택을 받는다.

■ 신규취득으로 2주택자가 된 경우

1년 이상 주택을 보유한 상황에서 새로운 주택을 구입해 2주택자가 된 경우, 먼저 보유한 주택을 새로운 주택 취득 시점부터 3년 이내에 매도할 경우, 양도소득세 비과세 대상이다. 기존 주택은 2년 이상 보유 조건을 갖춰야 한다.

■ 결혼으로 2주택자가 된 경우

각각 1주택을 보유한 남자와 여자가 결혼해 일시적으로 2주택자가 된 경우, 결혼일로부터 5년 이내에 1주택을 처분하면 양도소득세 비과세 혜택을 받는다. 처분하는 주택은 2년 이상 보유기간을 맞춰야 한다.

■ 부모 봉양으로 2주택자가 된 경우

자녀가 1주택을 보유한 상태에서 만 60세 이상의 부모(직계존속)를 모시기 위해 합가한 경우, 합가한 날부터 5년 이내 자녀 또는 부모가 소유한 주택 중 2년 보유한 주택을 처분하면 양도소득세 비과세 혜택을 받는다.

■ 상속으로 2주택자가 된 경우

부모 사망 후 상속주택 1채를 받아 2주택자가 된 경우, 상속개시 당시 보유한 주택을 매매할 때는 양도세 비과세 대상이 된다. 상속 당시 조합원입주권을 가지고 있다 사업시행 완료 후 취득한 신축주택도 해당한다. 기한 제한은 없지만 상속받은 주택을 먼저 처분할 경우에는 2년 보유했어도 양도소득세를 내야 한다.

■ 농어촌주택 구입으로 2주택자가 된 경우

'조세특례제한법 제99조의 4항'과 '소득세법 시행령 제155조' 조건에 해당하는 농어촌주택을 구입해 2주택자가 된 경우, 기존 보유 1주택을 팔면 양도소득세 비과세를 받는다. 양도기간은 제한이 없다.

조세특례제한법에 따른 농어촌주택 기준은 2003년 8월 1일부터 2017년 12월 31일 농어촌지역(수도권 광역시 제외 읍면 지역)에 있는 대지 660㎡ 미만 규모의 주택으로, 취득할 때 기준시가가 2억원 이하(2014년 1월 1일 이후 취득한 한옥은 4억원 이하)다. 3년 이상 보유해야 한다.

소득세법에 따른 농어촌주택은 수도권을 제외한 읍면 지역에서 소재하고, 세대 전원이 농어촌주택으로 이사한 후 처음으로 양도하는 1개의 기존주택에 대해 양도소득세 비과세 특례를 적용받는다. 이때 농어촌주택 유형은 상속주택, 이농주택, 귀농주택으로 세분화한다.

감나무
봄, 5~6월, 노란색

경기도 이남에서 널리 심는 우리나라 대표 과일나무다. 오래 살며 벌레 먹는 일이 거의 없다. 열매가 좋으며 단풍도 아름답다.

(정리)

귀농주택, 고향주택, 농어촌주택의 차이

도시에 1주택 소유자로 귀농주택이나 고향주택, 농어촌주택을 매입해 2주택자가 된 경우, 양도세비과세 혜택을 받을 수 있다.

■ **귀농주택**

일반주택을 소유한 세대가 귀농주택을 매입해 2주택이 된 상태에서 일반주택을 양도하는 경우 1주택으로 인정해 양도소득세 비과세 대상이 된다.(소득세법시행령 제155조제7항)

▲ 귀농주택 양도세 면제 요건(소득세법시행령 제155조제10항, 소득세법시행규칙 제73조제1항)

① 읍·면 지역에 소재(수도권 제외), 5년 내 종전주택 매각할 때
② 고가주택(9억원 이상)에 해당되지 아니할 것
③ 대지면적이 660㎡ 이내일 것
④ 영농의 목적으로 취득하는 것으로 아래의 어느 하나에 해당할 것
가. 1천㎡ 이상의 농지를 소유한 사람이 해당 농지소재지에서 취득한 주택
나. 1천㎡ 이상의 농지를 소유하기 전 1년 이내에 해당 농지소재지에서 취득한 주택

⑤ 세대전원 이사(취학, 근무, 질병 등은 예외), 귀농 후 3년 이상 영농에 종사, 귀농 후 최초로 양도하는 1개의 일반주택에 적용
　* 귀농주택 소유자는 세대전원이 귀농주택으로 이사(주민등록 이전)를 한 후 3년 이상 영농에 종사하지 않을 경우 일반주택 양도소득세 추징됨(소령 제155조제12항)

■ 농어촌주택

농어촌주택을 취득 후 3년 이상 보유하고 농어촌주택 취득 이전에 보유하던 일반주택을 매도하는 경우 1주택으로 인정해 양도세 비과세 혜택을 받는다.(조세특례제한 제99조의4)

▲ 농어촌주택 양도세 면제 요건
① 읍·면지역에 소재한 주택(광역시 군·수도권 소재 주택 제외, 도시·토지거래허가·투기·관광단지 제외)
② 면적 기준 대지 660㎡ 미만
③ 취득당시 가격이 기준시가로 2억원을 초과하지 않을 것
④ 두 주택이 동일한 읍면에 소재하지 않을 것
⑤ 2003. 8. 1부터 2017. 12. 31이내에 매입한 주택

■ 고향주택

고향주택을 취득 후 3년 이상 보유하고 고향주택 취득 이전에 보유하던 일반주택을 매도하는 경우 1주택으로 인정해 양도세 비과세 혜택을 받는다.(조세특례제한 제99조의4)

▲ 고향주택 양도세 면제 요건
① 가족관계등록부에 10년 이상 등재된 등록기준지로, 10년 이상 거주한 시지역으로 수도권 이외 20만 이하의 인구가 사는 시지역에 소재한 주택
② 면적 기준 대지 660㎡ 미만
③ 취득당시 가격이 기준시가로 2억원을 초과하지 않을 것
④ 두 주택이 동일한 읍면에 소재하지 않을 것
⑤ 2003.8.1부터 2017.12.31이내에 매입한 주택

"어디 재택근무할 회사 없나?"

* 이 이야기는 땅 구하는 초보자들에게 도움이 될 수 있는 내용으로 저자가 지어낸 것입니다.

새벽이 되며 갑자기 내린 눈으로 서울 시내 출근길은 그야말로 전쟁터였습니다. 집을 나설 때는 운전에 큰 지장이 없을 정도의 눈발이었는데 서울을 들어서 남태령 고개를 넘을 때는 앞이 안보일 정도로 퍼부어댔습니다. 언덕에서 차들은 한 발짝도 전진을 못한 채 서 있다가 조금이라도 앞으로 나갈 여유가 생겨 가속기라도 밟으면 뒤로 옆으로 밀렸습니다.

그러다 결국 전원애씨는 옆 차선으로 미끄러져 들어가는 사고를 냈습니다. 사람이 다치지는 않았지만 상대편의 차가 많이 찌그러졌습니다. 눈이 와 길이 미끄러운 것을 뻔히 알면서도 상대편은 운전 좀 잘하라며 재수 없다며 투덜거렸습니다. 화가 치밀었지만 바쁜 출근길에 사고를 낸 것은 자신이다 보니 몇 번을 미안하다며 사과를 했고 그렇게 사고처리를 하고 나니 시간은 출근시간은 고사하고 3시간을 넘겨 점심시간이 다 되어서야 회사에 도착할 수 있었습니다. 그날 스케줄은 엉망이 되었습니다. 특히 중요한 간부회의가 있는 날이었는데 참석을 하지 못해 사장실에 불려가 한마디 들어야 했습니다.

"간부들은 좀 일찍 나와야지 꼭 시간 맞춰 출근하려니 이런 날 지각을 하지! 갑자기 눈이라도 오는 비상사태를 생각해 아침에 조금씩 더 서둘러요. 간부면 눈이 오든 비가 오든 직원들한테 모범을 보여야 하지 않겠어요? 집을 팔고 회사 가까이 옮기든가 해야지 원…."

눈이 와 힘들게 출근을 하다 미끄러져 사고까지 났는데 그런 사실에 대해서는 일언반구 위로는 하지 않고 회의에 참석하지 못한 것만 가지고 닦달을 하는 사장의 말이 그날따라 더욱 짜증스럽게 들렸습니다. 사장은 원래 잘한 일을 칭찬하기보다 못한 것에 대해 말이 많은 그런 스타일이란 것을 알지만 해도 너무 한다는 생각이 들었습니다.

사장도 용인 양지의 전원주택에 살고 있습니다. 얼마나 부지런한 사람인지 그곳에서 출퇴근하며 지각 한 번 한 적이 없습니다. 그런 사장이다 보니 전원애씨가 지각이라도 하면 전원주택에 살면 더 부지런해져야 한다며 잔소리를 합니다.

사장이 양지에 전원주택을 지을 때와 전원애씨가 경기도 화성 비봉의 농가주택을 살 때는 거의 엇비슷한 시기였습니다.

벌써 4년 전 일입니다. 하루는 사장이 점심이나 같이하자며 전원애씨를 비롯해 남자 직원 몇 명을 데리고 식당으로 갔습니다. 그 자리에서 사장은 전원주택으로 이사를 하려고 땅을 알아보고 있는데 영 마음에 드는 것이 없다고 했습니다.

어릴 적 시골에서 살 때처럼 대청마루가 있는 한옥을 하나 짓고 싶은데 마땅치 않다고 했습니다. 그러면서 옛날 집을 사서 수리해 써보려고 했는데 마당에는 잡초가 무성하고 기둥도 기울고 담은 무너져 엄두가 안 난다고 했습니다. 목조주택이나 스틸하우스와 같이 서양식 주택은 마음에 안 드는데 하는 수 없이 그렇게라도 짓고 살아야겠다며 투덜거렸습니다.

그때 전원애씨는 둘째 아이의 아토피 피부염 때문에 시골에 가서 살겠다는 생각으로 땅을 찾고 있을 때였습니다.

눈길에 사고까지 내고 늦은 시간이었지만 힘들게 회사에 출근했는데 그런 사정을 몰라주고 사장이 한소리 한 것이 마음에 걸려 책상 앞에 우두커니 앉아 숨을 고르고 있었습니다. 벌써 점심식사를 마친 부서 직원들이 사무실로 우르르 들어서다 책상 앞에 우두커니 앉아 있는 전원애씨를 보고 모여들었습니다. 그러더니 한마디씩 거들었습니다.

"부장님 사고 나셨다면서요? 괜찮으세요?"

"어디 다치신 데는 없고요? 천만다행이네요?"

"아침에 사장님이 얼마나 찾았는데요? 생난리를 쳤어요. 다른 부서장들은 제시간에 출근했는데 꼭 티를 낸다는 말까지 했다구요."

"전원주택 팔아 치고 회사 가까이 이사를 오라고 해도 말 안 듣고 고집을 피운다고도 했어요."

서울 방배동에 직장을 두고 있는 전원애씨가 전원주택으로 이사를 한 것도 벌써 4년이 되었습니다. 사당동의 아파트에 살다 둘째 아이가 아토피로 고생을 하자 병원에서는 공기 좋은 곳에서 살면 없어진다고 했습니다. 그래서 아내가 집을 옮겨보자고 하여 회사 출근도 쉽고 공기도 좋은 곳을 찾다 경기도 산본의 아파트로 이사했습니다.

일부러 산 아래에 있는 단지를 찾아 자리를 잡았고 입주하기 전에 아파트 방바닥이며 벽지를 친환경 소재로 모두 바꾸었습니다. 그 후 둘째 아이의 아토피 피부염은 많이 나았습니다. 이사하고 1년쯤은 아토피에 대해 잊고 살았는데 이듬해부터 다시 재발하기 시작해 또다시 심해졌습니다.

초등학교 입학을 앞두고 있어 더욱 걱정된 전씨 부부는 아예 시골로 가서 살기로 마음먹었습니다. 시간적으로나 경제적으로 곧바로 전원주택을 지을 형편이 되지 않아 이것저것 고민을 많이 했습니다. 그러다 찾은 것이 경기도 화성 비봉에 있는 농가주택이었습니다.

시골로 이사한 후 둘째 아이의 아토피 피부염을 씻은 듯이 좋아졌습니다. 밤만 되면 온몸을 긁느라 잠을 못 자던 아이가 잠도 잘 잤고 울긋불긋하던 피부도 제 색을 찾았습니다.

게다가 마당에 있는 텃밭을 가꾸는 재미도 쏠쏠합니다.

서울 강남 등으로 진입하기도 쉬워 출근길도 크게 어렵지 않았습니다. 전철이나 버스와 같은 대중교통을 이용할 수 없다는 것이 불편했지만, 출퇴근에는 전혀 문제가 되지 않았습니다. 퇴근 후 한잔할 분위기가 되었을 때 갈 길이 멀고 운전해야 한다는 핑계로 과음하지 않아도 되었습니다.

집이 먼 것이 불편할 때도 잦았습니다. 어쩌다 술이라도 한잔 마시게 되면 집에 갈 일이 막막해 근처 찜질방 신세를 지기도 했습니다.

오늘처럼 눈이라도 내리는 날이면 출퇴근이 걱정이었습니다. 가장 가까운 전철역까지 이동해 차를 두고 전철을 이용하기도 하지만, 번거롭기도 하고 갑작스러운 출장이 많아 회사까지 차를 가지고 오는 경우가 많습니다.

그럴 때마다 재택근무로도 업무처리가 충분한데 굳이 회사 출근을 고집하는 사장이 이해가 되지 않았습니다. 전원애씨의 꿈은 회사에 출근하지 않고 재택근무하는 회사에서 근무하는 것이었습니다.

처음 시골로 이사를 했을 때, 그것도 아파트도 아닌 농가주택을 하나 사서 이사를 했을 때 가족 중 가장 힘들어했던 사람은 아내였습니다. 아이의 피부염 때문에 마지못해 이사를 온 아내는 처음 시골생활에 적응하지 못하고 힘들어했습니다. 그도 그럴 것이 서울서 나고 자라 시골생활에 대해 아는 것이 전혀 없는 아내였기에 하나에서 열까지 서툴렀습니다. 이웃집 할머니가 시도 때도 없이 불쑥불쑥 찾아오는 것도 적응하지 못했습니다.

처음에는 시골에 있는 나 홀로 아파트라도 사서 갈 생각이었습니다. 그런데 아이의 건강을 위해 이왕 갈 것이라면 아주 자연친화적인 주거환경을 만들어 보자는 생각이 들어 시골 빈집을 사 수리해 살기로 했습니다. 이런 의견을 꺼냈을 때 처음에는 매우 당황해 하던 아내는 시골집의 불편함은 둘째고 한 번도 해보지 않은 생활이 오히려 재미있겠다며 손뼉을 쳐주었습니다. 이들 부부는 이왕 전원주택에 살 것이라면 흔한 언덕 위의 하얀집 스타일의 뾰족지붕이 싫었습니다. 나지막하고 아담한 한옥을 원했는데 그런 집을 새로 짓자고 하니 기술자 만나는 것도 쉽지 않았고 건축비도 만만치 않았습니다.

그래서 화성 비봉에 있는 빈집을 하나 사게 되었습니다. 부동산 중개업소를 통해 이곳 빈집을 소개를 받았을 때 가격이나 위치, 주변 환경 등은 마음에 들었습니다. 하지만 집 자체만 놓고 보았을 때 그 집에 들어가 산다는 것이 영 용기가 나지 않았습니다. 처음 집을 찾았을 때는 말 그대로 흉가였습니다.

이 집에서 어떻게 사나 할 정도로 집은 다 허물어져 있고 마당엔 잡초가 우거져 있었습니다. 그래도 마음에 든 것은 집을 빙 둘러 자라고 있는 나무들이었습니다. 감나무도 있었고 자두나무도 있었습니다. 게다가 마당가에는 텃밭도 있었습니다. 부동산 중개업자는 지금에 보기야 흉가처럼 보이지만 조금만 손을 보면 훌륭한 집이 된다며 이런 집 흔치 않다고 부추겼습니다.

사실 이 집을 보기 전에도 많은 집을 소개받았지만 마음에 드는 것이 없었습니다. 빈집이 남아있지도 않았지만 설령 있다고 해도 마을 한가운데나 도로가 좁은 막다른 곳에 있는 것이 대부분이었습니다.

게다가 경관도 괜찮고 집도 쓸만하다 싶어 계약하려고 서류를 떼보면 대지가 아닌 땅에 지어놓은 건축물인 경우이거나 무허가 건물이기도 했습니다. 어떤 집은 땅 주인은 다른 사람 앞으로 돼 있어 집만 살 수도 있었습니다.

한번은 산 밑 양지바른 위치에 땅은 빼고 집만 매물로 나왔는데 가격이 매우 저렴했습니다. 오히려 그런 집이 부담이 안 돼 낫겠다는 생각에 계약하려고 마음을 먹고 부동산 관련 일을 하는 친구에게 조언을 구해보았습니다.

친구는 농촌 빈집 중에는 대지가 아닌 땅에 지어 놓은 집들이 많기 때문에 조심해야 한다며 특히 땅 주인과 집주인이 다른 경우에는 조심하라고 일러 주었습니다. 땅을 사고 난 후에 보면 집 주인은 다른 사람으로 돼 있어 집을 별도로 다시 매입해야 할 경우도 있고, 설령 그런 사실을 알고 싸다는 이유로 집만 샀을 때는 수리나 매매 등 재산권 행사를 마음대로 할 수 없다고 일러주었습니다. 그래서 포기한 때도 있습니다.

그렇게 조심하여 구한 집이 지금 살고 있는 집입니다. ㄱ자형 본채에 마당 앞으로 행랑채가 붙어있어 전체적으로는 ㄷ자 모양을 한 집입니다. 처음 살 때는 다 쓰러지는 집이었습니다. 마당에는 잡초만 무성했었는데 지금은 매우 아담하고 분위기 있는 한옥으로 변했습니다.

집이 지금의 모양처럼 되기까지는 정성이 많이 들어갔습니다. 소개해 준 부동산 업자의 말대로 얼마 안 들이면 좋은 집이 될 줄 알았는데 그게 아니었습니다.

리모델링을 위해 주변 건축회사들로부터 견적을 받았을 때는 크게 부담되는 가격이 아니었습니다. 골조는 쓸만해서 그대로 두고 벽은 황토로 하면 크게 손볼 것도 없을 것 같았습니다. 장작을 때던 아궁이 중 행랑채 지붕은 기존에 있는 기와를 그대로 사용하기로 했습니다.

하지만 본격 손을 보기 시작하자 생각했던 것 두 배 정도의 비용이 들었습니다. 그냥 사용해도 괜찮을 것 같다던 골조 중 하나가 아무래도 문제가 될 것 같아 다른 것으로 교체해야 했고 방 바닥을 뜯고 보니 보일러를 새로 놓아야 했습니다. 전기 수도도 전혀 쓸 수가 없었습니다.

나중에 찬찬히 계산을 해보니 새로 짓는 비용이나 마찬가지로 들었다는 것을 알 수 있었습니다. 그나마 만족스럽게 생각했던 것은 옛 운치가 있는 한옥이 하나 생겼다는 것이었습니다.

당시 전원애씨 회사 사장은 양지의 전원주택단지에 목조주택을 지어 살고 있었습니다. 전원애씨가 농가주택을 하나 사서 리모델링하고 있다는 이야기를 들은 사장은 간간히 불러 자신의 경험담을 이야기해주며 괜히 고생하지 말고 새로 집을 짓는 것이 좋다고 일러 주기도 했습니다.

사장의 말대로 시골집을 리모델링하는 것이 쉽지 않았지만 헐고 새로 집을 짓지는 않았습니다. 옛집의 모습을 그대로 살려냈습니다. 우선 가족들이 살 수 있는 공간만 완성한 후 입주를 했습니다. 살면서 시간을 가지고 천천히 집을 만들어 갔습니다. 처음에는 힘들었지만 하나하나 모양이 만들어지는 것을 볼 때마다 신기하기도 하고 재미도 있었으며 내가 살 집을 직접 짓는다는 것에 보람도 느꼈습니다.

디자인 감각이 뛰어난 아내는 실내를 오밀조밀하게 꾸몄습니다. 기존 대청은 거실로 꾸미고 황토로 직접 벽난로를 만들어 놓았습니다. 방천정은 오래된 서까래가 노출되도록 하자 운치가 느껴졌습니다. 잡초가 우거졌던 마당이나 뒤뜰도 정리가 되었습니다. 아무렇게 자라던 마당가 나무들도 가지치기를 해주자 훌륭한 조경수로 변했습니다. 지나가던 사람들이 구경하겠다며 들를 정도로 운치가 있는 집이 되었습니다.

전원애씨가 집을 마무리하고 얼마 안 돼 사장이 자신의 전원주택으로 직원들을 초대했습니다. 회사에서 땅을 살 때부터 집을 지을 때까지 사장은 틈만 나면 자랑을 했습니다. 그의 이야기에 따르면 사장이 사는 전원주택은 경관이 기막힌 곳에 유명 건축가가 설계한 집입니다. 자신이 짓는 전원주택을 회사에서 그렇게 많이 자랑했기 때문에 사장이 집을 얼마나 잘 지었을까를 두고 직원들은 큰 기대를 했습니다.

초대되어 간 사장의 집은 마당에 잔디가 깔려 있는 2층 목조주택이었습니다. 하얀색 외벽에 뾰족지붕을 한 흔히 볼 수 있는 전원주택 풍이었습니다. 좀 고급스럽다는 것을 빼고는 이렇다 할 특징이 없어 그동안 사장의 자랑과 비교했을 때 직원들의 실망감은 컸습니다. 사장은 연신 집을 구경시켜주려고 이곳저곳을 끌고 다녔지만 직원들은 영 내켜하지 않는 분위기였고 고기나 구워먹고 빨리 다른 곳으로 옮겨 가자는 눈치였습니다.

집들이를 다녀오는 직원들은 돈만 있으면 유명 건축가가 아니라도 나 혼자 지어도 저렇게는 짓겠다고 했습니다. 집이 아늑하지도 않고 편하지도 않은 것이 영 불편했다는 말도 했습니다. 그냥 교외에서 한번 바비큐파티 했다는 정도의 감흥만 안고 돌아왔습니다.

사장의 집들이가 있고 며칠 후 부하직원들이 전원애씨에게 집들이 안 할 거냐며 성화를 댔습니다. 떠밀리듯 날짜를 잡고 다른 부서는 몰라도 그래도 사장한테는 알려야 할 것 같아 일러주었습니다.

전원주택에 관심이 많은 사장답게 날짜를 챙겼습니다. 집의 약도를 설명하자 놀라는 표정으로 그곳을 잘 안다고 했습니다. 직원들의 생각은 전원애씨의 집이라야 농가주택 수리해 놓은 것이니 크게 볼 것이 없을 것이란 눈치였습니다. 교외에 바람 쐬러 한번 갔다 오자는 투였습니다. 자기네들끼리는 이미 집에 잠깐 들려 인사나 하고 제부도에 가서 회 한 접시 먹고 오면 되겠다는 계획을 세워놓았다고도 했습니다. 사장은 외출했다 바로 오겠다고 했습니다. 계획은 집들이를 핑계로 한 제부도 야유회였습니다.

하지만 전원애씨의 집을 방문한 직원들은 제부도 계획을 포기하고 집에서 하루 종일 놀다 갔습니다. 옛날 집을 고쳐 놓은 특이한 모양과 황토벽, 나무 기둥, 황토 벽난로, 천정 서까래, 아궁이 등이 모두 서울서 생활하는 직원들에게는 처음 보는 관심거리였습니다.

카페를 차리라는 직원도 있었고 민박을 해도 인기가 있겠다는 직원도 있었습니다. 여직원들은 행랑채 온돌방 안이 너무 따뜻하고 좋다며 나오려 하지 않았습니다. 늦게 도착한 사장은 집 주변을 몇 번이고 돌아보았습니다. 방안 이곳저곳까지 꼼꼼히 챙겨보던 사장 앞에다 대놓고 눈치 없는 직원이 "사장님 댁보다 훨씬 나은데요"라고 말하자 죄진 것 없이 괜히 전원애씨가 불편해졌습니다. 그래서 그렇게 말하는 직원에게 그런 말 하지 말라는 투로 눈을 찡긋해 보였습니다.

이곳저곳을 둘러보던 사장이 제부도에 가서 회를 사겠다고 했지만 따라나서는 직원은 없었습니다. 멀뚱해진 사장은 제부도에 가서 바람이나 쐬고 올라가겠다면서 혼자서 먼저 나섰고 직원들은 전원애씨의 집에서 해질녘까지 있다 돌아갔습니다.

집들이 하고 며칠 후 결재를 받기 위해 이사를 만났을 때 사인을 하던 이사는 지나가는 말투로 물었습니다.

"지난 토요일 집들이 했다며? 나도 좀 불러주지 그랬어?"
"아, 예, 그냥 부서 직원들만⋯ 멀기도 하고 집도 변변찮고⋯"
"근데 말이야 사장님이 아주 아쉬워하고 있는데 자네 알고 나 있나?"
"예? 무슨 말씀인지? 그날 제가 무슨 잘못이라도⋯"
"그게 아니라 자네가 사는 그 집 말이야. 그걸 부동산에서 사장님한테 소개했다는 거야. 양지에 전원주택 짓기 전에 한창 땅 찾아다녔잖아. 그때 그 땅을 사라고 하는 걸 너무 흉가 같아서 쳐다보지 않았다는 거야. 그런 집을 자네가 사서 아주 훌륭한 집을 만들어 놓았다면서? 그렇게 변한 모습을 보니 사장님 본인이 사지 않았던 것이 후회된다는 거야. 양지에 전원주택은 그것 두 배는 더 들였는데 마음에 안 드신다는구먼⋯ 자네 같은 집이 꼭 마음에 드신다는데⋯ 다 쓰러지는 집이었다는데 그걸 얼마나 잘 만들어 놓았으면 사장님이 탐을 낼까? 알고나 있으라고 일러 주는 거야."

이사를 만나고 나오면서 전원주택 짓기에 성공했다는 뿌듯함이 생겼습니다. 하지만 한편으로는 못내 찜찜했습니다. 사장이 살려다 마음에 안 들어 포기한 것을 자신이 사서 기가 막힌 작품을 만들어 놓았고 그 집을 이제 와서 사장이 탐을 낸다고?

이사가 이야기하는 것을 곱씹다 보면 집을 사장한테 팔라는 말과 같기도 해 집 이야기만 나오면 늘 찜찜했습니다. 그런 이유에서인지는 몰라도 지각만 하면 사장은 전원애씨를 불러 전원주택에 사는 것에 시비를 걸었습니다.
그럴 때마다 꼭 끝에 따라붙는 "팔고 회사 가까이 오라고 해도 고집을 피운다"는 말이 마음에 가시처럼 걸렸지만 전원애씨는 그 집을 놓치고 싶지 않습니다. 그 집에 살며 둘째 아이의 아토피 피부염은 오래전에 낳았고 또한 가족들이 모두 좋아하는 집이기 때문입니다.
오늘도 전원애씨는 재택근무가 가능한 회사를 마음속으로 알아보고 있습니다.

"어디 재택근무할 수 있는 회사 없나?"

작약
봄~여름, 5~6월,
분홍색 등

줄기는 여러 개가 한 포기에서 나와 곧게 서고 꽃은 지름 10cm 정도로 아름다워 원예용으로 심는다.

093

주말주택처럼 사용하는 '농막'

귀농 귀촌 인구가 늘고 특히 주말주택, 세컨드하우스를 찾는 사람들이 많아지면서 농막에 대한 관심도 덩달아 커지고 있다. 농막은 주택이 아니다. 주택처럼 사용할 수는 없지만, 잘만 활용하면 농장에서 주택 대용으로 사용할 수도 있다.

농막은 먼 거리에서 농사를 짓는 사람들이 농기구·농약·비료·종자를 보관하거나 잠깐의 휴식을 취하기 위해 농지에 설치할 수 있는 창고다. 논이나 밭, 과수원 등에 농지전용허가 절차를 거치지 않고 20㎡(6평)까지 컨테이너박스처럼 갖다 놓을 수 있다.

도시에 살면서 시골에 농지를 마련해 두고 농사를 짓는 사람들이 농막을 설치한 후 주말주택처럼 쓰기도 한다. 집을 지으려면 까다로운 절차를 거쳐야 하고 비용도 많이 들지만, 농막은 그렇지 않다. 또 주택이 아니기 때문에 다주택자 양도세 중과 등 세금에서도 자유롭다.

하지만 농막은 주택이 아니기 때문에 주택처럼 사용할 수 없다. 최근까지 주거시설로 이용되는 것을 막기 위해 전기·수도·가스 시설 등을 설치할 수 없었지만, 2012년부터 농막에 간단한 취사나 농작업 후 샤워를 할 수 있도록 간선공급설비 설치를 허용했다. 농막에도 전기·수도·가스 설치가 가능해진 것이다.

농막으로 주로 사용됐던 아이템은 컨테이너박스였다. 창고 외의 용도로는 활용하기 힘들었지만, 최근엔 많이 고급화되고 있다. 모양이나 구조, 사용하는 자재 등이 전원주택과 차이가 없다. 외관도 화려하게 변하고 있다. 농사철에 잠깐씩 쓸 집으로는 손색이 없을 정도로 편리한 시설에 겨울철에 이용해도 문제가 없을 정도로 단열도 뛰어나다.

현장에서 지을 수도 있지만 대부분 집 짓는 업체에 주문하면 공장에서 제작해 트럭에 싣고 와 설치해 준다. 사용하다 다른 곳으로 옮겨갈 수 있는 이동식 건축물이다.

아무리 작아도 주택으로 사용할 목적이라면 필요한 인허가를 정식으로 마쳐야 한다. 농지전용을 하고 건축신고를 한 후 사용승인(준공)을 받아 사용해야 문제가 없다.

하지만, 농사를 지으면서 창고처럼 사용할 목적의 농막은 이런 복잡한 절차가 필요 없다. 면사무소

농지에 농사용 창고인 '농막'을 설치할 수 있다. 농막은 건축신고나 허가가 필요 없고 농지전용을 하지 않아도 되기 때문에 도로 유무나 용도지역에 관계없이 설치할 수 있다. 전기와 가스, 상수도 등을 인입해 사용할 수 있다. 사진은 농막 규모의 황토방이다.

에 신고만으로 농지나 임야에 설치할 수 있다. 다만 지역마다 설치 기준이 차이가 있으므로 확인이 필요하다.

그렇다면 마당에는 설치가 가능할까? 주택의 마당은 지목이 대지가 일반적이다. 앞서 말했지만, 농사를 짓는 사람이 자신의 농지에 20㎡ 미만 크기로 설치할 수 있는 농사용 창고가 농막이다. 농지는 지목이 전, 답, 과수원인 토지고, 농지법에서는 지목과 관계없이 현황이 농지면 농지로 본다.

주택의 마당은 지목이 대지이므로 농막을 설치할 수 없다. 창고나 주택이라야 하고 증축신고가 필요하다. 이때는 건폐율에 여유가 있어야 한다.

농막은 한 사람이 몇 개나 설치할 수 있는가를 궁금해하는 사람들이 많다. 그 기준은 없지만, 농사용 창고가 다수 필요한 경우 명분이 있다면 다수 설치할 수도 있겠으나 농사 이외의 목적으로 다수를 사용한다면 당연히 불가능하다.

"농막을 펜션처럼 영업해도 되나요?"

공장에서 제작해 이동설치가 가능한 농막의 모습이다. 농막 크기의 집을 여러 개 붙여 집이나 펜션으로 사용하기도 한다. 주택으로 사용하려면 정상적인 인허가 절차를 거쳐야 한다.

"농막을 여러 개 설치한 후 임대하거나 펜션처럼 운영을 해도 되느냐?"는 질문을 많이 한다. 또 "농지를 1천평을 소유하고 있는데 100평씩 분할해 필지마다 농막 1채씩 모두 10채를 놓고 펜션처럼 임대해도 문제가 없지 않느냐?"고 질문하는 때도 많다.

하지만 이것은 불가능하다. '농막'은 개발행위허가나 농지(산지)전용허가, 건축신고나 건축허가 등 복잡한 절차를 거치지 않아도 농지에 설치할 수 있는 농사용 창고다. 농사를 짓는 사람만이 농막을 설치할 수 있기 때문에 농사를 짓지 않는 사람은 농막을 설치하거나 이용할 수 없다.

또 주택이 아니기 때문에 주택처럼 임대할 수 없다. 펜션은 제도권 내에서 관리하는 민박이다. 민박 영업은 주택이라야 가능하다. 주택으로 신고하거나 허가받은 후 주택으로 준공난 건물만 펜션으로 이용할 수 있다.

농막은 원거리에서 농사짓는 사람을 위한 시설이다. 필지마다 몇 개 설치할 수 있는 규정은 없다. 한 사람이 여러 개를 설치할 수 있느냐에 대한 규정은 없지만, 농사를 짓기에 불편할 정도의 원거리가 아닌 곳에 설치하는 것이나 한 사람이 같은 장소에서 두 개 이상 설치하는 것은 법 취지에 맞지 않는다. 같은 장소에 필지를 나누어 한 사람이 필지마다 하나씩 설치하는 예는 명분이 없다.

농막을 설치한 후 주말주택처럼 사용하는 사람들이 늘고 있다.
화장실 설치가 불가능하기 때문에 집으로 쓰는 것은 한계가 있지만, 귀농 귀촌을 준비할 때 베이스캠프로 활용할 만하다.

다락방의 키 높이 규정

집을 짓다보면 다락방 공간이 필요해 의도적으로 만들거나, 아니면 건축신고나 허가의 과정에서 면적제한으로 인해 다락방으로 준공을 내야 하는 경우도 있다.

다락방은 건축면적이나 연면적에 포함되지 않는다. 다락방을 어떻게 계획하느냐에 따라 신고나 허가난 면적보다 집을 크게 지을 수 있고 공간 효율성도 높일 수 있다.

다락방 높이는 건축법에서 정하고 있다. 건축법시행령에 다락방은 '층고가 1.5m 이하, 경사진 지붕(박공지붕)일 경우에는 1.8m 이하'로 규정하고 있다.

여기서 말하는 층고는 방의 바닥구조체 윗면으로부터 위층 바닥구조체 윗면까지의 높이다. 위층이 없는 다락방의 층고는 바닥에서부터 천정까지가 아니라 지붕 맨 꼭대기까지의 높이를 말한다.

만약 지붕이 평평하다면 계산은 간단하다. 다락방 바닥에서 지붕 꼭대기까지 높이가 1.5m를 넘지 않으면 다락방이다.

하지만 경사지붕인 경우에는 '가중평균높이'가 1.8m 이하라야 한다. 가중평균높이는 방의 체적을 면적으로 나눈 값이다. 즉 '가중평균높이(m)=체적(m^3)/바닥면적(m^2)'이다.

예를 들어보면 바닥이 3×4m고, 높이가 2.2m인 다락방에서, 전체 높이 중에서 경사지붕에 해당되는 높이가 1m라면 전체 체적은 20.4m^3, 바닥면적 12m^2다. 가중평균높이는 20.4를 12로 나누어 1.7m가 되기 때문에 다락방에 해당한다.

만약 하나의 다락방에 바닥과 지붕의 높낮이가 다른 부분이 있다면 계산이 복잡해진다.

복층형 주택에서 복층공간은 정상적인 건축면적에 삽입될 수도 있고 다락방으로 면적에서 제외되기도 한다. 건축법시행령에서 다락방은 '층고가 1.5m 이하, 경사진 지붕(박공지붕)일 경우에는 1.8m 이하'로 규정하고 있다.

붓꽃
봄~여름, 5~6월, 보라색

약간 습한 풀밭이나 건조한 곳에서 자란다. 꽃봉오리의 모습이 붓과 닮아서 '붓꽃'이라 한다.

096

지붕(처마와 차양 등)의 건축면적 산정기준

전원주택 건축 신고나 허가를 받을 때 건폐율이 매우 중요하다. 용도지역에 따라 건폐율 규정이 다르고, 또 지자체들이 운영하는 조례에도 규정이 따로 정해져 있다. 집을 지을 때는 건폐율이 규정에 맞아야 한다.

건폐율은 건축물의 대지에 주택 건축면적이 차지하는 비율이다. 330㎡ 대지에 건축면적 33㎡의 주택이 지어져 있다면 건폐율이 10%다. 여기서 건축면적은 수평투영면적(건축물이 바닥에 드리울 수 있는 그림자 면적)으로 산정하는데, 그 기준은 건축물의 외벽 중심선 또는 벽이 없이 기둥만 있는 경우에는 외곽부분 기둥 중심선이다. 건폐율 산정 기준이 되기 때문에 건축 신고나 허가, 준공 등에서 많이 따지게 된다.

그렇다면 건물 벽이나 기둥 밖으로 지붕(처마, 차양, 부연 등 포함)이 나가는 집들의 경우 건축면적은 어떻게 계산할까? 처마나 파고라, 차양 등 실제 전원주택에서 모르고 만들었다 나중에 문제가 되는 것들이다.

이 경우에는 나가는 길이가 벽의 중심선(또는 기둥의 중심선)에서 1m가 넘으면, 넘는 만큼 면적에 들어간다. 다만 한옥 지붕은 2m, 전통사찰의 지붕은 4m 이상인 경우 면적에 산정된다.

간혹 데크 위에 파고라를 설치할 경우 문제가 되기도 한다. 기둥을 세워 파고라를 만들었을 때 1m가 넘는 부분은 면적에 산정되기 때문이다.

건축면적과 비교되는 것이 연면적인데, 사용하는 모든 층의 면적을 합산한 것으로 용적률 산정의 기준이 된다.

허가 여부 미리 알아보는 '건축허가사전결정제'

마음에 드는 토지를 구입한 후 원하는 인허가를 받지 못해 경제적 시간적으로 손해를 보는 경우가 많다. 이런 부담을 덜어 주기 위해 생긴 제도가 건축법의 '건축허가사전결정제'다.

건축허가나 신고를 받기 위해선 토지부터 건축까지 90개가 넘는 법령이 필요하다. 그래서 사전에 정확한 판단을 받기 어렵다. 해당 지자체의 담당 공무원이라 해도 서류가 정확하지 않은 상태에서 답을 내려주지 않는다.

이럴 경우 '건축허가사전결정제도'를 이용하면 정식 건축허가 신청 전 해당 토지에 건축이 가능한지 여부를 확인할 수 있다.

사전결정을 받으면 농지전용허가(농지법), 산지전용허가(산지관리법) 및 개발행위허가(국토의 계획 및 이용에 관한 법률)등이 의제 처리된다.

건축주는 사전결정 통지내용을 근거로 각종 인허가 신청을 할 수 있고, 사전결정 내용은 2년간 효력이 있다.

이팝나무
봄, 5~6월, 흰색

조선시대에 쌀밥을 이밥이라 했는데 쌀밥처럼 보여 이밥나무라 불리다가 이팝나무로 변했다.

098

전국 폐교 현황을 한 곳에서 확인

혹시 폐교 임대 등에 관심이 있다면 교육부가 서비스하고 있는 지방교육재정알리미 사이트(http://www.eduinfo.go.kr)를 방문해보면 도움을 받을 수 있다.

시·도 교육청별로 전국 1천350개 폐교의 주소와 규모, 대장가격, 자체 활용 현황, 임대차 현황 등을 확인할 수 있다.

지도상의 위치 정보를 기반으로 폐교별 상세 정보와 실제 사진 정보를 함께 제공하고 있다.

2016년 현재 전국 17개 시·도교육청 관내의 폐교는 모두 3,678곳이다. 이 가운데 2,328곳이 매각됐고 교육청이 1,350곳을 보유하고 있다.

이 가운데 933곳은 임대 또는 자체 활용 중이지만, 나머지 30%에 이르는 417곳은 아무도 사용하지 않는 채로 방치돼 있다.

폐교는 자연학습시설, 청소년수련시설, 도서관, 박물관 등과 같은 '교육용 시설'로 활용해야 한다. 그러다보니 활용이 매우 제한적이었다. 또 지자체나 지역주민 등이 아니면 이용하기도 어려운 것이 현실이다.

폐교를 이용하려면 임대 매수 등보다 어려운 것이 리모델링 및 유지관리비용에 대한 부담이다.

꽃잔디
봄~여름, 4~9월,
진분홍·보라·흰색

멀리서 보면 잔디 같지만, 아름다운 꽃이 피기 때문에 '꽃잔디'라고도 하며, '지면패랭이꽃'이라고도 한다.

사진은 옛집을 개조해 카페 겸 펜션으로 이용하고 있는 모습이다. 개조할 때는 새로 짓는 비용보다 더 들 수 있으니 비용을 꼭 확인해 보아야 한다. 특히 폐교를 활용할 경우에는 난방이 안 돼 있고 면적이 넓어 새로 짓는 것 이상의 비용이 들 수도 있다.

애기아주가
봄, 5~6월, 보라색

꿀풀과의 여러해살이풀로 키는 15~20cm 정도 크고 5~6월에 푸른 보라색 꽃이 핀다. 척박한 땅에서도 잘 자란다.

부동산 취득하면 내는 취득세와 세율

부동산을 취득했을 때는 취득한 날부터 60일 내(상속은 상속개시일부터 6개월 이내)에 취득세(농어촌특별세, 지방교육세 포함)를 자진 신고 납부해야 한다. 취득일부터 30일 이내에 등기하는 경우에는 취득세 50%씩 분납할 수 있다.

부동산의 취득에는 매매에 의한 취득은 물론 교환, 상속, 증여, 신축도 해당한다. 신축(원시취득)일 경우에는 사용승인을 받은 날 기준이며, 실제 건축공사비 내역을 제시해야 가격이 정해진다. 준비돼 있지 않을 때는 지자체에서 정해서 신고한다.

취득세율은 주택의 경우 취득가액 6억원 이하면 1%, 6억~9억이면 2%, 9억을 초과하면 3%가 적용된다. 신축(원시취득)이나 상속의 경우에는 2.8%, 증여는 3.5%다. 토지는 4%가 적용된다.

직업, 연령, 소득 및 재산 상태 등으로 보았을 때 해당 부동산을 취득하기 어렵다고 판단되는 경우에는 취득자금 출처에 대한 조사를 받을 수도 있다.

경량목구조주택 벽체 세우는 모습이다.

'농촌주택개량자금' 융자 지원 사업

농촌에 거주하는 주민이나 도시지역에서 농촌지역으로 귀농 귀촌하는 사람이 단독주택을 신축, 개축, 재축, 대수선, 증축, 리모델링 등을 할 때 '농촌주택개량자금' 융자지원신청을 할 수 있다. 2015년도 기준 전국에서 약 1만동, 5천억원의 재원을 마련해 융자지원을 하고 있다.

농촌주택자금 신청은 각 지자체별로 전년도 12월부터 당해연도 1월까지 대상자를 모집하고 당해연도 2월까지 대상자를 선정해 농·축협을 통해 대출하는 방식으로 진행된다.

연리 2.7%(만65세 이상 노인 또는 부양자는 2.0%)로 상환기간은 1년 거치 19년 분할상환 또는 3년 거치 17년 분할상환 중 선택이 가능하다.

대출한도는 △신축, 개축, 재축, 대수선은 토지 및 주택 등 담보물의 감정평가에 따른 대출가능한도 이내 △증축, 리모델링은 토지 및 주택 등 담보물의 감정평가에 따른 대출가능한도의 50% 이내다.

리모델링의 경우에는 건축법상 행정절차(건축신고 등)를 이행하는 건축행위에 한해 인정하며, 대출금액은 실제 건축비용을 초과할 수 없다.

대출대상주택은 연면적(층별 바닥면적 합계) 150㎡ 이하다. 창고 또는 차고 등이 포함된 단독주택의 경우에도 가능하다. 연면적 150㎡를 초과한 주택은 불가능하다. 또 주택면적보다 창고 또는 차고면적(부속시설)이 크면 지원대상에서 제외된다.

자세한 사항은 해당 지자체(시·군·구)에 문의하면 된다.

등나무
봄, 5~6월, 연자주색

높이 10m 이상의 덩굴식물로 타고 올라 등불 같은 모양의 꽃을 피우는 나무라는 뜻이 있다.

(정리)

전원주택 만들기 절차에 대한 이해

집짓기는 일반적으로 부지선정, 인허가, 기반공사, 주택설계, 견적과 시공사 선정, 시공, 준공과 등기, 관리 등의 과정을 거친다.

■ 부지 선정

부지를 선택할 때는 지리적으로 안전한 곳인지, 주변에 생활편의시설 이용이 편리한지, 기반시설이 잘 갖춰져 있는지, 어떤 이웃들이 살고 있으며 자연경관은 좋은지 등을 보게 된다. 주변에 유해시설이 없어야 하고 소음도 체크해봐야 한다. 살면서 프라이버시도 중요하다. 이런 것을 확인하기 위해 현장답사를 한다. 쉽지는 않지만 계절별, 시간대별로 확인해보는 것이 좋다.

저습지, 매립지, 부식토질 등은 피해야 하며 일조가 좋고 통풍이 잘돼야 한다. 북쪽이나 북서쪽은 야산으로 막히고, 남쪽이 트인 남향의 배수가 잘되는 곳으로 모양은 남북으로 긴 장방형 대지가 좋다. 북쪽에 건축물을 배치하고 남쪽에 정원을 만들 수 있기 때문이다. 크기는 500~990㎡ 정도가 적당하다. 도심지 단독주택은 비교적 작고 농촌지역의 전원주택은 부지가 크다. 작으면 답답하겠지만, 너무 크면 조경 비용이 부담되고 관리에 무리가 따른다.

■ 토지 인허가

부지가 정해지면 인허가를 거쳐야 한다. 지목이 대지로 돼 있을 때는 인허가가 필요 없다. 분양하는 전원택단지와 같이 택지개발이 된 곳도 따로 인허가를 받지 않아도 된다. 대신 농지(전, 답, 과수원)나 산지(임야)인 경우에는 인허가를 받아야 한다. 소규모로 개발할 때는 개발행위허가가 필요하고 농지는 농지전용허가, 산지는 산지전용허가를 받아야 한다. 농촌지역에서 허가를 쉽게 받을 수 있는 땅은 '국토의 계획 및 이용에 관한 법률'에서 정한 용도지역 구분 상 관리지역 땅이다.

인허가를 마쳤다면 기반공사를 한다. 부지 정지작업과 도로포장을 하고 오폐수관로, 상하수도 공사 등을 한다. 물을 얻고, 전기도 끌어와야 한다. 물은 상수도를 사용할 수 있다면 좋겠지만, 그렇지 않으면 지하수를 개발해야 한다. 지하수는 얼마 깊이에서 물을 얻을 수 있는가에 따라 비용이 달라진다.

전기도 끌어와야 한다. 200m 이내(전봇대 4개 설치)에서는 비용이 들지 않지만, 그 이상일 때는 비용이 발생한다. 전화선과 인터넷도 설치해야 한다. 이런 일들은 집을 다 짓고 난 후 할 수도 있겠으나 미리 염두에 둬야 나중에 문제가 생기지 않는다.

■ 건축 신고 및 허가

토지 인허가가 끝났다면 건축물에 관련해 신고하거나 허가를 또 받아야 한다. 관리지역, 농림지역, 자연환경보전지역 안에서는 연면적 200㎡ 미만, 3층 미만의 주택(제2종 지구단위 계획구역 안에서의 건축물은 제외)은 허가 없이 신고로 집을 지을 수 있다. 농촌지역의 전원주택은 대부분 신고사항이다. 도시지역에서는 100

㎡를 넘으면 건축허가를 받아야 한다. 건축신고나 허가받기 위해서는 설계도면이 필요하다. 설계를 먼저 한 후 신고나 허가를 받아야 하는데 이때 설계는 신고나 허가를 위한 설계를 하는 경우도 있다. 실제 주택 건축 공사를 할 때 제대로 된 도면을 다시 만들어 변경한 후 시작하는 경우도 많다.

■ **주택 설계**

설계를 꼼꼼하게 잘하고 그대로 실행하는 것이 좋은 집 짓기의 기본이다. 설계는 배치, 평면, 입면계획을 잡는 것이다. 배치계획은 부지에서 건물을 어디에 앉힐 것인가를 정하는 것이다. 옆집과의 관계, 프라이버시, 채광, 통풍, 재해 등을 고려한다. 평면은 실내 공간 구성이다. 각 실의 쓰임에 맞는 동선과 크기, 위치를 결정한다. 입면계획에서는 집의 모양을 고민한다. 외관에만 신경 써 모양을 내다보면 건축비 상승과 하자의 원인이 될 수 있다.

설계할 때는 가족 수와 라이프스타일을 우선 고려해야 한다. 주택 내부 공간 결정에서는 방향이 매우 중요하다. 추운 북쪽은 화장실 등을 배치하는 것이 좋다. 남쪽은 여름에는 빛이 실내 깊이 들어오지 않아 시원하고 겨울에는 깊이 들어와 따뜻하다. 거실, 어린이방, 테라스, 발코니 등이 적당하다. 침실, 식당, 부엌 등은 아침에 햇살을 많이 받는 동향이 좋다. 음식물이 상하는 것도 막을 수 있다. 탈의실이나 욕실, 세면장, 건조실 등은 서향으로 배치한다. 이층집의 1층에는 주로 거실, 주방, 식당, 노인방 등을 앉히고 2층에는 자녀방이나 부부 침실 등을 계획한다.

경우에 따라 달리 배치할 수도 있다. 집에서 하루 종일 작업을 해야 한다면 작업실을 빛을 많이 받는 남쪽으로 둘 수 있고 동쪽으로 경관이 좋다면 거실을 동쪽에 둘 수도 있다.

설계할 때는 주택 구조와 각 부위별 자재, 냉난방 시설을 어떤 것으로 할 것인가도 결정해야 한다. 특히 전원주택에서는 난방시스템을 신중하게 선택해야 겨울철 난방비를 줄이고 따뜻하며 편하게 날 수 있다.

■ **건축업체 선정 및 시공**

설계를 끝내고 나면 시공비가 얼마나 들 것인지 견적을 내야 하고 누구에게 맡겨 어떤 방식으로 지을 것인가를 결정해야 한다.

건축비는 구조와 각 부위별 자재, 기능, 공사범위 등에 따라 차이가 크다. 단순한 설계라면 비용을 줄여 지을 수 있고, 복잡하게 설계된 집은 비용이 많이 든다.

공정별로 자재 종류와 공사방법 등이 다양하기 때문에 비용도 천차만별이다. 제대로 된 자재를 정확한 공법으로 시공해야 하자없는 좋은 집이 된다. 집을 다 짓고 나면 시공업체로부터 건물을 인도받는다. 살면서 집에 문제가 생길 수 있기 때문에 하자보수공사를 위해 시공한 사람들의 연락처를 받아두어야 한다. 특히 상수도, 전기, 정화조 등의 설비와 관련된 시공자들의 연락처와 도면을 받아 두는 것이 좋다.

■ **사용승인 및 보존등기**

건축물이 완성되면 건축도면과 정화조 등 관련 시설들을 공사한 서류를 챙겨 사용승인을 받아 사용한다. 건축물대장이 만들어지고 그것을 기준으로 등기하고 세금을 내면 집짓기는 끝이 난다.

(정리)

전원주택 계획에서 입주까지 단계별 절차

전원주택을 계획하고 토지 구입과 인허가, 건축 후 입주까지 단계별 절차를 정리해 본다. 이들 절차는 개인 상황에 따라 차이가 날 수도 있다.

1. 계획단계
- 지역선정(어디로 갈 것인가?)
- 예산규모(얼마나 투자할 것인가?)
- 가족의 의견(가족들의 생각은?)
- 시기(언제 갈 것인가?)

2. 현장답사단계
- 목적(토지 및 주택의 용도)
- 지리(교통, 자연재해, 향, 주변편의시설)
- 할 수 있는 일(창업, 취미 등)
- 인심 및 민원(이웃과의 관계)
- 산수(경치)
- 기반시설(물, 전기, 전화, 정화조 등)

3. 토지계약단계
- 면적과 지목(토지대장)
- 도로(지적공부상, 현황)
- 용도지역 및 규제사항(토지이용계획확인원)
- 권리관계(등기부등본 등)
- 지상권 확인(건축물 수목 등 확인)
- 자금계획(계약금, 중도금, 잔금)

4. 토지 등기이전단계
- 잔금과 등기 이전(법무사 위탁 또는 직접 가능)
- 취득세 납부

5. 토지 인허가단계
- 개발행위허가(토목측량설계사무소 협의)
- 농지(산지)전용허가(토목측량설계사무소 협의)

6. 주택설계단계
- 건폐율과 용적률(대지 대비 건축물의 면적)
- 건축의 유형(어떤 집을 지을 것인가?)
- 배치도(땅의 모양, 향, 도로)
- 평면도(용도, 가족수, 거주자연령, 편리성)
- 입면도(외관 모양)
- 자재(관리비, 내구연수)
- 건축비(설계에 따른 견적)

7. 건축 신고(허가) 및 시공단계
- 건축신고 혹은 허가(건축사사무소 협의)
- 착공신고(건축사사무소 협의)
- 건축시공업체 선정(적정한 건축비, 기술과 경험)
- 계약(자재 및 공사범위, 건축기간, 건축비 등)
- 건축공사비 지불방법(계약금, 중도금, 잔금)
- 하자보수(하자에 대한 보수 기간은?)

8. 사용승인 및 보존등기단계
- 사용승인(건축물대장 생성, 지목변경, 취득세 납부 등)
- 보존등기(법무사 협의)

9. 주택관리 및 전원생활단계
- 주택 관리(비용 및 편리 경제성)
- 신속한 A/S 체계